TRAITÉ

DE

GÉOMÉTRIE

COMPRENANT

LES APPLICATIONS AUX ARTS ET A L'INDUSTRIE

PAR

M. CH. ROGUET

PROFESSEUR DE MATHÉMATIQUES

PREMIÈRE ANNÉE

GÉOMÉTRIE PLANE

SECONDE ÉDITION

ENTIÈREMENT REFONDUE

PARIS

G. MASSON, ÉDITEUR

LIBRAIRE DE L'ACADÉMIE DE MÉDECINE

Boulevard Saint-Germain, en face de l'École de Médecine, 17

MDCCCLXXVII

TRAITÉ

DE GÉOMÉTRIE

TRAITÉ

DE

GÉOMÉTRIE ÉLÉMENTAIRE

GÉOMÉTRIE PLANE

NOTIONS PRÉLIMINAIRES

1. Tout corps occupe un certain lieu dans l'espace, et sa *surface* est la limite qui le sépare de l'espace environnant.

Si deux surfaces se coupent, chacune d'elles est partagée en deux parties, et la limite qui sépare ces deux parties est dite une *ligne*.

Lorsque deux lignes se coupent, chacune d'elles est partagée en deux parties, et la limite qui sépare ces deux parties est dite un *point*.

2. Les corps, les surfaces et les lignes sont compris sous la dénomination commune de FIGURES. Ils peuvent être considérés au double point de vue de la grandeur et de la forme.

3. La GÉOMÉTRIE a pour objet l'étude des figures.

4. LIGNE DROITE. — La *ligne droite* est une ligne indéfinie dans les deux sens, dont chacun a la notion, et de cette notion il résulte que :

1° *Une ligne droite est le plus court chemin entre deux quelconques de ses points;*

2° *Deux lignes droites qui ont deux points communs, coïncident dans toute leur étendue.*

5. On désigne un point par une lettre ; une ligne droite par les lettres de deux de ses points : ainsi, on dit le point A (fig. 1) ; on dit la ligne droite AB, ou simplement la droite AB pour désigner celle à laquelle appartiennent les points A et B.

Fig. 1.

6. DE LA RÈGLE. — On trace une droite à l'aide d'une *règle*, dont on fait suivre le bord par une plume, un crayon ou un tire-ligne.

La règle est susceptible de vérification. Après avoir tracé une droite, on retourne cette règle de manière que le bord qui vient de servir appuie sur le papier et serve comme de charnière. Dans cette nouvelle position de la règle, on trace une ligne à l'aide du même bord, et cette ligne doit se confondre avec la précédente, si la règle est exacte.

7. ÉGALITÉ DE DEUX PORTIONS DE DROITES. — Lorsqu'on prend sur deux droites indéfinies XY, UV deux portions de droites AB, CD (fig. 2), on reconnaît que ces deux portions

Fig. 2.

AB, CD sont égales, si, après avoir transporté UV sur XY et placé le point C au point A, on peut amener le point D à se confondre avec le point B, en faisant tourner UV autour du point A.

8. DISTANCE DE DEUX POINTS. — On nomme distance de deux points A et B (*fig.* 2) la portion de droite terminée aux points A et B.

9. DU COMPAS. — Le *compas* peut servir à relever la distance de deux points, en amenant les deux pointes aux deux points donnés. La seule vérification à faire subir au compas est de s'assurer que sa charnière joue à frottement égal.

10. *Addition*. — Pour *additionner* deux portions de droites AB et CD (fig. 3) appartenant respectivement aux deux droites indéfinies XY, UV, on prend une ouverture de compas égale à CD, en plaçant une des pointes au point C et l'autre au point D. On porte ensuite cette ouverture de compas sur XY, à la suite de AB, en

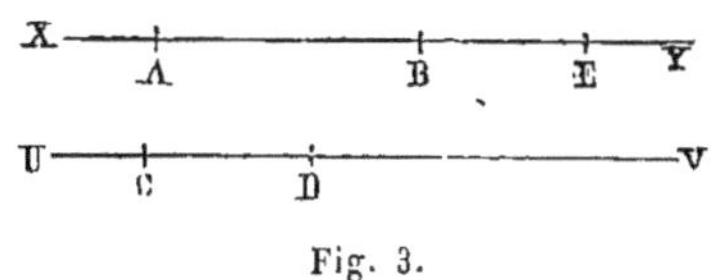

Fig. 3.

plaçant une des pointes au point B et en amenant l'autre pointe sur XY. Soit E le point de XY, où tombe cette seconde pointe, la portion de droite AE est la *somme* des portions de droites AB, CD.

Si l'on avait une troisième droite à ajouter aux deux premières, on la porterait à la suite de BE ; et ainsi de suite.

11. *Soustraction*. — Pour trouver la différence de deux portions de droites, par exemple, des portions de droites AE et CD (fig. 3), on prend une ouverture de compas égale à CD, la plus petite des deux, et on la porte sur AE à partir de l'une quelconque E des deux extrémités de AE. Soit EB la portion de droite représentée par cette ouverture de compas, AB est la différence demandée.

12. *Multiplication*. — Pour répéter une portion de droite un certain nombre de fois, trois fois par exemple ; comme cela revient à faire la somme de trois portions de droites égales à la première, on portera trois portions de droites égales à celle-ci à la suite l'une de l'autre, sur une droite indéfinie.

13. *Division*. — Diviser une portion de droite en plusieurs parties égales est une question qui ne peut pas être résolue actuellement. Nous ferons connaître plus loin les méthodes qui servent à la résoudre.

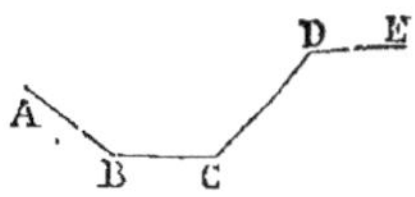

14. Ligne brisée. — On nomme *ligne brisée* une ligne formée de deux ou plusieurs portions de droites distinctes, telle que ABCDE (fig. 4).

Fig. 4.

15. LIGNE COURBE. — On donne le nom de *ligne courbe* à toute ligne qui n'est ni droite, ni brisée, telle que MNP (fig. 5).

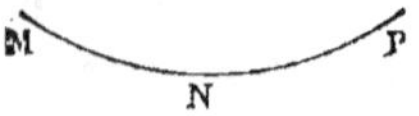

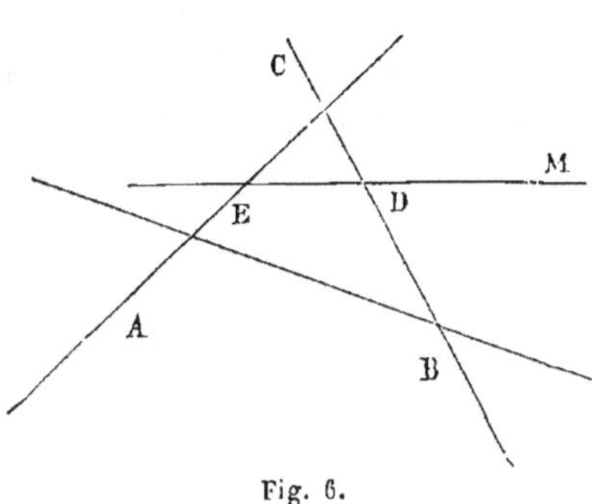

Fig. 5.

16. PLAN OU SURFACE PLANE. — On nomme *plan* ou *surface plane* une surface telle que si l'on fait passer une ligne droite par deux quelconques de ses points, cette ligne droite est contenue tout entière dans la surface.

Une glace polie peut être regardée comme la représentation d'un plan.

17. TROIS POINTS NON SITUÉS EN LIGNE DROITE DÉTERMINENT UN PLAN; ce qui signifie que :

1° *On peut faire passer un plan par trois points non situés en ligne droite ;*

2° *On ne peut en faire passer qu'un seul.*

1° Soient A, B, C (fig. 6), trois points non situés en ligne droite; on peut faire passer un plan par ces trois points. En effet on peut amener un plan à passer par le point A; puis le faire tourner autour du point A jusqu'à ce qu'il passe par un second point B, par exemple, et enfin on peut le faire tourner autour de la droite AB jusqu'à ce qu'il passe par le point C.

Fig. 6.

2° On ne peut faire passer qu'un seul plan par les trois points A, B, C; ce qui signifie que tous les plans qui passeront par les trois points A, B, C se confondront en un seul. En effet, supposons qu'on ait fait passer un premier plan par les trois points A, B, C, et soit M un point quelconque d'un deuxième plan passant aussi par A, B, C; je dis que le point M appartient aussi au premier plan, car si l'on tire les droites AB, AC, BC, on peut mener par le point M une droite qui rencontre deux de ces trois droites. Soient D et E les points où une droite menée par le point M rencontre CB et CA ; la droite DE a deux points dans le premier plan ; elle y est donc contenue tout entière ; par conséquent, le point M est contenu dans le premier plan. Tous les points du deuxième plan sont donc contenus dans le premier.

18. *La ligne qui est l'intersection de deux plans est une droite;* car, si parmi les points communs à deux plans qui se coupent, il s'en trouvait trois qui ne fussent pas en ligne droite, les deux plans se confondraient en un seul.

19. ANGLE. — Deux droites qui, partant d'un point commun A (fig. 7), vont dans des directions différentes AB, AC forment ce qu'on appelle un *angle.* Le point A est le *sommet* de l'angle; et les droites AB, AC en sont les *côtés.* On désigne un angle par la lettre de son sommet : ainsi on dit l'angle A (fig. 7) ; ou par trois lettres dont l'une est la lettre du sommet et les deux autres

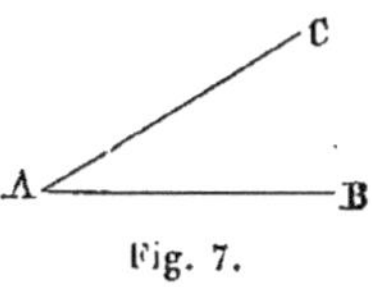
Fig. 7.

celles d'un point de chaque côté, en plaçant la lettre du sommet entre les deux autres : ainsi on dit l'angle BAC ou CAB (fig. 7).

20. ÉGALITÉ DES ANGLES. — Deux angles sont dits *égaux,* lorsqu'on peut, en transportant l'un des angles sur l'autre, faire coïncider les côtés du premier avec les côtés du second. Soient les angles A et A' (fig. 8). Transportons l'angle A'

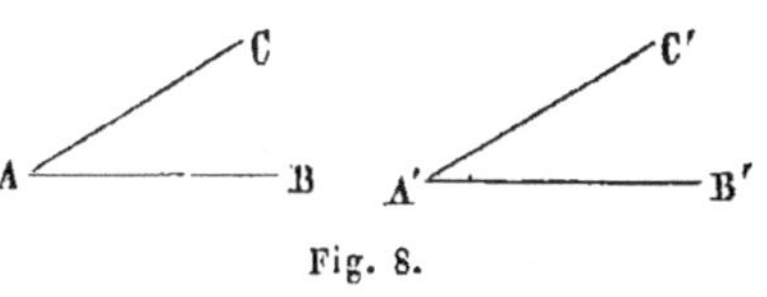
Fig. 8.

pour placer le point A' en A et A'C' sur AC. Pour que les angles soient égaux, il faut et il suffit que le côté A'B' s'applique alors sur le côté AB.

On voit par là que la grandeur d'un angle ne dépend pas de la grandeur de ses côtés.

21. *Addition.* — Pour *additionner* deux angles BAC, EDF (fig. 9), on transporte l'un d'eux EDF à côté de l'autre, de

manière que les angles aient le même sommet A et un côté

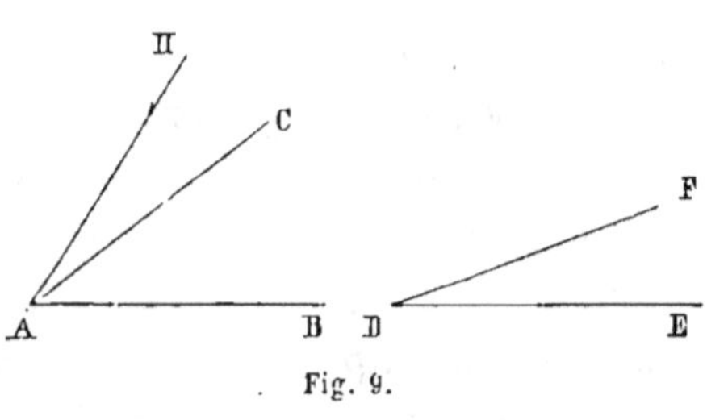

Fig. 9.

commun AC. L'angle BAH formé par les deux côtés non communs AB, AH, est la somme des deux angles donnés.

Pour ajouter un troisième angle à la somme des deux premiers, on porterait ce troisième angle à côté de l'angle BAH de manière que le côté AH fût commun aux deux angles; et ainsi de suite.

22. *Soustraction.* — Pour trouver un angle égal à la différence de deux autres BAH et EDF (fig. 9), on porte le plus petit EDF sur l'autre de manière que les angles aient le même sommet A et un côté commun AH. L'angle BAC formé par les côtés non communs AB et AC est la différence des deux angles donnés.

23. Génération des angles. — Pour se faire une idée exacte de l'angle, on peut imaginer que l'un des côtés AB restant fixe (fig. 7), l'autre côté AC, d'abord appliqué sur AB, tourne autour du point A comme une branche de compas autour de sa charnière. Dans ce mouvement le côté mobile AC fait avec le côté fixe AB un angle qui croît par degrés insensibles.

24. Perpendiculaire. Angles droits. — Concevons que par

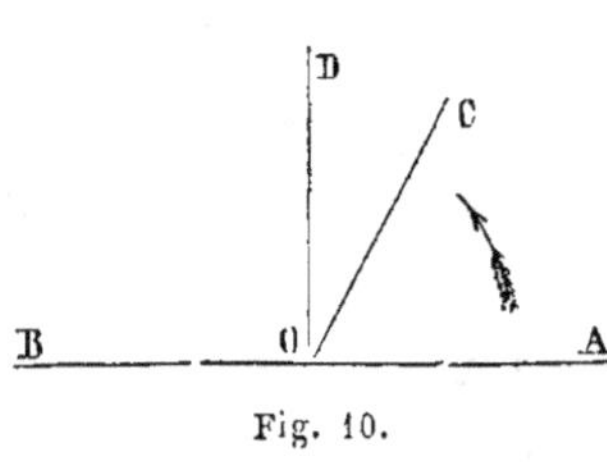

Fig. 10.

un point O d'une droite fixe AB (fig. 10) on trace une autre droite OC terminée en O, celle-ci fera avec la première deux angles COA, COB dont les grandeurs varieront, lorsqu'on fera tourner la droite OC autour du point O.

Si l'on suppose que la droite OC, d'abord confondue avec OA, tourne autour du point O dans le sens indiqué par la flèche, l'angle COA, d'abord nul, croîtra constamment, tandis que l'angle COB diminuera en même temps et finira par s'annuler, lorsque la droite OC viendra s'appliquer sur OB; par conséquent, parmi les positions successives de la droite OC il y en aura une OD pour laquelle ces deux angles seront égaux. La droite OD est dite *perpendiculaire* sur AB, et les angles AOD, BOD sont appelés *angles droits*.

Si l'on écarte la droite OD de sa position, l'un des deux angles qu'elle forme avec les deux portions de AB croîtra, tandis que l'autre décroîtra; ils cesseront donc d'être égaux; par conséquent on ne peut mener par le point O qu'une seule droite OD perpendiculaire sur AB.

D'où l'on conclut que :

Par un point O pris sur une droite AB on peut élever une perpendiculaire OD sur cette droite et on ne peut en élever qu'une seule.

Le point O est le *pied* de la perpendiculaire.

25. *Tous les angles droits sont égaux.*

Les deux angles droits COA, COB (fig. 11), formés en élevant sur AB la perpendiculaire OC sont égaux aux deux angles droits C'O'A', C'O'B' formés en élevant sur une autre droite A'B' la perpendiculaire O'C'.

Plaçons en effet la figure C'A'B' sur la figure CAB, en mettant le point O' au point O et en faisant coïncider A'B' avec AB ; les perpendi-

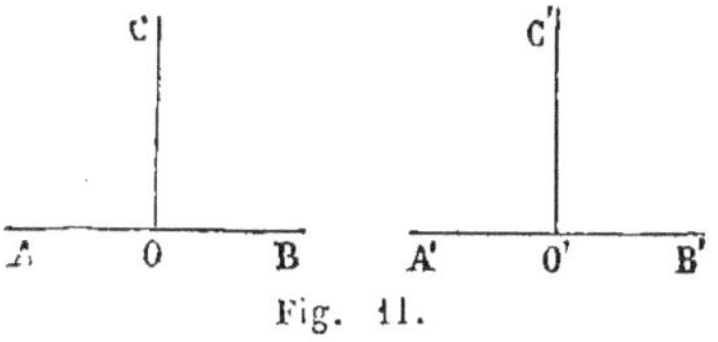

Fig. 11.

culaires OC, O'C' se confondront en une seule (24), et par suite les angles C'O'A' et COA coïncideront, c'est-à-dire seront égaux, ainsi que les angles C'O'B' et COB.

26. Lorsqu'une droite OC (fig. 12) fait avec une droite AB deux angles inégaux AOC, BOC, on dit que OC est *oblique* sur AB.

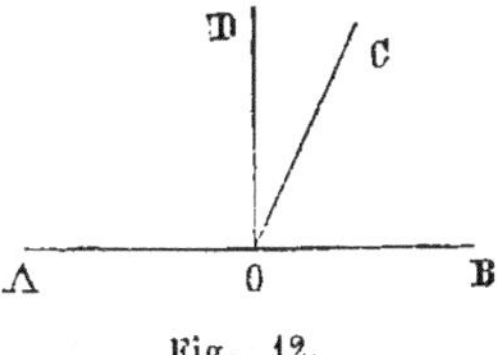

Fig. 12.

Le point O est le *pied* de l'oblique.

27. ANGLE AIGU, ANGLE OBTUS. ANGLES COMPLÉMENTAIRES. — On dit qu'un angle est *aigu*, s'il est moindre qu'un angle droit, et *obtus* s'il est plus grand. Ainsi (fig. 10), la droite OD étant perpendiculaire sur AB, l'angle AOC est *aigu* et l'angle BOC est *obtus*.

Deux angles sont dits *complémentaires*, lorsque leur somme est égale à un angle droit. Ainsi (fig. 12) les angles BOC, DOC sont *complémentaires*. On dit aussi que l'un des angles est le *complément* de l'autre.

28. *Angles adjacents.* — Les deux angles formés par une portion de droite avec une droite indéfinie sont dits *adjacents*. Les deux angles AOC, BOC (fig. 10) sont deux angles adjacents. Lorsque deux droites indéfinies AB, CD (fig. 13) se coupent, elles forment quatre

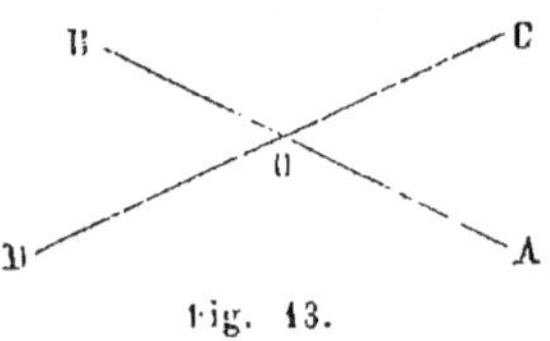

Fig. 13.

angles qui, considérés deux à deux, donnent lieu à quatre couples d'angles adjacents : AOC et BOC; BOC et BOD, etc. BOD et AOD ; AOD et AOC.

29. *Angles consécutifs.* — Nous nommerons angles *consécutifs* deux angles ayant le même sommet et un côté commun, mais dont les côtés non communs ne sont pas en ligne droite, tels que BOC, COH (fig. 14).

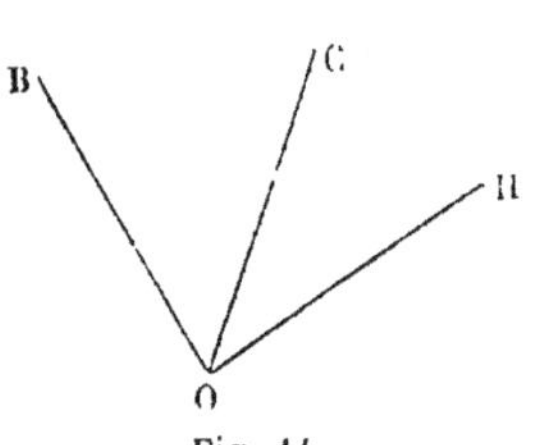

Fig. 14.

Nous nommerons aussi angles consécutifs les angles d'un groupe de plus de deux angles ayant tous le même sommet et deux à deux un côté commun ; que les deux côtés non communs soient ou non en ligne droite : *ex.* : AOC, COD, DOE, EOB (fig. 15).

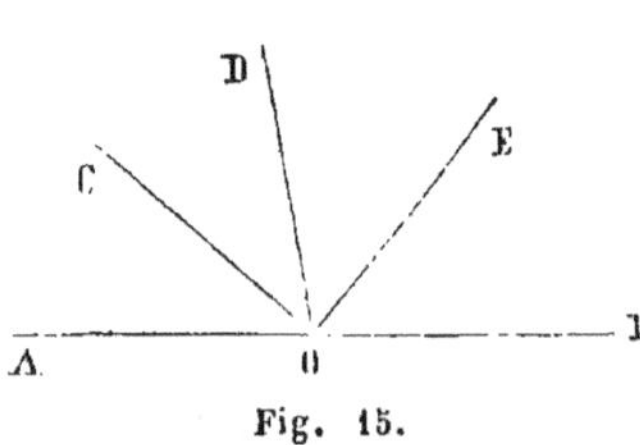

Fig. 15.

30. *Angles opposés par le sommet.* — Deux angles sont dits *opposés par le sommet*, lorsque les côtés de l'un sont les prolongements des côtés de l'autre. Les quatre angles formés (fig. 13) par deux droites qui se coupent, considérés deux à deux, donnent lieu à deux couples d'angles opposés par le sommet AOD, BOC et AOC, BOD,

31. La circonférence de cercle (fig. 16) est une ligne courbe *plane* (1), c'est-à-dire située tout entière dans un même plan, *fermée, et dont tous les points sont également distants d'un point intérieur, qu'on nomme* le CENTRE *de la circonférence.*

Le CERCLE *est la portion du plan limitée par la circonférence.*

32. On nomme *rayon* (fig. 12) toute droite, telle que CA, menée du centre C à un point quelconque A de la circonférence.

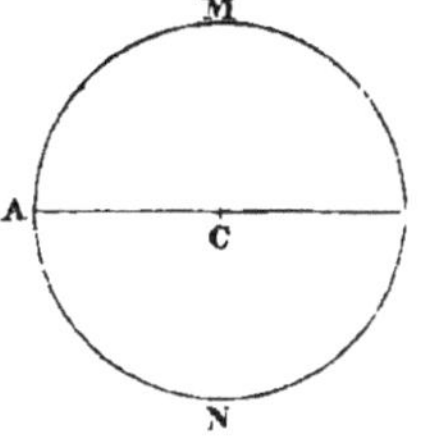

Fig. 16.

Il résulte de la définition de la circonférence que tous les rayons sont égaux.

Toute droite telle que AB, menée par le centre et terminée à la circonférence, est un *diamètre. Tous les diamètres sont égaux,* car un diamètre est le double du rayon.

33. On appelle *arc* (fig. 17) une portion quelconque de la circonférence, telle que CMD. La droite qui unit deux points de la circonférence est une *corde.* On dit que la corde sous-tend l'arc qui a les mêmes extrémités qu'elle; d'où il résulte qu'une même corde sous-tend toujours deux arcs qui, réunis, forment la circonférence. Ainsi la corde CD sous-tend les deux arcs CMD et CABD.

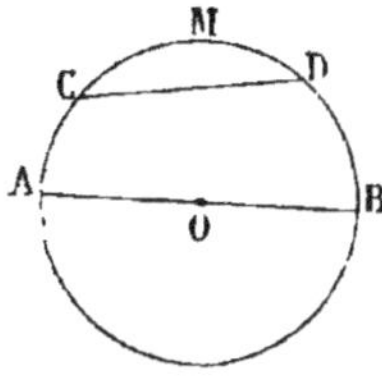

Fig. 17.

34. Il résulte de la définition de la circonférence que deux circonférences de même rayon sont égales; car si l'on transporte l'une d'elles pour la placer de manière que son centre soit au même point que le centre de l'autre circonférence, les

(1) Nous supposerons, dans ce qui va suivre, les figures situées dans un même plan.

deux circonférences doivent se confondre en une seule, et par conséquent sont égales.

35. On nomme *angle au centre* d'une circonférence, tout angle qui a pour sommet le centre de la circonférence.

36. On peut tracer une circonférence d'un rayon donné, ou égale à une circonférence donnée, par un mouvement continu, à l'aide du compas. Après avoir donné aux branches un écartement tel que la distance des deux pointes soit égale au rayon donné de la circonférence, on place l'une des pointes au point qu'on a choisi pour centre, et on fait tourner l'autre pointe autour de celle-ci en l'appuyant sur le papier.

37. *Signification de quelques termes employés dans l'étude de la géométrie.*

1° Un *théorème* est une vérité qui n'est pas évidente par elle-même, mais qui le devient à l'aide d'un raisonnement appelé *démonstration* du théorème.

On distingue dans un théorème l'*hypothèse*, c'est-à-dire la supposition qu'on fait de certaines propriétés, et la *conclusion* qui découle de l'hypothèse en vertu de la démonstration.

2° Le *corollaire* est une conséquence d'un théorème.

3° Un *scolie* est une remarque faite sur un ou plusieurs théorèmes.

4° La *réciproque* d'un théorème est un autre théorème dont l'hypothèse et la conclusion sont respectivement la conclusion et l'hypothèse du premier.

5° Un *problème* est une question à résoudre.

6° Un *axiome* est une vérité évidente par elle-même.

LIVRE PREMIER

THÉORÈME.

38. *La somme de deux angles adjacents est égale à deux angles droits* (fig. 18).

Soient OC une oblique et OD la perpendiculaire au point O sur la droite AB ; la somme des angles adjacents AOC, COB est égale à deux angles droits ; en effet, l'angle AOC est la somme des angles AOD, DOC, et l'angle droit DOB est formé de la somme des angles DOC, COB. La somme des angles adjacents AOC, COB est donc égale à la somme des angles formés avec

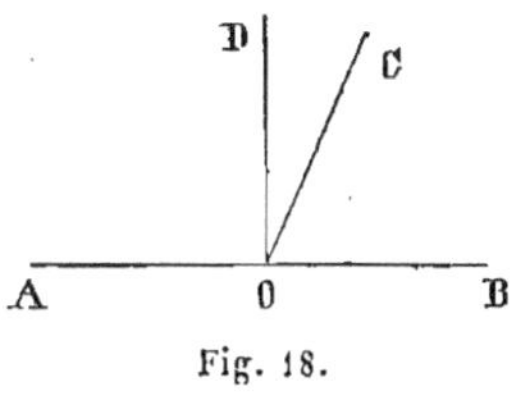

Fig. 18.

AB par la perpendiculaire OD, c'est-à-dire à deux angles droits.

39. SCOLIE. ANGLES SUPPLÉMENTAIRES. — Lorsque la somme de deux angles tels que AOC, COB est égale à deux angles droits, on dit que ces angles sont *supplémentaires*, ou que l'un d'eux est le *supplément* de l'autre.

40. COROLLAIRE I. — *Lorsque l'un des quatre angles formés par deux droites qui se coupent* AB, CD, *est droit, les trois autres sont aussi droits* (fig. 19).

Car si l'angle AOC, par exemple, est droit, ses suppléments COB et AOD sont droits, et comme le quatrième angle BOD est le supplément de chacun de ceux-ci, il est aussi droit.

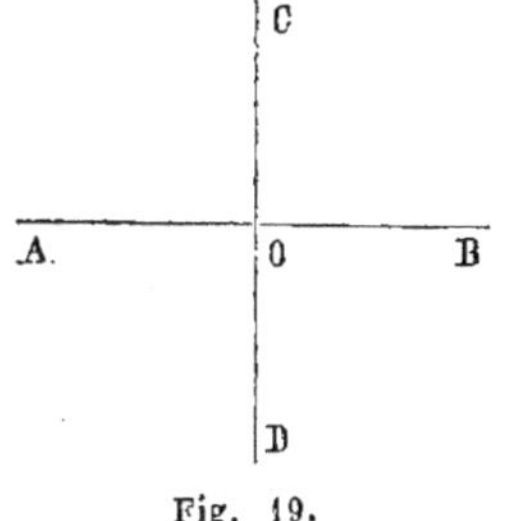

Fig. 19.

On pourrait encore énoncer ce corollaire en disant : *Si un segment* CO *de la droite* CD *est perpendiculaire sur une droite* AB, *l'autre segment* OD *est aussi perpendiculaire sur* AB, *et en outre les deux segments de celle-ci sont perpendiculaires sur* CD.

41. CorollAIRE II. — *Les bissectrices de deux angles adjacents sont perpendiculaires l'une sur l'autre.* (On nomme *bissectrice* d'un angle la droite qui divise cet angle en deux parties égales.) Car la somme de deux angles adjacents étant égale à deux angles droits, celle de leurs moitiés est égale à un angle droit.

42. CorollAIRE III. — *La somme de tous les angles consécutifs* AOC, COD, DOE, EOB, *qu'on peut former d'un même côté d'une droite* AB *autour d'un point* O *de cette droite, est égale à deux angles droits* (fig. 20).

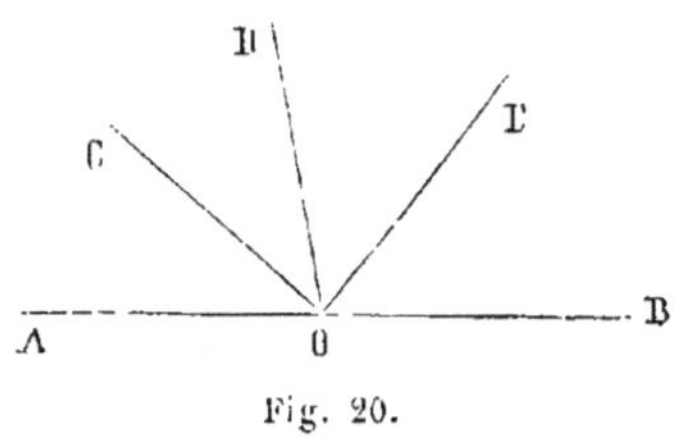

Fig. 20.

En effet, leur somme est évidemment la même que celle des deux angles adjacents AOC, COB.

43. Réciproques. — 1° *Si la somme de deux angles consécutifs* AOC, COB (fig. 21) *est égale à deux angles droits, les côtés extérieurs* OA, OB *sont en ligne droite.*

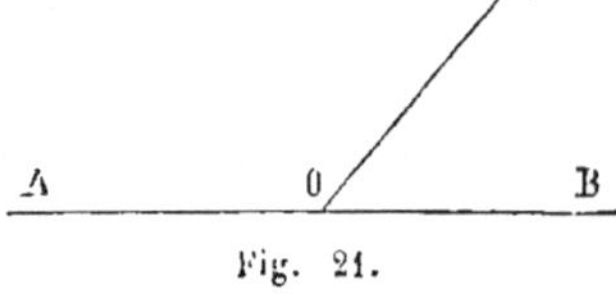

Fig. 21.

En effet, le prolongement de AO doit faire avec OC un angle supplémentaire de AOC, et par conséquent se confondre avec OB.

44. 2° Si la somme de plusieurs angles consécutifs AOC, COD, DOE, EOB (fig. 20), est égale à deux angles droits, les côtés extérieurs OA, OB, sont en ligne droite ; car le prolongement de OA doit faire avec OE un angle supplémentaire de la somme des trois premiers et par conséquent se confondre avec OB.

THÉORÈME.

45. *La somme de tous les angles consécutifs* AOB, BOC, COD, DOE, EOA, *qu'on peut former autour d'un point* O, *est égale à quatre angles droits* (fig. 22).

En effet, si l'on prolonge l'un des côtés, OA, par exemple, suivant OA′, on voit que cette somme sera égale à la somme des angles formés autour du point O d'un côté de AA′, augmentée de la somme des angles formés autour du même point O de l'autre côté de cette droite. Or, chacune de ces deux sommes est égale

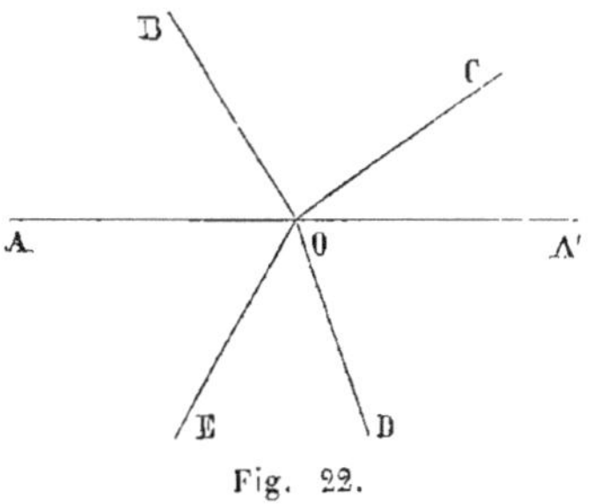

Fig. 22.

à deux angles droits; donc la somme des angles considérés est égale à quatre angles droits.

THÉORÈME.

46. *Lorsque deux droites se coupent, les angles opposés par le sommet sont égaux* (fig. 23).

Soient AB et CD deux droites qui se coupent au point O ; les angles opposés par le sommet AOC, BOD sont égaux ; en effet, ces deux angles sont supplémentaires d'un même angle AOD.

On démontrera d'une manière semblable l'égalité des angles COB DOA.

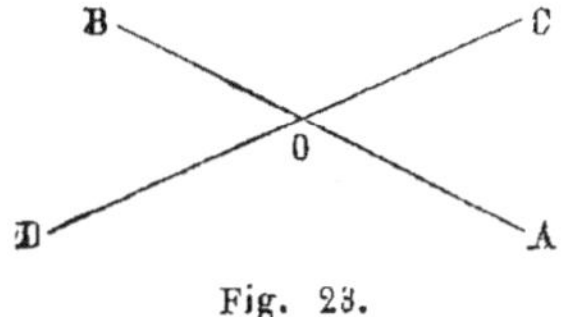

Fig. 23.

7. RÉCIPROQUE. — *Si d'un point* O *d'une droite* AB *on mène de part et d'autre de cette droite les droites* OC, OD, *de telle sorte que l'angle* AOC *soit égal à l'angle* BOD, *l'une de ces droites sera le prolongement de l'autre* (fig. 23).

En effet, le prolongement de OC doit faire avec OB un angle égal à l'angle AOC ; donc il doit se confondre avec OD.

THÉORÈME.

48. *Si l'on joint à deux points* A *et* B *d'une droite un point quelconque* C *situé hors de cette droite, chacun des trois segments de droite* AB, BC *et* CA *sera moindre que la somme des deux autres* (fig. 24).

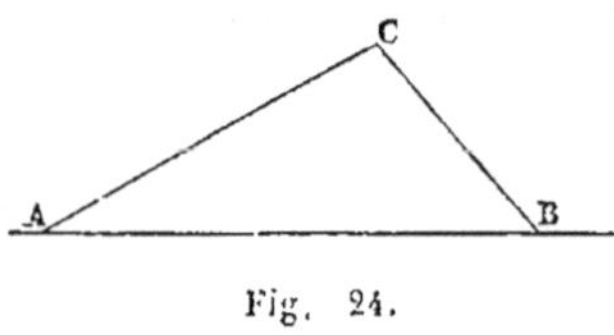

Fig. 24.

En effet, le chemin qui conduit de A en B, par exemple, en suivant la droite AB, est plus court (4. *définition*) que le chemin parcouru en suivant la ligne brisée AC + CB. Donc, AB est moindre que AC + CB.

49. Corollaire. — Chacune des trois distances AB, AC, CB est plus grande que la différence des deux autres. En effet, d'abord le théorème est évident pour la plus grande des trois distances. Quant aux deux autres, supposons AB la plus grande des trois, on a :

$$AB < AC + CB\,;$$

or on déduit de cette inégalité ;

$$AC > AB - CB,$$

et

$$CB > AB - AC.$$

DÉFINITION.

50. *Une ligne brisée, fermée ou non, est dite* CONVEXE *lorsqu'une droite quelconque ne peut pas la rencontrer en plus de deux points ;* dans le cas contraire, elle est dite *concave*.

Il résulte de cette définition que si l'on prolonge indéfiniment dans les deux sens l'un des segments de droite qui forment une ligne brisée convexe, tous les autres segments de droite doivent se trouver placés d'un même côté de la première.

THÉORÈME.

51. *Toute ligne brisée convexe est moindre que toute autre ligne brisée convexe qui l'enveloppe et se termine aux mêmes extrémités* (fig. 25).

Soient A et E les extrémités communes à la ligne brisée convexe ABCDE et à la ligne brisée convexe AFGE, qui enveloppe la première. Il suffit de démontrer que la somme des segments de droite AB, BC, CD, DE, qui forment la ligne ABCDE, est moindre que la somme des segments AF, FG, GE qui forment l'autre ligne. Prolongeons les segments AB, BC, CD jusqu'à leurs rencontres en H, K, L, avec la ligne brisée AFGE. On a (4. *déf.*) les inégalités suivantes :

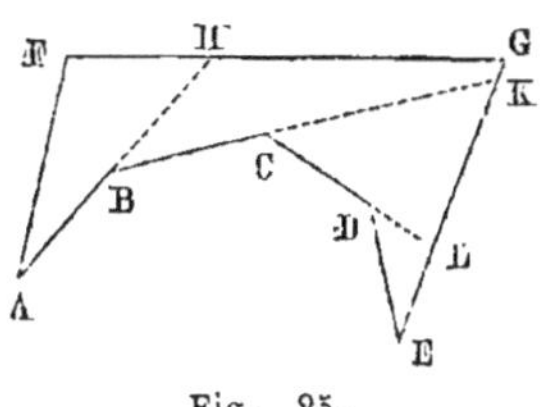

Fig. 25.

$$AB + BH < AF + FH,$$
$$BC + CK < BH + HG + GK,$$
$$CD + DL < CK + KL,$$
$$DE < DL + LE;$$

Ajoutant et réduisant, on trouve :

$$AB + BC + CD + DE < AF + FG + GE.$$

On démontrera de la même manière que *toute ligne brisée convexe, fermée, est moindre que toute autre ligne brisée convexe fermée qui l'enveloppe de toutes parts.*

THÉORÈME.

52. *D'un point O pris hors d'une droite AB, 1° on peut toujours abaisser une perpendiculaire sur cette droite ; 2° on ne peut en abaisser qu'une seule* (fig. 26).

1° Faisons tourner la portion du plan située au-dessus de AB autour de cette droite, pour la rabattre sur la portion qui est au-dessous ; et soit O′ la position que vient prendre le point O. La droite qui passe par les deux points O et O′ est perpendiculaire sur AB, car, si l'on fait reprendre à la portion

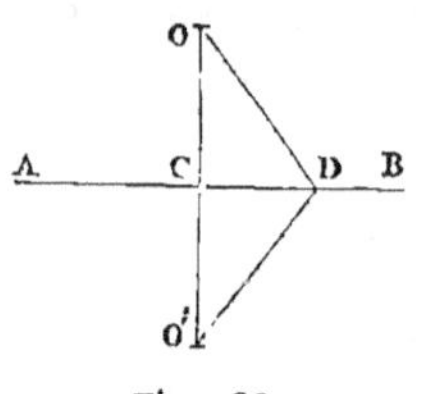

Fig. 26.

de plan déplacée sa première position, le point O′ viendra en O, et C étant le point de rencontre de OO′ avec AB, O′C se confondra avec OC ; par suite, l'angle BCO′ coïncidera avec l'angle BCO. Les deux angles adjacents BCO, BCO′ étant égaux sont donc droits, et OC, par suite, est perpendiculaire sur AB (24).

2° Toute autre droite que OC, OD par exemple, menée du point O à un point quelconque de AB est oblique sur AB. En effet, tirons la droite O′D. Dans le rabattement qui vient d'être indiqué, les angles ODC, O′DC coïncideront. Or, si l'un d'eux était droit, leur somme serait égale à deux angles droits, et la ligne ODO′ serait une ligne droite (43-1°). Deux lignes droites OCO′ et ODO′ auraient donc deux points communs sans se confondre, ce qui est impossible. Par conséquent OD n'est pas perpendiculaire sur AB.

THÉORÈME.

53. Lorsque d'un point pris hors d'une droite, on mène à cette droite la perpendiculaire et différentes obliques (fig. 27),

1° La perpendiculaire est plus courte que toute oblique ;

2° Deux obliques dont les pieds sont également distants du pied de la perpendiculaire sont égales ;

3° Deux obliques dont les pieds sont inégalement distants du pied de la perpendiculaire sont inégales ; et la plus longue est celle dont le pied est le plus éloigné du pied de la perpendiculaire.

Soient une droite AB et un point O pris hors de cette droite, OC la perpendiculaire abaissée du point O sur AB.

1° OC est moindre qu'une oblique quelconque OD menée du point O sur AB ; car si l'on rabat la portion du plan située au-dessus de AB sur la portion qui est au-dessous, après avoir fait tourner la première autour de AB, et que O′ soit

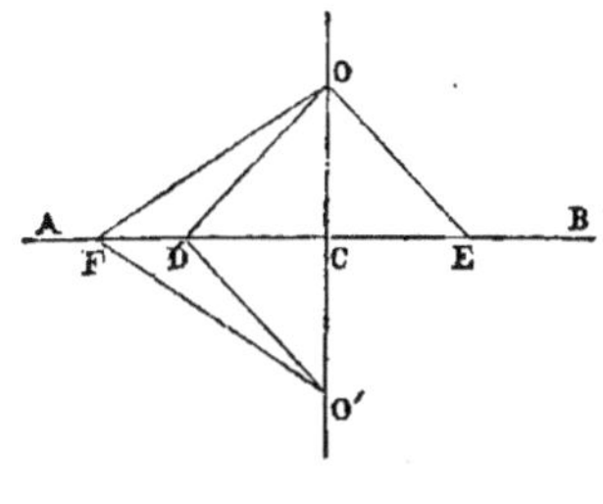

Fig. 27.

la position que vient prendre le point O, les droites OC, OD se rabattront suivant O′C et O′D. Or la ligne OCO′ est droite, puisque les angles OCD, O′CD sont droits ; on a donc (48) :

$$OO' < OD + DO' ;$$

et, en prenant la moitié de part et d'autre,

$$OC < OD.$$

2° Supposons CE = CD ; les obliques OE, OD doivent être égales ; car si l'on fait tourner l'angle droit OCD autour de OC pour l'appliquer sur l'angle droit OCE, qui lui est adjacent, CD s'applique sur CE, et comme CD = CE, le point D tombe au point E. L'oblique OD se confond donc avec l'oblique OE et, par suite, lui est égale.

3° Soit CF > CE ; l'oblique OF est plus grande que l'oblique OE. En effet, prenons sur CF une longueur CD = CE, et tirons OD. Les obliques OD, OE sont égales (2°). Faisons tourner l'angle droit OCA autour de AB pour l'appliquer sur la portion du plan qui est au-dessous ; le point O tombe en O′, la perpendiculaire OC se rabat suivant O′C et les obliques OD, OF suivant O′D, O′F. Or on a (51) :

$$OD + O'D < OF + O'F ;$$

et, en prenant la moitié de part et d'autre,

$$OD < OF;$$

ou

$$OE < OF.$$

54. Scolie I. — Il résulte aussi des raisonnements qui précèdent que :

1° *Deux obliques, dont les pieds s'écartent également du pied de la perpendiculaire, font avec celle-ci des angles égaux ;*

2° *Les angles formés avec la perpendiculaire par deux obliques dont les pieds s'écartent inégalement du pied de la perpendiculaire, sont inégaux, et le plus grand est formé par l'oblique dont le pied est le plus éloigné.*

55. Corollaire I. — La perpendiculaire abaissée d'un point donné sur une droite donnée est la ligne la plus courte qu'on puisse mener de ce point à la droite. On donne à la longueur de cette perpendiculaire le nom de *distance du point à la droite.*

56. Corollaire II. — *D'un point pris hors d'une droite, on ne peut pas mener à cette droite plus de deux droites égales entre elles ;* car ces droites ne peuvent être égales que si leurs pieds s'écartent également du pied de la perpendiculaire abaissée du même point, sur la droite.

57. Corollaire III. — Une circonférence ne peut pas être rencontrée par une ligne droite en plus de deux points, car on ne peut pas mener du centre à la droite plus de deux droites égales. On dit, pour cette raison, que la circonférence est une *ligne convexe.*

58. Réciproques. — 1° *Lorsque deux obliques menées d'un même point à une même droite sont égales, leurs pieds s'écartent également du pied de la perpendiculaire ;* car on vient de voir que si les pieds de deux obliques ne s'écartent pas également du pied de la perpendiculaire, les obliques sont inégales.

2° *Lorsque deux obliques menées d'un même point à une même droite sont inégales, leurs pieds s'écartent inégalement du pied de la perpendiculaire, et c'est le pied de la plus longue qui s'écarte le plus du pied de la perpendiculaire ;* car on vient de voir que lorsque les pieds de deux obliques s'écartent également du pied de la perpendiculaire, les deux obliques sont égales, et que de deux obliques dont les pieds s'écartent inégalement du pied de la perpendiculaire, la plus longue est celle dont le pied est le plus éloigné du pied de la perpendiculaire.

59. Le raisonnement employé pour démontrer ces deux dernières réciproques doit être remarqué, parce qu'on a souvent occasion d'en faire usage, et il convient de formuler immédiatement le principe qui en est la conclusion. *Lorsqu'on a fait sur un sujet déterminé toutes les hypothèses admissibles, et que ces hypothèses ont conduit à des conclusions essentiellement distinctes et dont chacune exclut toutes les autres, on peut regarder comme étant vraies les réciproques de tous les théorèmes établis.*

THÉORÈME.

60. *Lorsqu'on élève par le milieu* C *d'une droite* AB *la perpendiculaire* DE *sur cette droite* (fig. 28),

1° *Tout point de la perpendiculaire est également distant des extrémités* A *et* B *de cette droite ;*

2° *Tout point non situé sur la perpendiculaire est inégalement distant des mêmes extrémités* A *et* B.

1° Soit M un point quelconque de DE, les droites MA, MB, qui joignent le point M aux points A et B, sont deux obliques dont les pieds s'écartent également du pied C de la perpendiculaire DE, puisque le point C est le milieu de AB ; par conséquent elles sont égales.

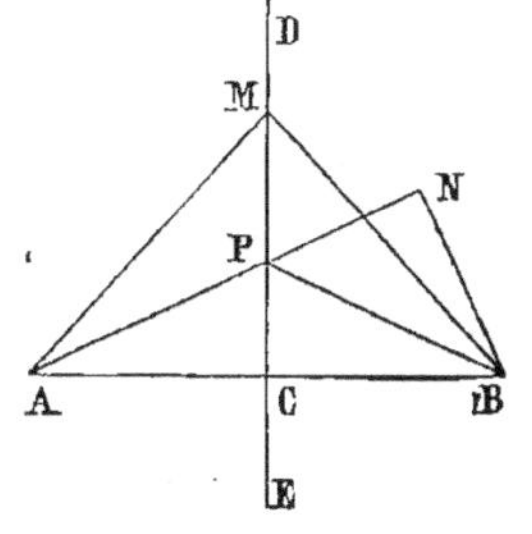

Fig. 28

2° Tout point N situé hors de DE est inégalement distant des points A et B ; car si l'on tire les droites NA, NB, et qu'on joigne au point B le point P, où NA rencontre DE, on aura (48) NB $<$ NP $+$ PB, et, comme PB $=$ PA, NB $<$ NA.

61. Scolie I. — On peut énoncer d'une manière plus

courte le théorème, en disant : *Le lieu géométrique des points également distants de deux points donnés, est la perpendiculaire élevée sur le milieu de la droite qui unit ces deux points.*

On emploie, en général, la dénomination de *lieu géométrique* pour désigner une ligne, lorsque tous les points de cette ligne jouissent d'une propriété commune, et qui n'appartient à aucun point situé hors de cette ligne.

62. Scolie II. — On dit que deux points sont *symétriques* par rapport à une droite, lorsqu'ils sont situés de part et d'autre de cette droite, sur une même perpendiculaire à la droite et à des distances égales de celle-ci. Les deux points A et B (fig. 28) sont symétriques par rapport à la droite DE.

THÉORÈME.

63. 1° *Tout point de la bissectrice d'un angle est également distant des deux côtés de l'angle.*

2° *Tout point situé dans l'intérieur de l'angle, et n'appartenant pas à la bissectrice, est inégalement distant des mêmes côtés* (fig. 29).

1° Soit AD la bissectrice de l'angle A ; les distances d'un point quelconque M de AD, aux côtés AB, AC de l'angle A, sont les longueurs des perpendiculaires ME, MF (55) abaissées du point M sur ces côtés. Les deux droites ME, MF sont égales, car si l'on fait tourner l'angle BAD autour de AD et qu'on l'applique sur son égal CAD, le côté AB coïncidera avec le côté AC, et la droite ME perpendiculaire sur AC prendra la direction de MF perpendiculaire sur AC. Le point E qui doit se trouver sur AC et sur MF doit donc se confondre avec le point F, et par suite ME = MF.

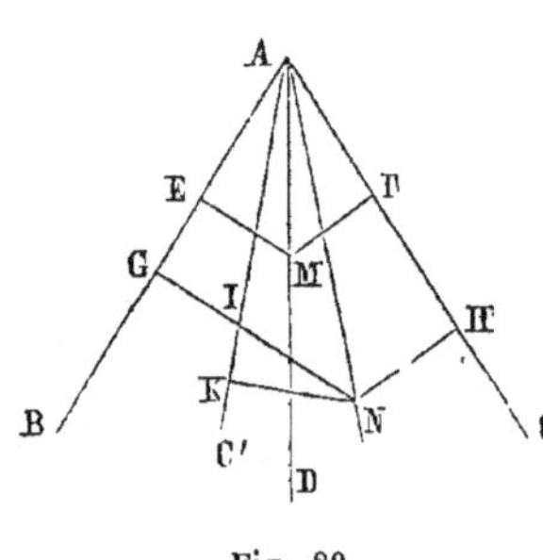

Fig. 29.

2° Soient N un point situé hors de la bissectrice et dans

l'angle DAC ; NG et NH les perpendiculaires abaissées du point N sur AB et AC. Faisons tourner l'angle CAN autour de AN pour le rabattre de l'autre côté de cette droite suivant NAC'. Le côté AC' sera placé dans l'intérieur de l'angle NAB et rencontrera NG en un point I. Soit NK la position que prend la perpendiculaire NH, on a

$$NK \text{ ou } NH < NI\,;$$

et *à fortiori*

$$NH < NG.$$

64. Corollaires. — 1° *La bissectrice d'un angle est le lieu géométrique des points situés dans l'angle et également distants de ses côtés.*

2° *Le lieu géométrique des points également distants de deux droites qui se coupent est représenté par les deux bissectrices des angles adjacents formés par ces droites.*

3° *La bissectrice d'un angle est un axe de symétrie de la figure formée par les deux côtés de l'angle.*

En effet, on nomme *axe de symétrie* d'une figure une droite telle que les points de la figure sont situés deux à deux de part et d'autre de cette droite et sur une même perpendiculaire à cette droite, à des distances égales de celle-ci. Or, si d'un point de l'un des côtés de l'angle, on abaisse une perpendiculaire sur la bissectrice et qu'on la prolonge au delà, elle rencontrera l'autre côté en un point symétrique du premier, comme on le reconnaît aisément, en repliant une des moitiés de l'angle autour de la bissectrice pour la rabattre sur l'autre.

PROBLÈME.

65. *Étant donnés une droite* XY *(fig. 30) et deux points* A *et* B *situés d'un même côté de cette droite, trouver sur celle-ci un point* M *tel qu'en le joignant aux deux points* A *et* B, *les droites* MA, MB *fassent des angles égaux avec la perpendiculaire élevée par le point* M *sur la droite* XY.

Abaissons du point A la perpendiculaire AP sur XY et prolongeons-la d'une longueur égale
PA′ ; tirons ensuite la droite A′B. Le
point M où cette droite rencontre
XY est le point demandé. Car les
obliques égales AM, A′M font des
angles égaux AMP, A′MP avec la
perpendiculaire MP (54 Sc. 1.), or
A′MP = BMY (46) ; donc BMY =
AMX et, par suite, leurs compléments AMH, BMH sont
égaux.

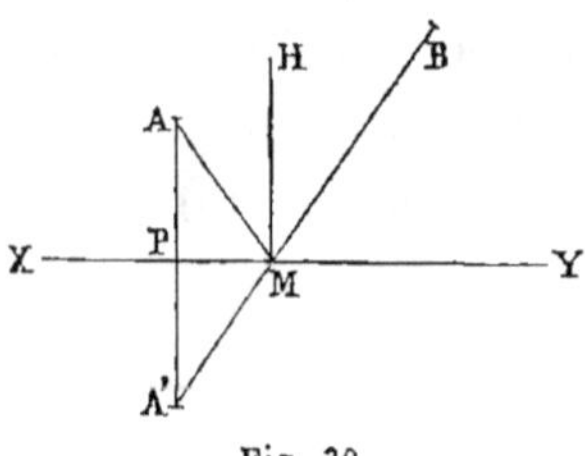

Fig. 30.

APPLICATIONS.

66. Lorsqu'un rayon lumineux, après avoir rencontré une surface
plane, est réfléchi par cette surface, la nouvelle direction du rayon
et la première déterminent un plan (17) ; car deux points quelconques de l'une des droites et un point quelconque de la seconde
droite, autre que le point de rencontre, déterminent un plan qui
contient les deux droites. L'intersection de ce plan et de la surface
plane réfléchissante est une droite (18), et il résulte des lois de la
physique, que les deux rayons font des angles égaux avec la perpendiculaire à cette intersection, menée dans le plan des deux
rayons et par leur point de concours. On exprime cette loi en
disant que *l'angle d'incidence est égal à l'angle de réflexion.* Ainsi XY
(fig. 30) étant l'intersection des deux plans, AM le rayon incident,
MB doit représenter le rayon réfléchi.

On peut, d'après le problème précédent, déterminer le point de XY
que doit rencontrer le rayon incident, pour que le rayon réfléchi
aille passer par le point B.

Les rayons calorifiques, le son, la bille qui frappe la bande du
billard sont soumis à cette même loi de la réflexion, et peuvent,
par conséquent, donner lieu à des questions semblables à celles
que présentent les rayons lumineux.

§ 2. — Parallèles.

DÉFINITION.

67. Deux droites sont dites *parallèles*, lorsque, situées dans

un même plan, elles ne peuvent pas se rencontrer si loin
qu'on les prolonge.

Il résulte de cette définition que deux parallèles déterminent un plan ; car deux parallèles sont dans un même plan ;
et tous les plans, qui contiennent deux parallèles données,
ont avec le premier trois points communs non situés en ligne
droite, savoir : deux points quelconques de l'une et un point
quelconque de l'autre.

THÉORÈME.

68. *Deux droites* AB, CD *perpendiculaires sur une troisième
droite* EF *sont parallèles* (fig. 31).

Car si elles se rencontraient, deux
droites distinctes seraient menées perpendiculairement, du point de rencontre, sur la droite EF ; ce qui est impossible (52).

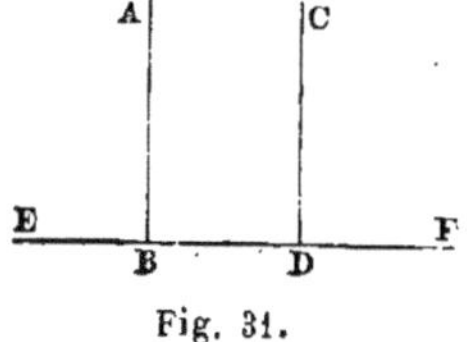

Fig. 31.

THÉORÈME.

69. *Par un point* A *situé hors d'une droite* BC *on peut mener
une parallèle à cette droite* (fig. 32).

Du point A abaissons la perpendiculaire AD sur BC, et élevons ensuite sur AD, au point A,
la perpendiculaire EF ; les droites

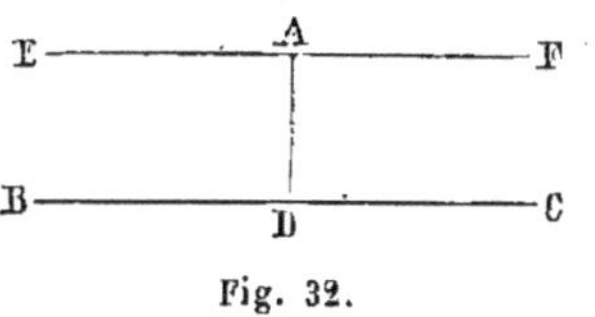

Fig. 32.

EF et BC sont parallèles, puisqu'elles sont perpendiculaires
sur une même droite AD.

70. SCOLIE. — On admet que *l'on ne peut mener qu'une
seule parallèle à une droite donnée, par un point situé hors de cette
droite.*

71. COROLLAIRE I. — *Deux droites parallèles à une troisième
sont parallèles entre elles.*

Car si les deux premières droites se rencontraient, on
pourrait mener, par leur point de rencontre, deux parallèles à
une même droite, ce qui est impossible (70).

COROLLAIRE II. — *Si une droite en rencontre une autre, elle rencontre toutes les parallèles à celles-ci.* C'est aussi une conséquence du n° 70.

THÉORÈME.

72. *Deux droites parallèles ont leurs perpendiculaires communes* (fig. 33).

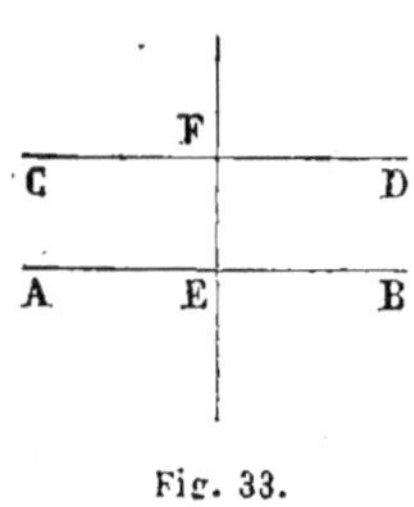

Fig. 33.

Soient AB et CD deux droites parallèles. Du point E de AB élevons une perpendiculaire à cette droite. Cette perpendiculaire rencontrera CD (71. Cor. II). En outre elle sera perpendiculaire sur CD; car, soit F le point de rencontre de ces deux droites, la perpendiculaire à EF menée par le point F doit être parallèle à AB (68) et par conséquent se confondre avec CD (70).

DÉFINITIONS.

73. Lorsque deux droites quelconques AB, CD (fig. 34) sont rencontrées par une même droite EF, elles forment avec cette sécante huit angles dont quatre 3, 4, 5, 6, sont situés entre les droites AB et CD et ont reçu le nom d'angles *internes*, les quatre autres 1, 2, 7, 8, le nom d'angles *externes*. Considérés deux à deux, ces huit angles prennent les dénominations suivantes :

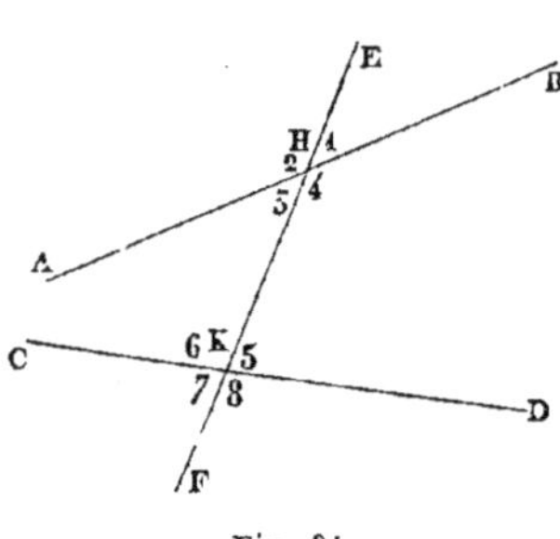

Fig. 34.

1° Deux angles internes non adjacents et situés de part et d'autre de la sécante, tels que 3 et 5, sont deux angles *alternes-internes*. Il en est de même de 4 et 6.

2° Deux angles externes non adjacents et situés de part et

d'autre de la sécante, tels que 1 et 7, sont deux angles *alternes-externes ;* il en est de même de 2 et 8.

3° Deux angles situés d'un même côté de la sécante, l'un interne et l'autre externe, et non adjacents, sont deux angles *correspondants :* ce sont les angles 1 et 5, 2 et 6, 3 et 7, 4 et 8.

4° Les angles 4 et 5, 3 et 6 sont dits *internes d'un même côté ;* et les angles 1 et 8, 2 et 7, *externes d'un même côté.*

THÉORÈME.

74. *Deux droites parallèles* AB, CD, *rencontrées par une sécante ou transversale* EF, *font avec celle-ci des angles alternes-internes égaux* (fig. 35).

Soient G et H les points où EF rencontre AB et CD ; par le milieu I de GH, menons KL perpendiculairement à AB ; KL sera aussi perpendiculaire à CD (72). Faisons ensuite tourner la figure BGHD autour du point I de manière à amener IH à se confondre avec IG. Comme les angles opposés par le sommet HIL, KIG sont égaux, la droite IL prendra alors la direction de IK ; et, comme on ne peut abaisser d'un point donné qu'une seule perpendiculaire sur une droite donnée, la droite HD prendra la direction de

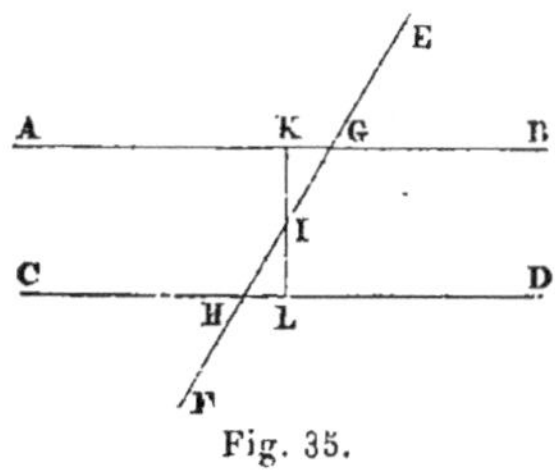

Fig. 35.

GA. Par conséquent les angles GHD, AGH coïncideront. De l'égalité des angles GHD, AGH on conclut l'égalité des angles CHG, BGH, supplémentaires des premiers, et qui sont les deux autres angles alternes-internes.

75. CoROLLAIRE I. — Lorsque les angles alternes-internes sont égaux :

1° *Les angles alternes-externes sont égaux ;* car les angles tels que EGB, CHF sont égaux comme opposés par le sommet respectivement à des angles égaux.

2° *Les angles correspondants sont égaux ;* en effet, deux angles tels que EGB, GHD, par exemple, sont égaux, le premier étant opposé par le sommet à AGH qui est égal à GHD.

3° *Les angles internes d'un même côté de la sécante sont supplémentaires;* car la somme des angles BGH et GHD, par exemple, est égale à celle des angles adjacents BGH et AGH.

4° *Les angles externes d'un même côté de la sécante sont supplémentaires;* soient, en effet, les angles EGB et DHF, par exemple: leur somme est égale à celle des angles adjacents EGB et BGH.

76. En outre, on voit facilement qu'on peut de chacune de ces quatre dernières propositions déduire les trois autres et l'égalité des angles alternes-internes.

77. COROLLAIRE II. — Il résulte de là qu'on peut substituer à l'énoncé du théorème (74) le suivant qui est plus général :

Lorsque deux droites parallèles sont coupées par une sécante :
1° *Les angles alternes-internes sont égaux ;*
2° *Les angles alternes-externes sont égaux;*
3° *Les angles correspondants sont égaux ;*
4° *Les angles internes d'un même côté sont supplémentaires ;*
5° *Les angles externes d'un même côté sont supplémentaires.*

78. RÉCIPROQUE. — *Lorsque deux droites* AB, CD *font avec une sécante quelconque* EF *des angles alternes-internes égaux, ces deux droites sont parallèles* (fig. 35).

Si l'angle AGH est égal à l'angle GHD, la droite AB est parallèle à la droite CD. En effet, si l'on mène par le point G une parallèle à CD, elle fera avec GH un angle égal à GHD et par suite égal à AGH ; elle se confondra donc avec AB.

79. COROLLAIRES. — *Deux droites sont parallèles lorsqu'elles font avec une sécante quelconque :*
1° *Des angles alternes-internes égaux ;*
2° *Des angles alternes-externes égaux ;*
3° *Des angles correspondants égaux ;*
4° *Des angles internes d'un même côté supplémentaires ;*
5° *Des angles externes d'un même côté supplémentaires.*

THÉORÈME.

80. *Deux droites concourantes font avec une sécante quelconque des angles alternes-internes inégaux.*

Ce théorème et la réciproque se déduisent des deux théorèmes précédents. D'abord, si les droites sont concourantes, les angles alternes-internes sont inégaux, car s'il en était autrement, les droites seraient parallèles.

En second lieu : RÉCIPROQUEMENT, si les angles alternes-internes sont inégaux, les droites sont concourantes; car, s'il en était autrement, les angles alternes-internes seraient égaux.

81. COROLLAIRES. — *Lorsque deux droites sont concourantes,*

1° *Les angles alternes-internes sont inégaux ;*

2° *Les angles alternes-externes sont inégaux ;*

3° *Les angles correspondants sont inégaux ;*

4° *Les angles internes d'un même côté forment une somme plus grande ou moindre que deux angles droits ;*

5° *Les angles externes d'un même côté forment une somme plus grande ou moindre que deux angles droits.*

82. Et RÉCIPROQUEMENT.

THÉORÈME.

83. *Les portions de deux droites parallèles interceptées par deux autres droites parallèles sont égales* (fig. 36).

Soient les deux droites parallèles AB, CD coupées par deux autres droites parallèles EF, GH; les portions IK, ML des deux premières sont égales, ainsi que les portions IM, KL des deux

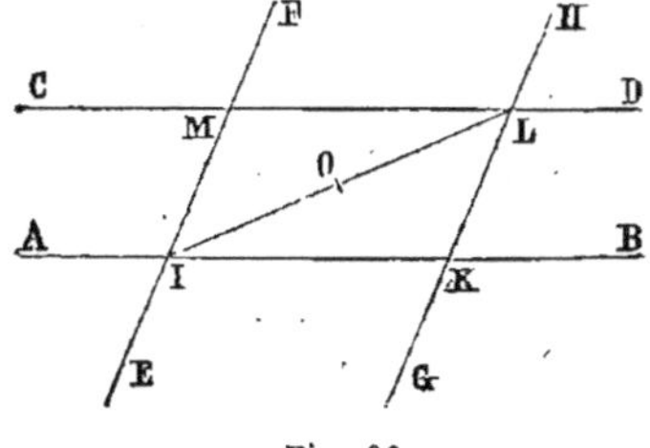

Fig. 36.

dernières. Tirons IL et faisons tourner la figure IKL autour du point O milieu de IL, de manière à amener le point I en

L ; le point L viendra alors en I, puisque OL $=$ OI. Or, les angles LIK, ILM étant égaux comme alternes-internes, IK prendra la direction de LM, et comme les angles ILK, MIL sont aussi égaux comme alternes-internes, LK prendra la direction de IM ; le point K se trouvera donc à la fois sur LM et sur IM, et par suite se confondra avec le point M ; d'où il résulte que IK est égal à LM et KL à IM.

THÉORÈME.

84. *Deux parallèles sont partout à la même distance l'une de l'autre* (fig. 37).

Soient AB, CD deux droites parallèles ; il suffit de démontrer que deux points quelconques M et P de l'une des droites,

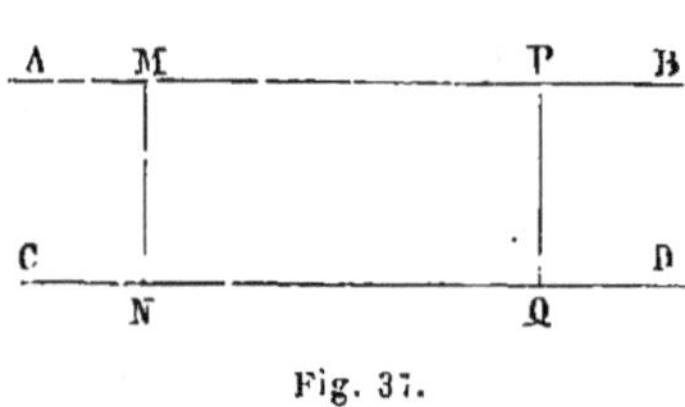

Fig. 37.

AB par exemple, sont à des distances égales de l'autre droite CD ; c'est-à-dire que les perpendiculaires MN et PQ abaissées de ces points sur CD (55) sont égales. Or les droites MN et PQ, étant perpendiculaires à CD, sont parallèles ; elles sont donc égales (83) comme portions de parallèles interceptées par deux parallèles.

85. RÉCIPROQUE. — *Lorsque deux droites sont partout à la même distance l'une de l'autre, elles sont parallèles.*

En effet, si elles se rencontraient, elles ne seraient pas partout à la même distance l'une de l'autre.

86. COROLLAIRE. — Le lieu des points, situés d'un même côté d'une droite et tous à une même distance donnée de cette droite, est la parallèle à celle-ci menée par l'un de ces points.

PROBLÈME.

87. *Déterminer un point qui soit à des distances données de deux droites concourantes données* (fig. 38).

Soient AB, CD les droites concourantes données, a et b les distances du point cherché aux droites AB, CD. Par un point quelconque E de AB, élevons sur cette droite une perpendiculaire dirigée dans l'intérieur de l'angle des droites, et prenons sur cette perpendiculaire une longueur EF $= a$. Ensuite, par un point quelconque G de CD, élevons sur cette droite une perpendiculaire dirigée dans l'intérieur de l'angle des droites, et prenons sur cette perpendiculaire une longueur GH $= b$. Le

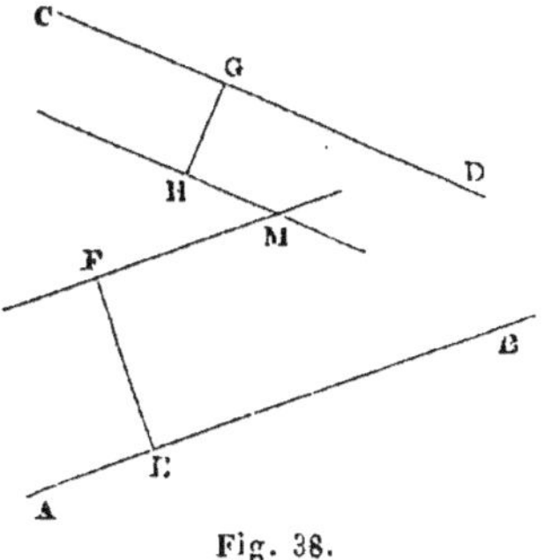

Fig. 38.

point demandé sera le point de rencontre M des parallèles aux droites AB et CD menées par les points F et H.

88. Corollaire. — Pour construire la bissectrice de l'angle des droites AB et CD, il suffit de prendre sur les perpendiculaires des longueurs égales entre elles et de joindre le point de concours des parallèles au sommet de l'angle, car ce point de concours, étant à des distances égales des côtés de l'angle, appartient à la bissectrice (63). Si le sommet de l'angle n'était pas donné, on trouverait d'une manière semblable un second point de la bissectrice, laquelle serait alors déterminée.

THÉORÈME.

89. *Deux droites* EF, GH, *respectivement perpendiculaires à deux droites concourantes* AB, CD, *sont aussi deux droites concourantes* (fig. 39).

En effet, si EF et GH étaient parallèles, AB et CD seraient perpendiculaires à chacune de ces droites (72), et par conséquent parallèles ; ce qui est contraire à l'hypothèse.

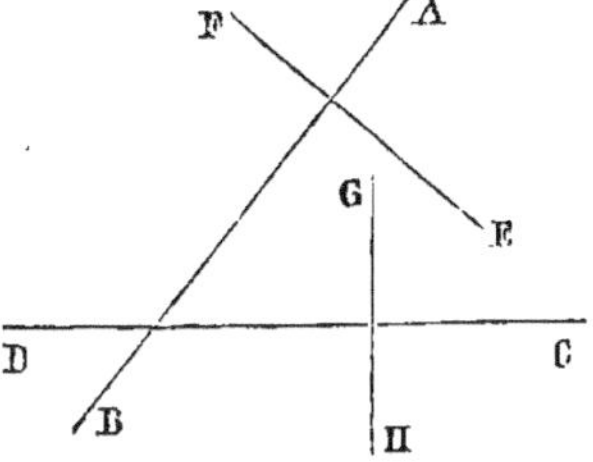

Fig. 39.

90. *Deux angles qui ont leurs côtés parallèles chacun à chacun sont égaux ou supplémentaires* (fig. 40).

1° Soient AOB, A'O'B' deux angles dont les côtés sont parallèles et dirigés chacun à chacun dans le même sens (par rapport aux sommets). Prolongeons A'O' jusqu'à sa rencontre en C avec OB, les angles A'O'B' et A'CB sont égaux comme correspondants ; il en est de même des angles AOB et A'CB ; donc les angles AOB et A'O'B' sont égaux.

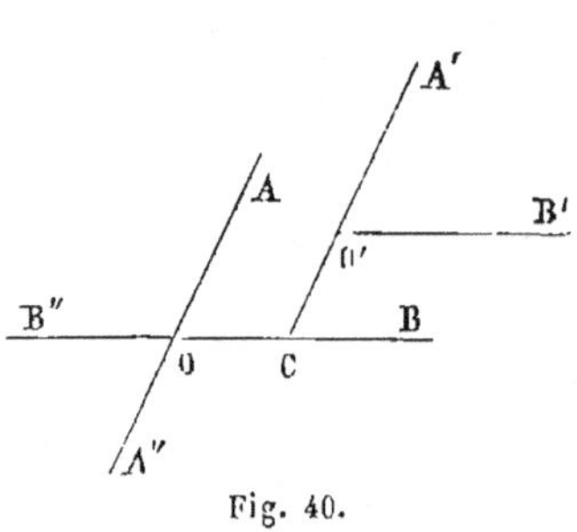

Fig. 40.

2° Si l'on prolonge les côtés OA, OB suivant OA″ et OB″, on formera un angle A″OB″ égal à AOB et par conséquent égal à A'O'B', dont les côtés sont parallèles, mais tous deux de sens contraires à ceux de A″OB″.

3° Considérons les deux angles AOB″ et A'O'B' dont les côtés AO et A'O' sont parallèles et de mêmes sens, et les côtés OB″, O'B' parallèles et de sens contraires. L'angle AOB″, étant supplémentaire de AOB, l'est aussi de l'angle égal A'O'B' (1°).

91. On peut donc dire que : *Deux angles qui ont leurs côtés parallèles sont égaux, si les côtés parallèles sont dirigés chacun à chacun dans le même sens ou en sens contraires, et sont supplémentaires, si deux côtés parallèles sont de mêmes sens et les deux autres de sens contraires.*

92. *Deux angles qui ont leurs côtés perpendiculaires chacun à chacun sont égaux ou supplémentaires* (fig. 41).

Si les droites DE et FG sont respectivement perpendiculaires aux deux côtés AB et AC de l'angle BAC, l'un quelconque des quatre angles formés par les droites DE et FG sera égal à l'angle BAC ou supplémentaire de celui-ci.

Faisons tourner l'angle BAC autour de son sommet A pour
'amener dans une position B'AC' telle que le côté AC prenne

a direction AC' perpendi-
culaire à sa première di-
rection. AC ; le côté AB
prendra alors la direction
AB' perpendiculaire à AB,
car l'angle B'AB est com-
posé des angles B'AC', ég a
à BAC, et C'AB : il est
donc égal à l'angle droit
C'AC. Il résulte de là que

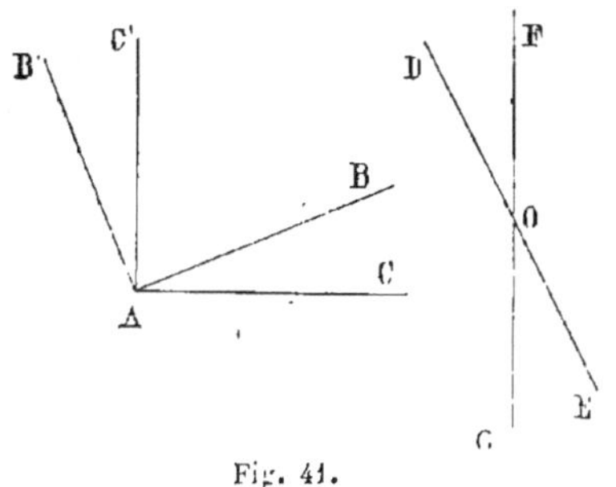

Fig. 41.

l'angle B'AC', égal à BAC, a ses côtés respectivement parallèles aux droites DE, FG ; par conséquent les angles formés
par ces droites sont égaux à l'angle BAC ou supplémen-
aires de celui-ci.

APPLICATIONS.

93. On rencontre fréquemment des exemples de droites parallèles :

1° Si une molécule (une partie infiniment petite) d'un corps n'est
sollicitée que par son poids, elle suit, dans la chute du corps, la
direction verticale ; de sorte que, si un corps pesant vient à tomber,
chaque molécule suit une direction verticale, en supposant,
bien entendu, que ce corps n'est entraîné que par son poids.
Les différentes molécules du corps suivent donc, pendant la chute,
des directions rectilignes qui sont toutes parallèles.

2° Les tiges de certains végétaux, telles que celles des céréales
d'un champ, offrent l'apparence de droites toutes verticales, et par
conséquent parallèles.

94. Lorsqu'un corps quelconque est entraîné suivant la direction
d'une droite, tous les points du corps, si celui-ci ne tourne pas en
même temps sur lui-même, parcourent des lignes droites, et comme
les distances de l'un de ces points à tous les autres ne varient pas,
toutes ces droites sont parallèles entre elles et à la direction indiquée.

Exemples : Les tiroirs des meubles, les pistons des pompes, les
pênes des serrures.

95. Les produits industriels fournissent un grand nombre d'exemples de parallèles ; ainsi on en rencontre dans les pièces de menuiserie et de charpente, dans leurs mortaises et leurs tenons.

96. Le laboureur trace des sillons parallèles et équidistants, afin que la terre soit uniformément travaillée.

97. Les lignes de l'écriture, celles d'un livre, les portées de musique représentent des droites parallèles.

98. *Du tricage.* — Les charpentiers de vaisseaux emploient, pour faire leurs *gabarrits* ou patrons, un tracé auquel ils donnent le nom de

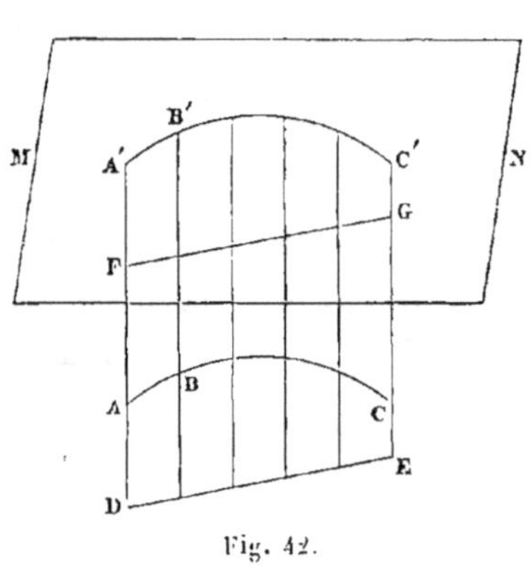

Fig. 42.

tricage. Voici comment ils l'exécutent (fig. 42). Ils posent une planche mince sur l'épure, de façon à ne pas couvrir la courbe qu'ils veulent lever. Ensuite ils mènent à partir de cette courbe ABC un grand nombre de droites parallèles AA'... BB'... CC' qu'ils prolongent sur la planche MN, et ils donnent à toutes la même longueur ; ils obtiennent par là des points A'... B'... C' qu'ils peuvent prendre assez rapprochés pour obtenir une courbe A'B'C', en tirant de l'un à l'autre un trait continu, puis ils découpent la planche selon ce contour.

La courbe A'B'C', obtenue par ce procédé, est égale à la courbe ABC. En effet, menons par un point D de AA' une droite quelconque DE et, par un autre point F de AA', tel que A'F soit égale à AD, une droite FG parallèle à DE. Alors DF et EG sont égales comme portions de parallèles interceptées par deux parallèles. Or DF = AA', puisque FA' = DA ; donc EG = AA' et par suite EG = CC'. En retranchant la partie commune GC, on trouve CE = C'G. On démontre de même que toutes les portions de parallèles comprises entre ABC et DE, sont égales aux portions correspondantes comprises entre A'B'C' et FG ; par conséquent on peut faire coïncider la figure FA'B'C'G avec la figure DABCE ; d'où il résulte que la courbe A'B'C' est égale à la courbe ABC.

§ 3. — Circonférence, arcs et cordes.

THÉORÈME.

99. *Tout diamètre divise la circonférence et le cercle chacun en deux parties égales* (fig. 43).

Soit AB un diamètre quelconque de la circonférence C; faisons tourner l'arc AMB autour de AB pour le rabattre sur la portion du plan qui est au-dessous, les deux arcs AMB et ANB coïncideront, car, s'il en était autrement, il y aurait dans l'un ou dans l'autre des points inégalement distants du centre.

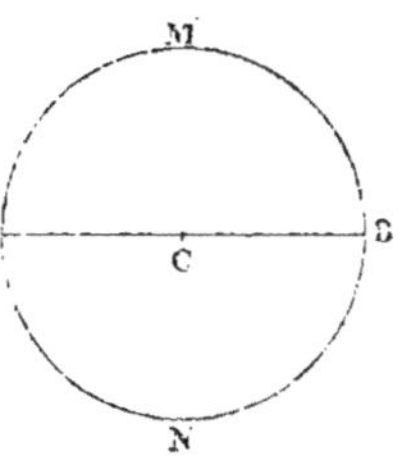
Fig. 43.

Les arcs AMB, ANB coïncidant, les portions du cercle comprises entre ces arcs et le diamètre AB sont égales.

THÉORÈME.

100. *Le diamètre est la plus grande corde de la circonférence* (fig. 44).

Soit une corde AB autre qu'un diamètre; tirons le diamètre MN et les rayons OA, OB; on a (48):

$$AB < AO + OB,$$

et, comme $AO + OB = MN$,

$$AB < MN.$$

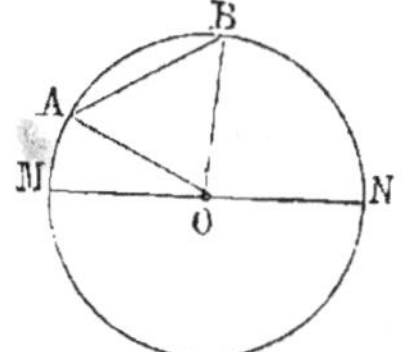
Fig. 44.

THÉORÈME.

101. *Trois points non situés en ligne droite déterminent une circonférence;* ce qui veut dire que: *par trois points non situés en ligne droite on peut faire passer une circonférence, et on n'en peut faire passer qu'une seule* (fig. 45).

1° Soient A, B, C trois points non situés en ligne droite. La perpendiculaire DD′ élevée sur le milieu de AB est (61) le lieu des points également éloignés de A et de B. Pareillement la

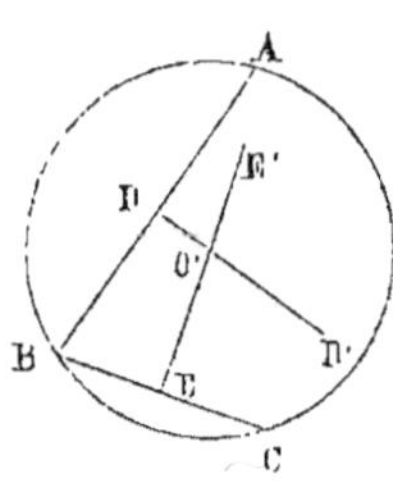

Fig. 45.

perpendiculaire EE′ élevée sur le milieu de BC est le lieu des points également éloignés de B et de C. Or les droites DD′, EE′ se coupent (89), par conséquent le point O de rencontre de ces droites est également distant des trois points A, B, C. Donc, si l'on décrit une circonférence du point O comme centre et avec un rayon égal à la distance du point O à l'un des trois points A, B, C, elle passera par les deux autres.

2° Toute autre circonférence qui passera par les trois points A, B, C se confondra avec la première; car le centre de toute circonférence passant par les trois points A, B, C, doit se trouver sur chacune des droites DD′, EE′, et comme deux droites distinctes ne peuvent avoir qu'un seul point commun, ce centre doit être au point O ; en outre, les circonférences passant par les points A, B, C, auront aussi même rayon; par conséquent, elles se confondront en une seule.

102. Corollaire. — Deux circonférences ne peuvent pas se couper en plus de deux points; car si elles avaient trois points communs, elles se confondraient, puisque ces trois points ne seraient pas en ligne droite.

THÉORÈME.

103. *Dans un même cercle, ou dans deux cercles égaux :*

1° *Deux arcs égaux sont sous-tendus par des cordes égales;*

2° *Deux arcs inégaux, tous deux moindres qu'une demi-circonférence, sont sous-tendus par des cordes inégales, et le plus grand arc est sous-tendu par la plus grande corde* (fig. 46).

1° Soient AB et CD deux arcs égaux de la circonférence O. Les cordes AB et CD qui sous-tendent ces arcs sont égales, car

si l'on tire le diamètre FH par le milieu F de l'arc AC et qu'on
fasse tourner la demi-circonférence FAH autour du diamètre
FH pour la rabattre sur la demi-circonférence FCH, ces deux
demi-circonférences coïncideront, et,
comme les arcs FA, FC sont égaux
ainsi que les arcs AB, CD, le point A
tombera en C et le point B en D ; par
conséquent la corde AB coïncidera
avec la corde CD.

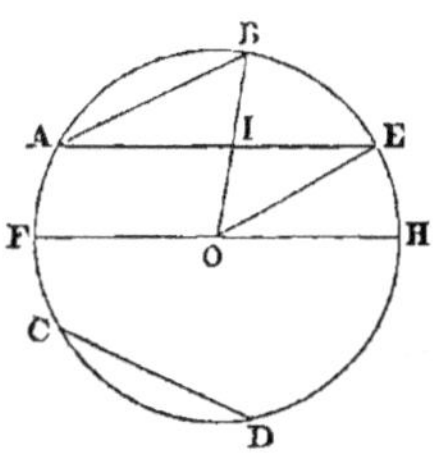

Fig. 46.

2° Soient les deux arcs AE et CD tous
deux moindres qu'une demi-circonférence, et arc AE > arc CD. Prenons
sur l'arc AE, à partir du point A, une portion AB de l'arc
AE égale à l'arc CD ; tirons la corde AB et les rayons OB,
OE. On a (48) :

$$AB < AI + IB,$$

$$et \ OE < OI + IE ;$$

ajoutant, on trouve :

$$AB + OE < AE + OB ;$$

puis, retranchant d'une part OE et de l'autre son égale OB :

$$AB < AE.$$

Comme les arcs AB et CD sont égaux, leurs cordes sont
égales ; on a donc aussi :

$$CD < AE.$$

104. RÉCIPROQUES. — 1° *Si deux cordes sont égales, les arcs,
tous deux moindres ou tous deux plus grands qu'une demi-circonférence, sous-tendus par ces cordes sont égaux.*

2° *Si deux cordes sont inégales, les arcs, tous deux moindres
qu'une demi-circonférence, sous-tendus par ces cordes sont inégaux, et la plus grande corde sous-tend le plus grand arc.*

Ces deux réciproques sont une conséquence du principe général (59).

105. COROLLAIRE. — Comme une corde sous-tend deux arcs, l'un moindre, l'autre plus grand qu'une demi-circonférence, il résulte de ce qui précède que *si deux arcs sont tous deux plus grands qu'une demi-circonférence, le plus grand arc est sous-tendu par la plus petite corde,* et réciproquement.

On ne peut rien affirmer des cordes de deux arcs, l'un moindre et l'autre plus grand qu'une demi-circonférence.

THÉORÈME.

106. *Tout diamètre perpendiculaire sur une corde divise en deux parties égales cette corde et les deux arcs qu'elle sous-tend* (fig. 47).

Soient la corde CD, le diamètre AB perpendiculaire à cette corde ; E le point de rencontre de AB et CD.

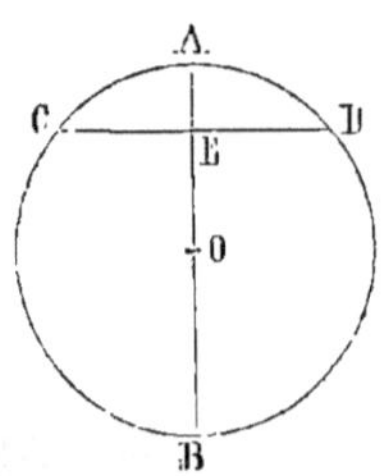

Fig. 47.

Si l'on fait tourner la demi-circonférence BCA autour du diamètre AB, pour l'appliquer sur la demi-circonférence BDA, le point C tombera sur la demi-circonférence BDA, et comme la droite CE, perpendiculaire à AB, s'appliquera sur ED, perpendiculaire aussi à AB, le point C viendra tomber en D. Par conséquent CE coïncidera avec EB, et les arcs AC et AD coïncideront, ainsi que les arcs CB et DB.

107. SCOLIE. — Le diamètre perpendiculaire à une corde satisfait aux cinq conditions suivantes : 1° il passe par le centre ; 2° par le milieu de la corde ; 3° et 4° par les milieux des deux arcs sous-tendus par cette corde ; 5° il est perpendiculaire sur la corde.

THÉORÈME.

108. *Dans un même cercle, ou dans deux cercles égaux :*
1° Deux cordes égales sont également éloignées du centre ;

2° Deux cordes inégales sont inégalement éloignées du centre, et la plus grande est la plus rapprochée (fig. 48).

1° Soient AB et CD deux cordes égales, OG et OH les perpendiculaires abaissées du centre O sur les cordes. Ces perpendiculaires sont les distances du centre aux deux cordes (55).

Pour démontrer que OH = OG, menons, par le point E milieu de l'arc AC, le diamètre EF et faisons tourner la demi-circonférence ECDF autour du diamètre EF, pour la rabattre sur la demi-circonférence EABF. Le point C vient alors se placer en A, puisque l'arc EC est égal à l'arc EA, et le point D en B, puisque l'arc CD est égal à l'arc AB; les deux cordes AB et CD coïncident

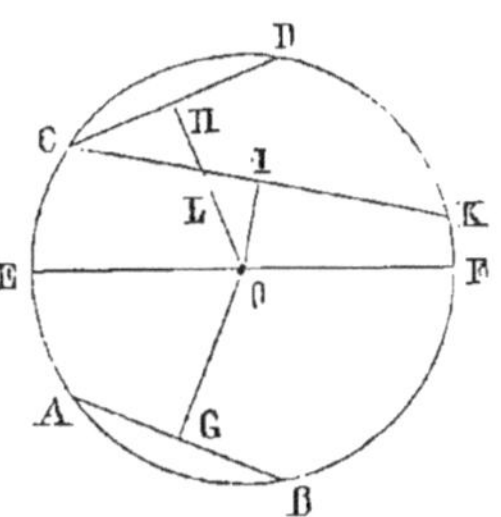

Fig. 48.

donc, et, par suite, les deux droites OH et OG, qui leur sont respectivement perpendiculaires, coïncident aussi ; par conséquent le point H tombe en G et CH = OG.

2° Soient AB et CK deux cordes inégales, et AB < CK ; OI et OG, les perpendiculaires abaissées du centre O sur CK et AB. Portons sur la circonférence, de C en D, une ouverture de compas égale à la corde AB et tirons la corde CD. La perpendiculaire OH abaissée du centre sur CD est égale (1°) à OG ; il suffit donc de prouver que OI est moindre que OH. Or la corde CD étant moindre que la corde CK, l'arc CD est moindre que l'arc CK (104), et, par suite, le milieu de l'arc CD est situé entre le point C et le milieu de l'arc CK. Donc OH rencontre la corde CK en un point L situé entre le point I milieu de CK et le point C ; or, OL est moindre que OH. Mais la perpendiculaire OI est moindre que l'oblique OL ; par conséquent OI est *à fortiori* moindre que OH ou OG.

109. RÉCIPROQUES. — *Dans un même cercle ou dans deux cercles égaux :*

1° *Deux cordes également éloignées du centre sont égales ;*

2° *Deux cordes inégalement éloignées du centre sont iné-*

gales, et celle qui en est la plus rapprochée est la plus longue.
Cela résulte du principe (59).

DÉFINITIONS.

110. On nomme *tangente* à une circonférence O toute droite

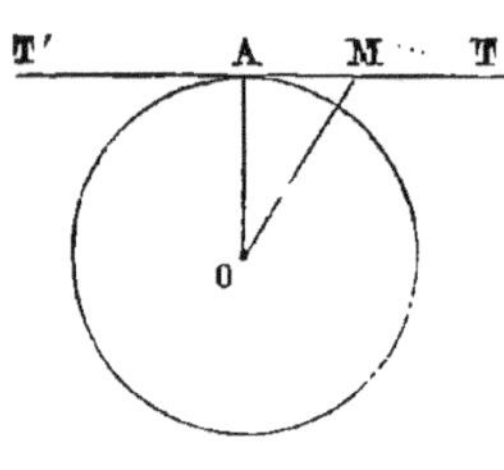

Fig. 49.

TT′ qui n'a qu'un seul point commun A avec la circonférence. Ce point commun est appelé *point de contact* (fig. 49).

110 *bis*. On dit que deux circonférences sont tangentes, lorsqu'elles n'ont qu'un seul point commun ; et le point commun se nomme aussi *point de contact*.

THÉORÈME.

111. *La tangente est perpendiculaire au rayon mené au point de contact* (fig. 49).

Soient T′T une tangente au cercle O, et A le point de contact. Le point A est le point de la droite T′T le plus rapproché du centre, car les autres points de TT, étant hors du cercle, sont à une distance du centre plus grande que le rayon ; le rayon OA est donc la droite la plus courte que l'on puisse mener du centre O à un point de la tangente TT ; et par conséquent il est la perpendiculaire abaissée du point O sur T′T.

112. RÉCIPROQUE. — *Toute perpendiculaire T′T à l'extrémité d'un rayon OA est tangente à la circonférence* (fig. 49).

En effet tout point M de la droite T′T, autre que le point A, est extérieur à la circonférence, puisque l'oblique OM est plus grande que la perpendiculaire OA.

113. COROLLAIRE I. — *La perpendiculaire abaissée du centre d'une circonférence sur une tangente passe par le point de contact.*

114. Corollaire II. — *La perpendiculaire élevée sur une tangente au point de contact passe par le centre de la circonférence.*

THÉORÈME.

115. *Deux parallèles interceptent sur une circonférence des arcs égaux* (fig. 50).

Il y a lieu de distinguer trois cas :

1° Si les deux parallèles sont *sécantes*. Soient les parallèles AB, CD. Menons le diamètre EF perpendiculaire sur AB, il sera aussi perpendiculaire sur CD (72), et, par suite, il divisera en deux parties égales chacun des arcs sous-tendus par ces cordes. On a donc

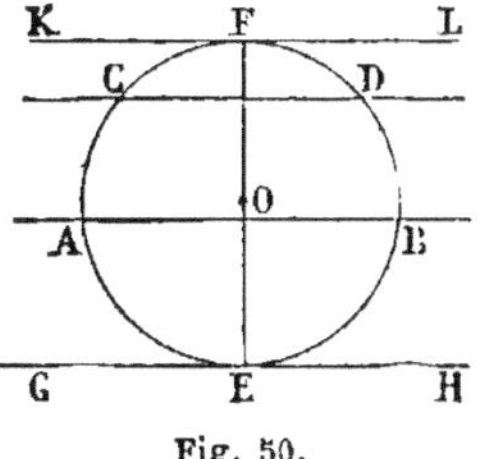

Fig. 50.

$$\text{arc AE} = \text{arc EB,}$$

$$\text{et arc CE} = \text{arc ED;}$$

et, en retranchant ces deux égalités l'une de l'autre :

$$\text{arc AC} = \text{arc BD.}$$

2° Si les deux parallèles sont l'une *tangente* et l'autre *sécante*, telles que les parallèles AB, GH ; menons par le point de contact E le diamètre EF. Il est perpendiculaire à la tangente GH (111), et, par suite (72), à la corde AB ; il divise donc l'arc AEB en deux parties égales, de sorte qu'on a :

$$\text{arc AE} = \text{arc EB.}$$

3° Supposons les deux parallèles *tangentes ;* et soient les parallèles GH, KL tangentes à la circonférence, la première au point E, la seconde au point F. Menons le diamètre qui passe par le point E ; il passera aussi par le point F (72) ; et, comme tout diamètre divise la circonférence en deux parties égales, on aura :

$$\text{arc EAF} = \text{arc EBF.}$$

APPLICATIONS.

116. Le tourneur qui veut donner un contour circulaire à une pièce de bois ou de métal doit tenir sa *gouge* dans la direction d'une tangente à la circonférence qu'il a le dessein de tracer et faire constamment agir l'outil au point de contact pendant que la pièce tourne sur son axe de rotation.

117. La cause qui met un corps en mouvement ou qui lui fait prendre un mouvement différent de celui qu'il avait, se nomme *force*.

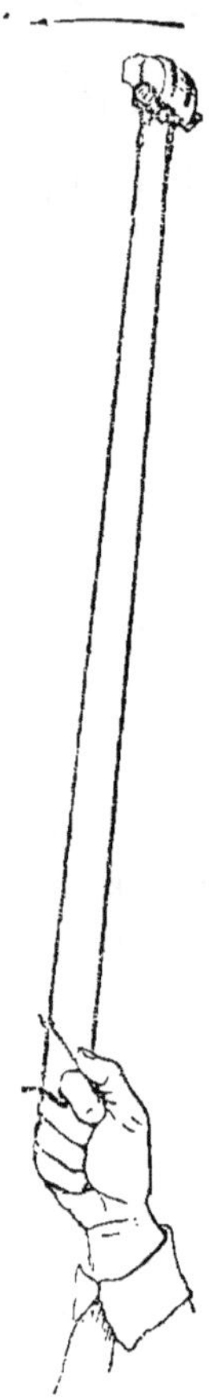

La force qui produit le mouvement d'un corps lorsque celui-ci, abandonné à lui-même, tombe sur la terre, est la *pesanteur*. Le *poids* d'un corps est l'effet produit par l'action de la pesanteur sur ce corps.

117 *bis*. *Force centrifuge*. — Si l'on fait tourner rapidement un corps attaché à l'une des extrémités d'une corde dont l'autre extrémité est fixe, la corde se tend de plus en plus à mesure que le mouvement devient plus rapide. Le corps, en tournant, agit sur la corde de la même manière que s'il était soumis à l'action d'une force qui tendrait à l'éloigner du centre de la circonférence qu'il parcourt dans son mouvement; cette force se nomme *force centrifuge*.

Lorsqu'on lance une pierre avec une fronde, la pierre abandonnée à elle-même, suit la direction de la tangente à la circonférence que décrit la fronde (fig. 51).

En général chaque particule d'un corps animé d'un mouvement de rotation autour d'un axe, tend sans cesse à s'échapper en suivant la direction de la tangente à la circonférence que parcourt cette particule. Ainsi il arrive fréquemment qu'une meule animée d'un mouvement de rapide rotation se brise et que ses éclats volent au loin. Pour éviter ces dangers, on encastre des cercles de fer sur les faces planes des meules près des bords.

Fig. 51.

Lorsqu'un écuyer se tient debout sur un cheval qui parcourt rapidement le contour d'un cirque (figure 52), il ne se place pas verticalement, mais penche le corps vers le centre du cirque, et il le penche d'autant plus que le cheval va plus vite. La force centrifuge l'oblige à prendre cette position. Des forces centrifuges se développent dans les diverses parties du corps de l'écuyer et se composent en une force unique, qui est dirigée horizontalement et qui tend à l'éloigner du centre du cirque. Cette dernière se compose à son tour avec le poids du corps en une

Fig. 52.

force oblique; et, pour ne pas tomber sous l'action de cette force, l'écuyer doit prendre une position telle que la direction de la force passe par un point de la surface d'appui. On donne ce nom à la surface limitée par les bords extérieurs des pieds de l'écuyer, et par deux droites qui joignent, l'une les extrémités antérieures et l'autre les extrémités postérieures des pieds.

C'est aussi la force centrifuge qui maintient en équilibre l'écuyer, lorsque, le cheval tournant avec une grande vitesse dans le cirque, l'écuyer assis de côté ne pose que sur le flanc du cheval.

§ 4. — Positions relatives de deux circonférences.

THÉORÈME.

118. *Lorsque deux circonférences ont un point commun situé hors de la droite qui joint leurs centres, elles ont un second point commun symétrique du premier par rapport à cette droite* (fig. 53).

Soit M un point commun aux deux circonférences O et O′ et situé hors de la droite OO′. Du point M abaissons la perpendiculaire MP sur OO′ et prolongeons-la d'une longueur égale PM′. Tirons ensuite les droites OM, OM′, O′M, O′M′.

Les droites OM, OM′ sont égales comme obliques qui s'écartent également du pied de la perpendiculaire OO′. Il en est de même des obliques O′M, O′M′; donc si les deux circonférences passent par le point M, elles doivent aussi passer par le point M′.

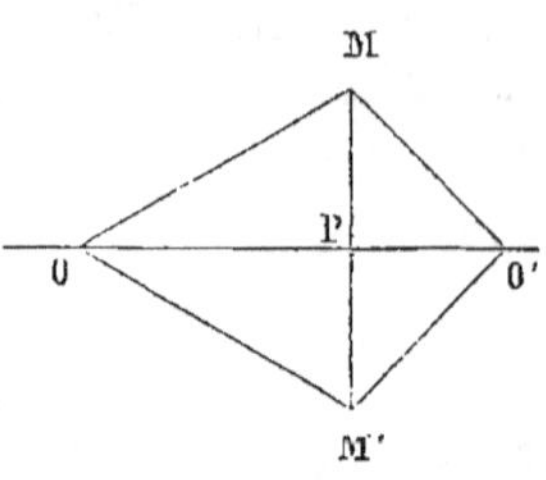

Fig. 53.

119. Corollaire. — *Lorsque deux circonférences sont tangentes, le point de contact est situé sur la droite qui joint les centres.*

THÉORÈME.

120. *Lorsque deux circonférences se coupent, la ligne droite qui joint leurs centres est perpendiculaire à la corde commune et la divise en deux parties égales* (fig. 54).

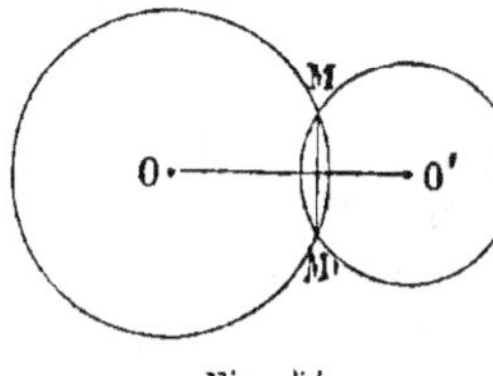

Fig. 54.

Soient deux circonférences qui se coupent en M et M′; le centre O, étant à des distances égales OM, OM′ des points M et M′, appartient à la perpendiculaire élevée sur le milieu de la corde MM′; il en est de même du centre O′; donc (60) la droite qui passe par les centres O et O′ est perpendiculaire sur le milieu de la corde MM′.

121. Scolie. — Lorsque deux circonférences se coupent, on nomme *angle de ces circonférences*, l'angle des deux tangentes menées par l'un des points d'intersection.

THÉORÈME.

122. *Lorsque deux circonférences sont extérieures l'une à l'autre, la distance des centres est plus grande que la somme de leurs rayons* (fig. 55).

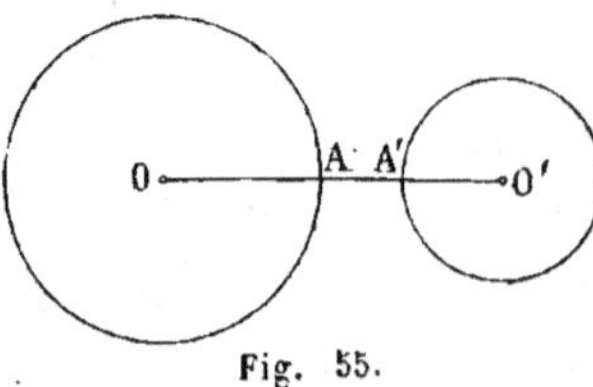

Fig. 55.

En effet, la distance des centres OO′ est égale à la somme de la distance des rayons OA, O′A′ augmentée de AA′.

THÉORÈME.

123. *Lorsque deux circonférences sont tangentes extérieurement, la distance des centres est égale à la somme de leurs rayons* (fig. 56).

Le point de contact étant situé sur la ligne des centres (119), on a évidemment $OO' = OA + AO'$.

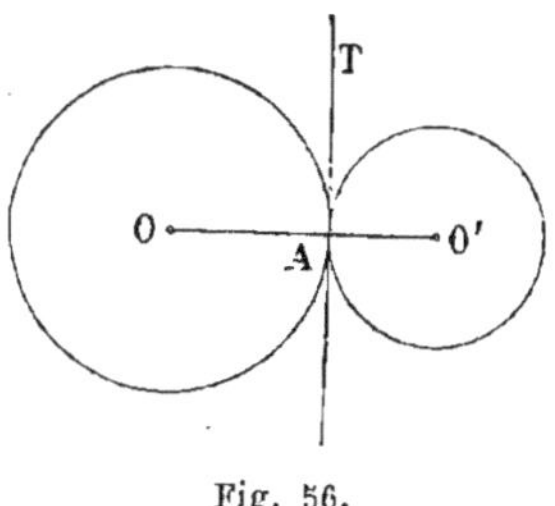

Fig. 56.

THÉORÈME.

124. *Lorsque deux circonférences se coupent, 1° la distance des centres est moindre que la somme de leurs rayons; 2° le plus grand rayon est moindre que la distance des centres augmentée de l'autre rayon* (fig. 57).

Les points d'intersection étant situés hors de la ligne des centres, si l'on tire la droite OO' et qu'on joigne l'un des points d'intersection, M, aux

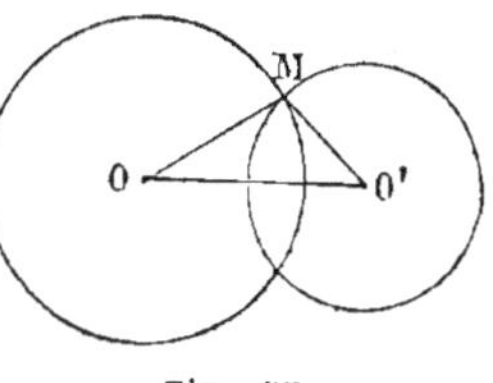

Fig. 57.

deux centres O et O', chacune des trois distances OO', OM, O'M sera moindre que la somme des deux autres (48).

THÉORÈME.

125. *Lorsque deux circonférences sont tangentes intérieurement, la distance des centres est égale à la différence de leurs rayons* (fig. 58).

Le point de contact étant situé sur la ligne des centres (119), on a évidemment $OO' = OA - O'A$.

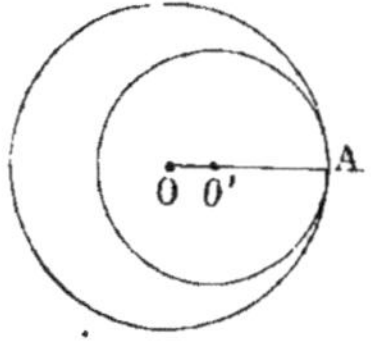

Fig. 58.

THÉORÈME.

126. *Lorsque deux circonférences sont intérieures l'une à l'autre,* *la distance des centres est moindre que la différence de leurs rayons* (fig. 59).

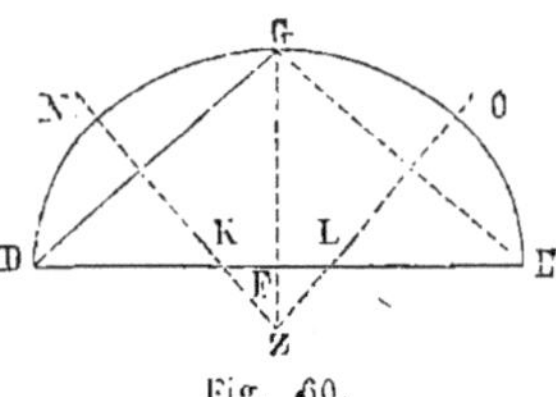

Fig. 59.

En effet, la distance des centres OO′ est égale à la différence des rayons OA, O′A′, diminuée de la distance AA′.

127. Scolie. — On peut résumer dans le tableau suivant les conclusions des cinq derniers théorèmes. En désignant par d la distance des centres et les deux rayons par r et r' :

1° Si deux circonférences sont *extérieures* l'une à l'autre, on a............................. ..... $d > r + r'$;

2° *Tangentes extérieurement*............ $d = r + r'$;

3° *Sécantes*......................... $\}$ $d < r + r'$;

    r étant le plus grand des deux rayons $\{$ $r < d + r'$;

4° *Tangentes intérieurement*............ $d = r - r'$;

5° *Intérieures l'une à l'autre*........... $d < r - r'$;

128. Les réciproques de ces cinq théorèmes sont vraies ; car chacune des conclusions est distincte et exclusive des quatre autres, et ne pourrait par conséquent convenir à aucune des quatre autres positions (59).

APPLICATIONS.

129. 1° *Ovales, anses de panier.* — Les courbes que les ouvriers appellent *ovales* quand elles sont complètes ou fermées, et *anses de panier*, lorsqu'une moitié manque, sont formées d'arcs de circonférences tangentes les unes aux autres.

Tracé (fig. 60). — Soit DE la base de l'anse ; GZ la perpendiculaire élevée sur le milieu F de DE. Prenons sur DE des longueurs égales DK, LE ; et des points K et L avec DK et LE comme rayons, décrivons des arcs égaux DN, EO. Prolongeons NK et OL jusqu'à leur rencontre en Z sur GF ; et du point Z avec ZN ou son égal ZO pour rayon, décrivons l'arc NGO. Ce dernier est tangent aux deux premiers (128) ; et ces trois arcs forment l'anse de panier DNGOE, dont la base est DE et la hauteur FG.

2° Pour construire l'ovale, il suffira de répéter cette construction de l'autre côté de DE.

130. *Ove.* — L'ove est une courbe formée comme l'ovale de plusieurs arcs de circonférences tangentes deux à deux. L'ove a un seul axe. Soit XY l'axe de l'ove (fig. 61). Menons par un point quelconque C de l'axe une perpendiculaire à cet axe, et prenons sur celle-ci à partir de C deux longueurs égales CA, CB. Du point C comme centre et avec CA pour rayon, décrivons une circonférence dont la moitié ADB fera partie de l'ove. Prenons à partir du point C sur CA et CB prolongées des longueurs CE, CF, égales à $\frac{5}{2}$ AC; et des points E et F avec des rayons égaux à EB, décrivons des arcs terminé en R et S aux droites menées des points E et F aux milieux

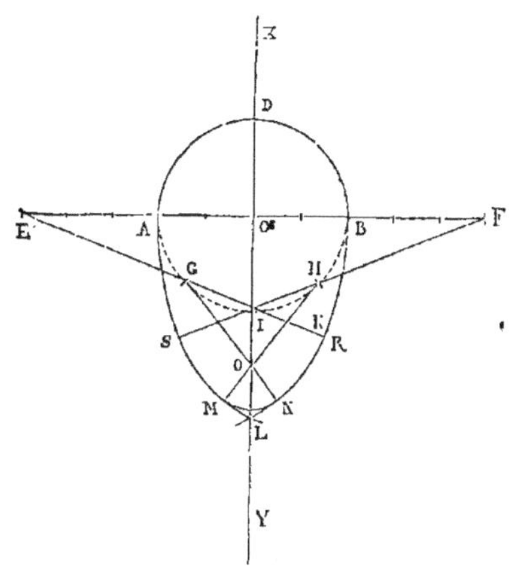

Fig. 61.

G et H des arcs AI, BI. Ces arcs seront tangents en A et B à l'arc ADB. Des points G et H comme centres, avec GR pour rayon, décrivons des arcs qui se coupent en L. Joignons le point O, milieu de IL, aux points G et H; et soient N et M les points de rencontre de GO et HO, prolongés, avec les derniers arcs décrits. L'arc MN décrit du point O avec ON pour rayon sera tangent à ceux-ci et fermera cette figure, à laquelle on donne le nom d'*ove*.

131. *Tracé de la volute ionique.* — On commence par décrire un cercle qui est l'*œil* de la volute (fig. 62). Soient B son centre et CD son diamètre. Sur le prolongement de celui-ci on prend un point A, dont la distance BA au centre B soit égale à 9 fois le rayon de l'œil. C'est le point de départ de la volute. On tire un second diamètre EF (fig. 63), perpendiculaire au premier, et ensuite les cordes CE, ED, DF, FC. Par le centre B on mène des parallèles à ces cordes et on numérote les intersections 1, 2, 3, 4, en commençant par celle de CE et en allant de gauche à droite. On divise chacun des quatre segments B1, B2, B3, B4 en trois parties égales, puis on numérote les premiers points de division, en allant de gauche à droite, à partir de CF : 5, 6, 7, 8 ; et les seconds : 9, 10, 11, 12.

Du point 1 (fig. 62) comme centre avec la distance 1A pour rayon,

on décrit un arc terminé en G sur le prolongement de la droite
1, 2. Du point 2 avec 2G pour rayon, on décrit un arc qui se termine
en H sur le prolongement de la droite 2, 3. Du point 3 avec 3H
pour rayon, on décrit un arc qui se termine en I sur le prolonge-

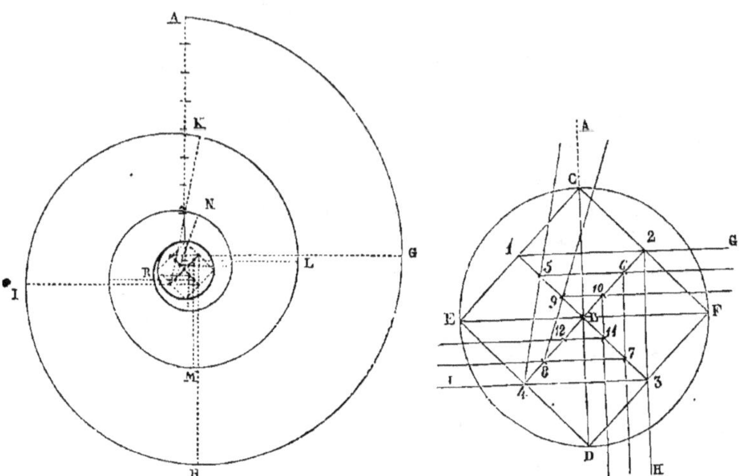

Fig. 62.

Fig. 63. — OEil de la volute agrandi.

ment de la droite 3, 4 ; du point 4 avec 4I pour rayon, on décrit
un arc qui se termine en K sur le prolongement de la droite 4, 5.
Du point 5 avec 5K pour rayon, on décrit un arc qui se termine en L
sur la droite 5, 6, et on continue toujours ainsi. La volute sera
terminée lorsqu'on aura décrit du point 12 un arc avec 12R pour
rayon.

On voit que les arcs qui composent la volute sont deux à deux
tangents intérieurement.

132. *Des moulures.* — Les moulures sont des parties saillantes qui
servent d'ornement à l'architecture, aux meubles et à une foule de
produits de l'industrie.

Les moulures se divisent en trois classes : les *droites*, les *circulaires* et les *composées.*

Les *moulures droites* sont : le *filet*, le *larmier*, la *plate-bande.*

Les *moulures circulaires* sont la *baguette*, le *tore*, le *quart de rond*,
le *cavet*, le *congé*, la *gorge*, la *scotie*, le *talon* et la *doucine.*

Les *moulures composées* sont formées par la réunion de plusieurs
moulures.

Les ouvriers, pour exécuter le travail d'une moulure, font d'abord un *tracé*, l'appliquent sur le *parement* (face plane) de la pièce qu'ils ont à travailler et abattent ensuite tout ce qui dépasse le tracé.

133. *Tracé des moulures.*

MOULURES DROITES. — 1° Le *filet* est une moulure carrée dont la saillie est égale à la hauteur. Pour en faire le tracé, on tire deux droites DE, FG, parallèles et égales (fig. 64); ensuite une perpendiculaire DF à ces droites, et on marque la saillie par une seconde perpendiculaire HI = DF.

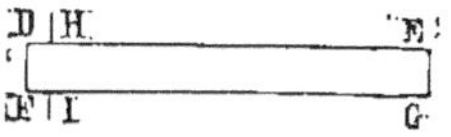

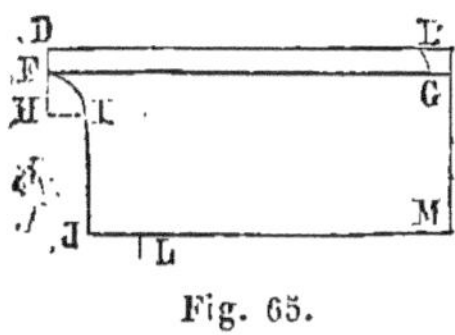

Fig. 64.

2° Le *larmier* est une moulure large et saillante creusée en dessous, que l'on place dans les corniches pour préserver les édifices de la pluie (fig. 65). Pour tracer le larmier, on tire deux droites DE, FG parallèles et égales. Au point D on élève une perpendiculaire DH double de la distance des deux parallèles, et du point H, avec DF pour rayon, on décrit un quart de circonférence FL; on mène ensuite la tangente LJ dont la longueur est déterminée par les autres détails de la construction, et par le point J on mène une parallèle à FG, terminée à la perpendiculaire EG prolongée.

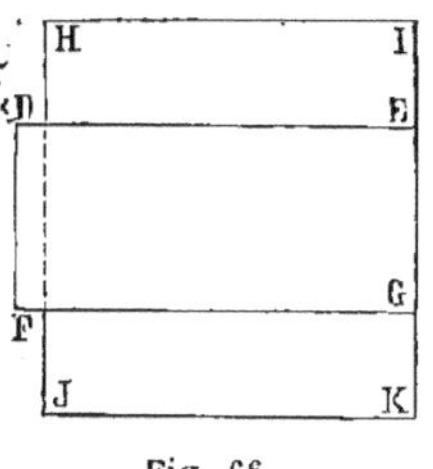

Fig. 65.

3° La *plate-bande* (fig. 66) est une moulure carrée, large et peu saillante. Pour tracer la plate-bande on tire des parallèles DE, FG, HI, JK : de telle sorte que la distance des parallèles DE, FG soit double de chacune des distances des parallèles DE, HI et des parallèles FG, JK; on mène ensuite les perpendiculaires DF, HJ qui marquent la saillie.

La plate-bande est quelquefois rentrée.

134. MOULURES CIRCULAIRES. — 1° La *baguette* et le *tore* représentent la même moulure. Elle est formée par une demi-circonférence dont la saillie est égale à la moitié de la hauteur (fig. 67). Pour dessiner cette moulure, on trace d'abord un filet EDFG, et sur le petit côté EG comme diamètre on décrit une demi-circonférence.

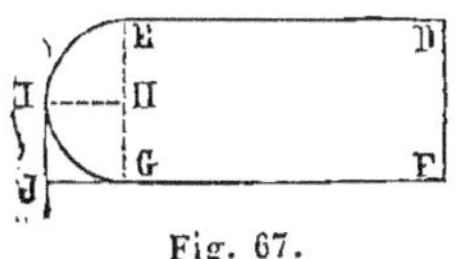

Fig. 66.

Fig. 67.

2° Le *quart de rond* est une moulure formée d'un quart de circonférence dont la saillie est égale au rayon (fig. 68). Pour en faire le tracé, on dessine d'abord un filet DH. On porte la hauteur de D en F sur le côté inférieur du filet. A partir de F on prend une longueur FG égale à 4 ou 5 fois DF et

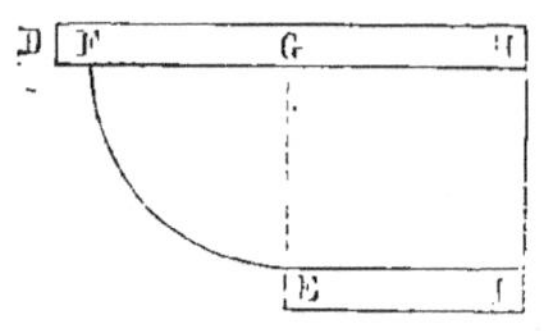

Fig. 68.

du point G comme centre avec FG pour rayon, on décrit un quart de circonférence FE. Après avoir tiré le rayon GE, on trace le filet EI dont le côté est perpendiculaire à GE.

3° Le *cavet* est une moulure creuse (fig. 69) formée par un quart de circonférence. On en fait le dessin, en traçant d'abord un filet DE, et élevant au côté inférieur du filet une perpendiculaire DF égale à 4 ou 5 fois la hauteur du filet. Ensuite du point F comme centre et avec DF pour rayon, on décrit un quart de circonférence DG. On prolonge le rayon FG, et on prend à partir de G une longueur GH égale à la hauteur du filet, et sur le reste du prolongement on place un

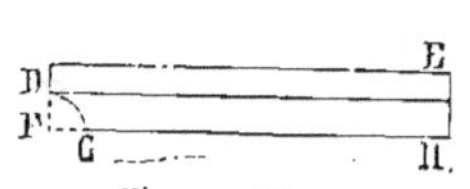

Fig. 69.

second filet HI de même hauteur que le premier.

4° Le *congé* (fig. 70) est un cavet que l'on fait ordinairement moindre que le précédent.

5° La *gorge* (fig. 71) est une moulure

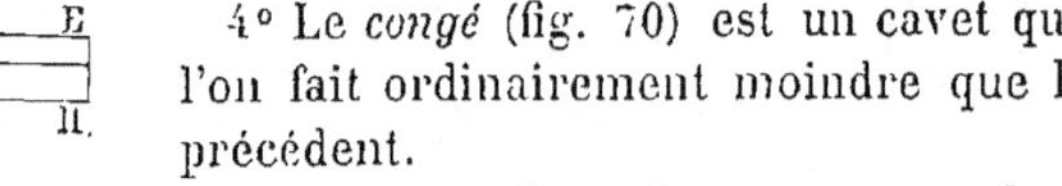

Fig. 70.

creuse formée de deux filets et d'une demi-circonférence. Pour la tracer, on place parallèlement deux filets dont les petits côtés soient situés sur une même perpendiculaire au grand côté ; et sur la portion de cette perpendiculaire, comprise entre les deux filets, comme diamètre, on décrit une demi-circonférence qui est placée entre les deux filets.

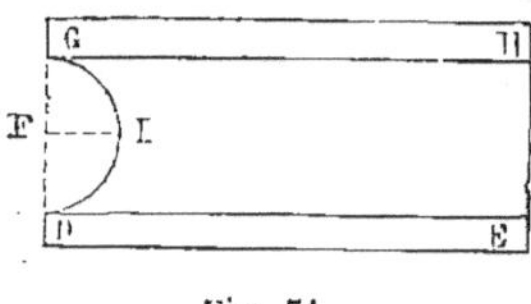

Fig. 71.

6° La *scotie* (fig. 72) est une moulure creuse formée de deux quarts de circonférence de rayons différents. Pour en faire le tracé, on dessine d'abord un filet DE ; on prolonge le petit côté de celui-ci d'une longueur triple DF, et on décrit du point F comme centre avec DF pour rayon un quart de circonférence DG. On prend ensuite sur FG une longueur FH égale au tiers de FG,

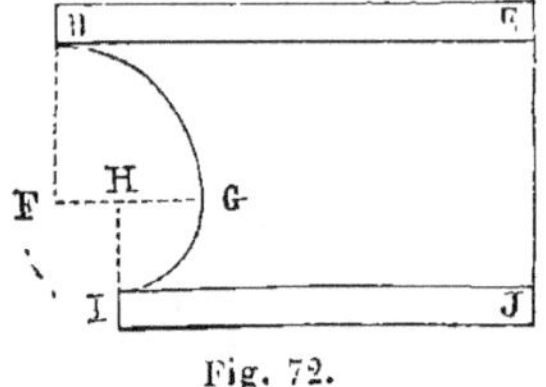

Fig. 72.

et on décrit du point H comme centre, avec HG pour rayon, le quart de circonférence GI qui est tangent au premier. On place enfin un filet IJ de même hauteur que le premier, de manière que le grand côté soit tangent à l'arc IG.

7° Le *talon* (fig. 73) est une moulure formée de deux filets et de deux quarts de circonférence. On en fait le tracé, en plaçant d'abord un filet DE. Ensuite, sur le côté inférieur de celui-ci et à une distance égale à la hauteur, on prend une longueur DF triple de celle-ci. On décrit du point F avec DF pour rayon un quart de circonférence. On tire le rayon FG, qu'on prolonge d'une longueur égale GH,

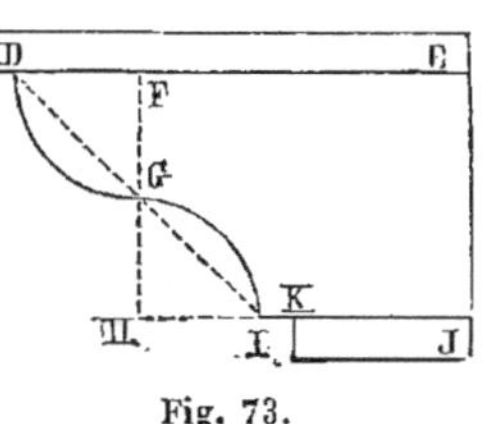

Fig. 73.

et, du point H comme centre et avec HG pour rayon, on décrit un second quart de circonférence GI ; on tire le rayon HI, et à partir du point K situé sur le prolongement de HI, à une distance du point I égale à la hauteur du premier filet, on place le côté supérieur d'un second filet parallèle au premier et de même hauteur que lui.

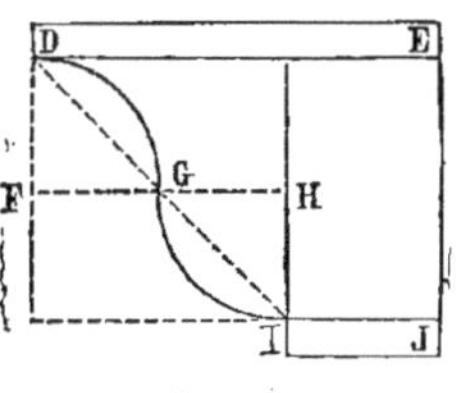

Fig. 74.

8° La *doucine* (fig. 74) est une moulure formée comme la précédente de deux filets et de deux quarts de circonférence dont la disposition est inverse. Pour la tracer, on place d'abord un filet dont on prolonge la hauteur d'une longueur triple DF. Du point F comme centre, avec DF pour rayon, on décrit un quart de circonférence DG. On prolonge le rayon FG d'une longueur égale GH, et du point H comme centre avec GH pour rayon, on décrit un second quart de circonférence GI qui est tangent au premier. Enfin on place un second filet IJ dont le côté supérieur soit tangent à l'arc GI.

134 *bis*. Spirale circulaire. — On nomme *spirale* une ligne courbe qui va toujours en s'éloignant d'un point fixe et fait autour de ce point une infinité de révolutions.

Tracé de la spirale circulaire (fig.

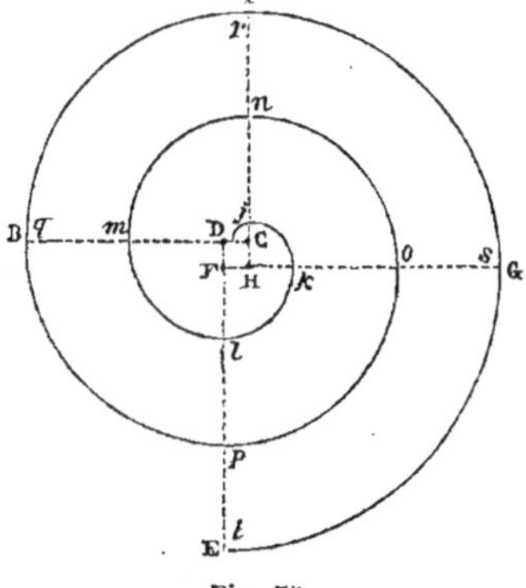

Fig. 75.

75). Tirons deux droites parallèles BC, GF, et menons deux autres droites parallèles ED, IH perpendiculairement aux premières et placées de telle sorte que les quatre portions interceptées FD,

DC, CH, HF soient égales entre elles. Du point C comme centre avec DC pour rayon, décrivons le quart de circonférence D*j* ; du point H comme centre avec H*j* pour rayon, le quart 'de circonférence K*j* ; du point F*k* comme centre avec F pour rayon, le quart de circonférence *kl* ; du point D comme centre avec D*l* pour rayon, le quart de circonférence *lm* ; du point C comme centre avec C*m* pour rayon, le quart de circonférence *mn*, et ainsi de suite. Tous ces arcs de circonférences tangents deux à deux, forment, étant réunis, une spirale circulaire.

135. *Arcade.* — Pour tracer une arcade à *plein cintre* dont les pieds-droits soient limités par les deux droites parallèles AB, CD, on leur mène une perpendiculaire commune AC par le point A qui est la naissance du cintre, et on décrit sur AC comme diamètre une demi-circonférence qui est tangente aux droites AB, CD (fig. 76).

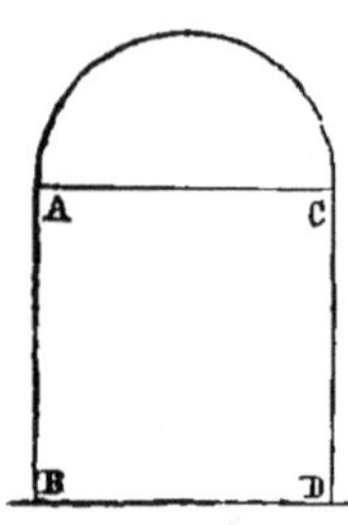

Fig. 76.

136. *Arcade en arc rampant* (fig. 77). — Les arcades destinées à soutenir des rampes se terminent par une ligne courbe nommée *arc rampant*, et qui se compose de deux arcs de circonférence tangents. (On dit assez généralement de deux arcs de circonférence tangents, deux arcs qui *se raccordent*.) Soient AB la droite parallèle à la rampe et à laquelle le cintre de l'arcade doit être tangent ; AC et BD les droites qui limitent les pieds-droits de l'arcade prolongée jusqu'à la droite AB. Prenons pour point de contact le milieu E de la droite AB. Divisons en deux parties égales chacun des angles A et B, et soient F et G les points de rencontre de ces bissectrices avec la perpendiculaire élevée du point E sur AB. Si l'on abaisse du point F la perpendiculaire FH sur AC, on aura FH = FE (63) ; pareillement, si l'on abaisse la perpendiculaire GB sur BD, on aura pour la même raison GK = GE ; par conséquent, la circonférence décrite

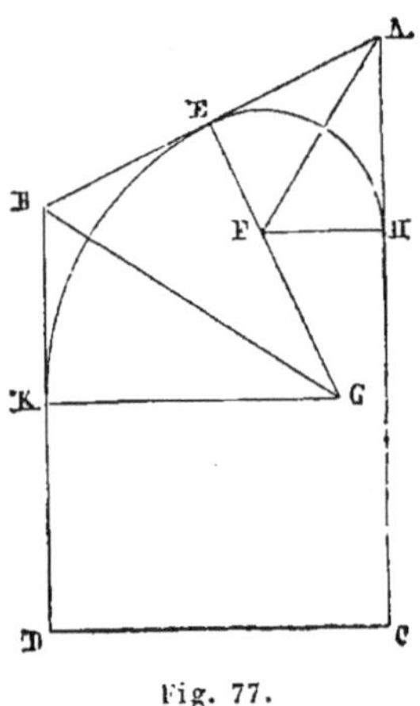

Fig. 77.

du point F comme centre avec FH comme rayon sera tangente en H et E aux droites AC, AB; et la circonférence décrite du point G comme centre avec GK comme rayon sera tangente en K et en E aux droites BD, AB. En outre, ces deux circonférences seront tangentes intérieurement ou se raccorderont.

137. ENGRENAGES. ROUES DENTÉES. — 1° Soient deux circonférences O et O′ (fig. 78), tangentes extérieurement et A le point de contact.

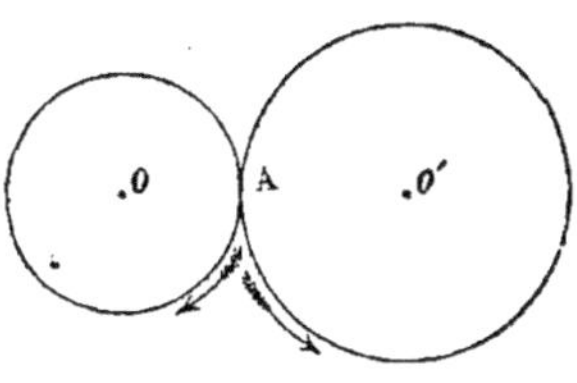
Fig. 78.

Concevons que chacune de ces circonférences puisse tourner autour de son centre supposé fixe. Supposons, en outre, que si l'on met en mouvement l'une des circonférences, O par exemple, tous les points de celle-ci étant liés invariablement entre eux, le point A soit entraîné par ce mouvement, et qu'il exerce alors une pression telle sur le point A de la circonférence O′ que celui-ci se mette aussi en mouvement. On peut imaginer en outre que tous les points de la circonférence O′ soient aussi liés invariablement entre eux, et alors la circonférence O′ tournera en même temps autour de son centre, et dans le sens inverse.

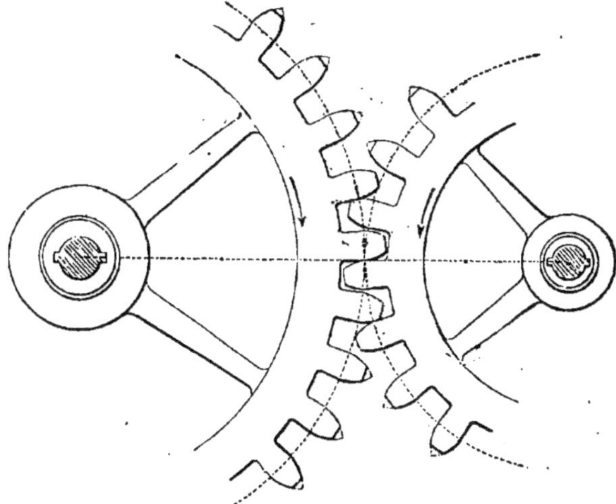
Fig. 79.

Imaginons maintenant qu'on ait disposé sur les contours des deux cironférences des saillies et des cavités qui engrènent les unes dans les autres, et on aura l'idée d'un système de deux roues dentées ou d'un engrenage (fig. 79). L'une des deux ciconférences ne pourra pas tourner sans faire marcher l'autre, la dent de l'une venant presser sur la paroi de la cavité de l'autre.

On conçoit que les dents d'une roue dentée doivent être toutes égales et disposées régulièrement sur tout le contour de cette roue.

Les roues dentées employées dans les engrenages sont chacune ajustées sur une pièce solide, de forme cylindrique, à laquelle on donne le nom d'*arbre* de la roue dentée ; et c'est autour de l'axe de ce cylindre qu'a lieu le mouvement.

2° Lorsque deux roues dentées doivent engrener l'une avec l'autre, une dent et le creux qui la sépare de la dent voisine occupent le même espace sur les circonférences de ces deux roues. Supposons (fig. 80) une manivelle B, ajustée sur l'arbre de la roue dentée C et celle-ci engrenant avec la roue D. Si l'on met en mouvement la manivelle dans le sens indiqué par la droite F, la roue C tournera dans le sens indiqué par la flèche. Les dents de cette roue exerceront sur les dents de la roue D

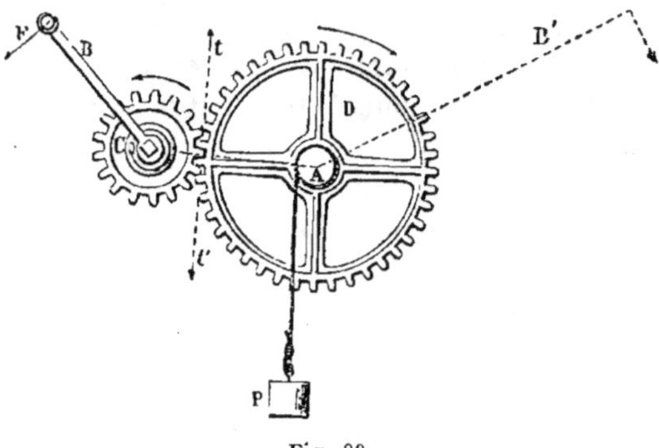

Fig. 80.

une certaine pression, qui à son tour fera tourner la roue D, et, si l'on a fixé à l'arbre de celle-ci un cordon auquel est suspendu un poids P, le mouvement imprimé à la manivelle B fera enrouler le cordon et remonter le poids P.

La force qui, appliquée à la manivelle B, fait monter le poids P par l'intermédiaire des roues dentées, produit le même effet qu'une force qui serait appliquée à la manivelle B' fixée directement à l'arbre de la roue D.

3° La figure 81 représente un engrenage d'un autre genre ; c'est celui d'une roue dentée avec une *lanterne*. On donne ce nom à la plus petite des deux roues.

Il existe entre cet engrenage et le précédent cette différence que, dans celui-ci, les axes des arbres étaient parallèles, tandis que, dans le dernier, ils sont perpendiculaires.

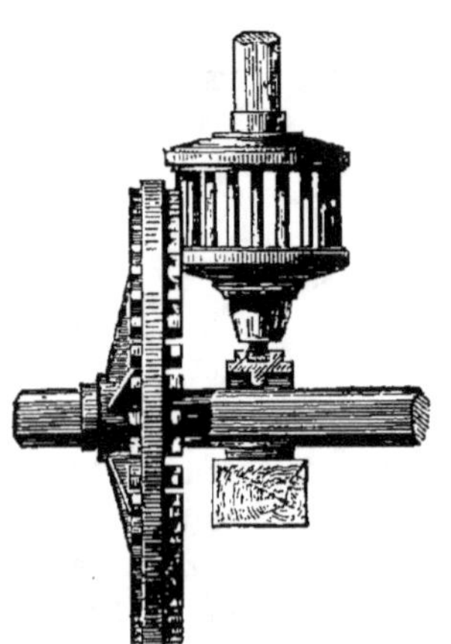

Fig. 81.

4° Le *cric* est une machine qui donne un exemple de l'emploi

des roues dentées pour produire des efforts considérables, et qui
sert à soulever des corps très-pesants (fig. 82).

Une crémaillère A engrène avec un *pignon* C (on donne souvent
le nom de pignon à une roue dentée, lorsqu'elle est
très-petite par rapport à la roue avec laquelle elle
doit engrener). Sur l'arbre de ce pignon est fixée
une roue dentée B qui tourne en même temps que
lui et qui engrène avec un second pignon D ; enfin,
l'arbre de ce second pignon est muni d'une manivelle E. On introduit l'extrémité supérieure de la
crémaillère au-dessous du corps qu'on veut soulever, et on fait tourner la manivelle dans le sens
indiqué par la flèche ; le pignon D suit la manivelle et fait tourner la roue B ; le pignon C est
entraîné par cette roue, et fait monter la crémaillère qui produit ainsi l'effet qu'on se proposait
d'obtenir.

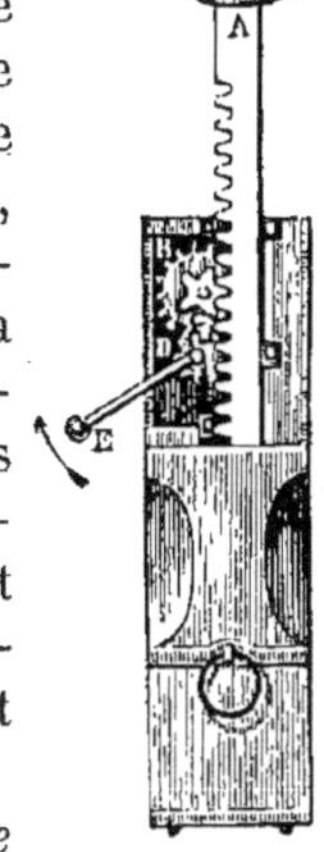

Fig. 82.

5° *Le mécanisme d'une montre offre l'exemple de
plusieurs circonférences tangentes les unes aux autres,
parce qu'elles appartiennent à des roues dentées qui engrènent l'une avec
l'autre.*

On emploie comme *moteurs*, pour les mécanismes d'horlogerie,
des lames d'acier minces et très-longues, qui ont été travaillées de
manière à s'enrouler d'elles-mêmes en spirale (fig. 83). Supposons

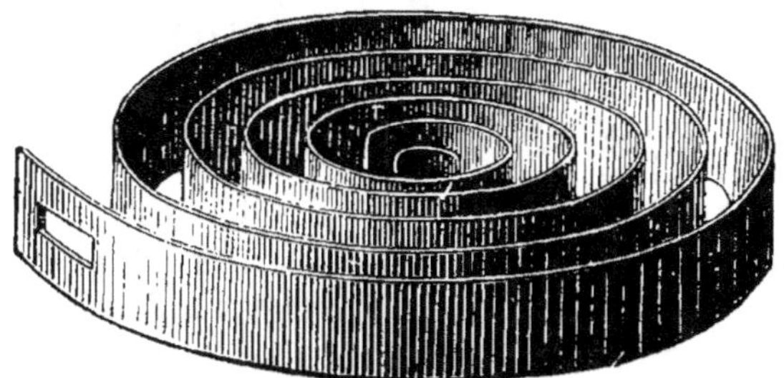

Fig. 83.

que l'extrémité extérieure du ressort soit attachée en un point fixe,
et que l'extrémité intérieure soit liée à un axe susceptible de tourner sur lui-même. Lorsqu'on fera tourner cet axe dans un sens
convenable, il entraînera avec lui l'extrémité intérieure du ressort ;
les spires se serreront de plus en plus sur son contour, e le ressort prendra la forme indiquée (fig. 83). Si l'on abandonne ensuite
l'axe à lui-même, le ressort qui tend à reprendre sa première

forme lui imprime un mouvement de rotation ; c'est ce mouvement
que l'on transmet au mécanisme d'horlogerie à l'aide d'engrenages.

Le moteur fait tourner un arbre ; une roue dentée mobile avec

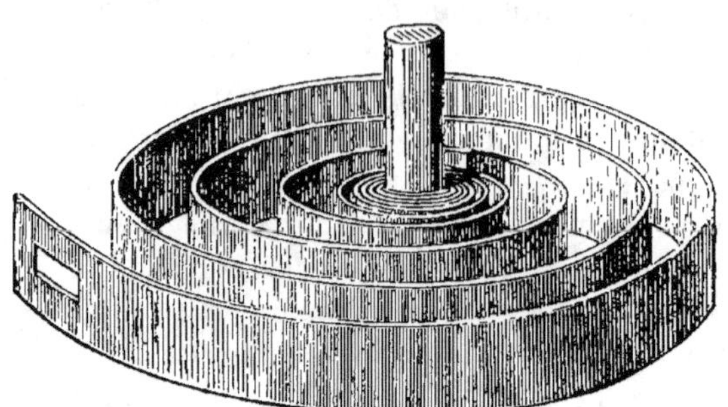

Fig. 84.

cet arbre engrène avec une roue dentée plus petite ou pignon, qui
est fixée sur un second arbre parallèle au premier ; ce second arbre
porte à son tour une roue dentée qui engrène avec un pignon fixé
à un troisième arbre de même direction ; et ainsi de suite.

La force du ressort moteur va constamment en diminuant, depuis le moment où il commence à agir, jusqu'au moment où il a
repris sa forme primitive. Le ressort ne peut donc produire un mouvement uniforme qui puisse servir à la mesure du temps ; c'est
pourquoi on est obligé de se contenter d'un mouvement périodique-
ment uniforme. On emploie à cet effet une pièce particulière
appelée *régulateur* qui oscille régulièrement et qui, à chaque oscil-
lation, arrête entièrement le mouvement des rouages. On obtient
ainsi un mouvement intermittent qu'on ne remarque bien que par
la marche de l'aiguille des secondes. Les pièces qui sont destinées
à établir une liaison entre les rouages et le régulateur, et par l'intermédiaire desquelles celui-ci arrête à chaque instant le mouvement produit par le moteur, constituent ce que l'on nomme l'*échappement*.

Le régulateur est ordinairement formé d'une roue métallique,
massive à sa circonférence, et d'un axe sur lequel est fixé le centre
de la roue, laquelle est mobile autour de l'axe. On donne à cette
roue le nom de *balancier*.

6° La figure 85 montre la disposition générale d'une montre.
Elle a été construite en écartant les roues les unes des autres, dans
le sens de la hauteur, et en plaçant leurs axes sur un même plan
afin de laisser voir d'une manière plus nette tous les détails de
cette disposition.

Le ressort A, dont l'extrémité extérieure est fixe, tend à faire
tourner l'axe auquel est attachée son extrémité intérieure. Sur cet
axe est ajustée une roue à rochet B qui agit par l'intermédiaire du
doigt *o* sur la roue dentée C qui n'est pas fixée à l'axe. La roue C
fait tourner le pignon D, et par suite la roue E; celle-ci fait tourner
le pignon F et la roue G; le pignon H est mis en mouvement par
celle-ci, et l'axe de ce pignon fait tourner la roue M, par l'intermédiaire de la roue K et du pignon L. En avant de la roue M, qui porte
des dents d'une forme particulière, passe l'axe du régulateur N;
cet axe est muni de deux palettes *i, i'*, dirigées à angle droit l'une

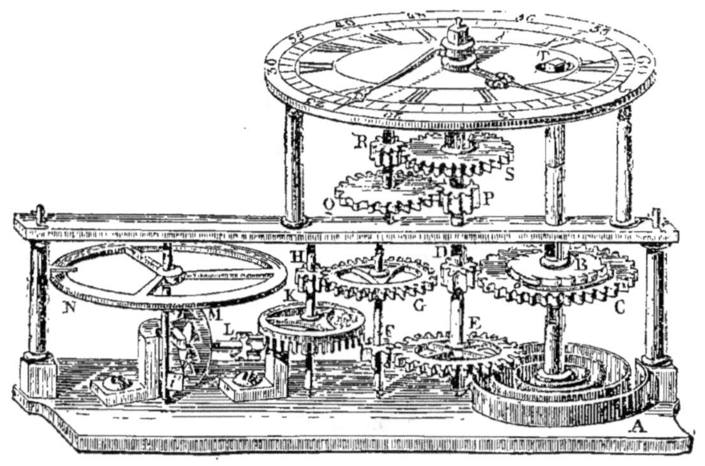

Fig. 85.

sur l'autre, et placées en regard de la partie supérieure et de la
partie inférieure de la roue M, de manière à pouvoir être rencontrées par les dents de cette roue qui porte le nom de *roue de ren-*
contre. Pendant que la roue tourne, ses dents viennent alternative-
ment choquer les deux palettes *i, i'*. La palette *i* reçoit une impulsion qui la porte de l'avant à l'arrière. Ensuite l'autre palette *i'*
vient se mettre sur le chemin d'une dent de la roue M, elle en reçoit une impulsion qui la ramène en avant. La palette *i* se trouve
alors de nouveau placée de manière à être rencontrée par les
dents de cette roue, elle se porte de nouveau de l'avant à l'arrière;
et ainsi de suite.

L'échappement est formé de la roue M et des deux palettes *i, i'*.
Lorsque le ressort, qui met tout le mécanisme en mouvement, est
détendu, ce qui arrive nécessairement au bout d'un certain temps,
il faut le tendre de nouveau pour que le mouvement continue;

c'est ce qu'on appelle *remonter* la montre. Pour tendre le ressort A, on adapte une clef à l'extrémité carrée T de l'axe auquel il est attaché intérieurement et l'on fait tourner cet axe dans un sens contraire à celui dans lequel l'action du ressort le fait tourner habituellement. Comme la roue à rochet B est seule fixée à l'axe, c'est la seule qui tourne en même temps que l'axe, et on entend alors le bruit que font ses dents en passant successivement sous le doigt *o*.

PROBLÈME.

138. *Mener par un point donné sur une circonférence une parallèle à une sécante donnée* (fig. 86).

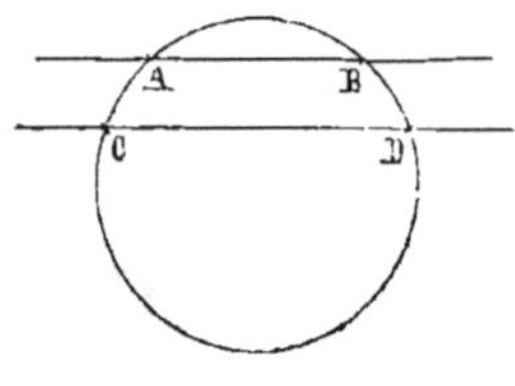

Fig. 86.

Soient AB la sécante donnée et C le point donné ; portons à l'aide du compas la corde AC de B en D et tirons la droite CD. C'est la parallèle demandée, car la droite AB et la parallèle à AB menée par le point C doivent intercepter des arcs égaux.

THÉORÈME.

139. *La circonférence est une courbe dont les diverses parties sont superposables les unes aux autres.*

Cette propriété résulte de la définition de la circonférence, qui la partage du reste avec la ligne droite.

Ainsi on peut faire glisser un arc sur la circonférence, de même qu'on fait glisser une portion de droite sur une droite indéfinie.

APPLICATIONS.

140. *Rodage des tubes.* — Pour donner à un tube le même calibre partout, on le soumet à l'opération du *rodage*. Si l'on recouvre de poudre d'émeri, après l'avoir huilée, une tige ronde (cylindrique) d'acier ; qu'on la mette en mouvement à l'aide d'un tour, et qu'on l'introduise successivement dans le tube, le profil de la tige donnera partout au profil de l'intérieur du tube celui d'une même circonférence ; car tous les points de la tige décrivent des circonférences égales. On donne à cette opération le nom de *rodage*. Elle ne peut évidemment être appliquée qu'à des tubes droits. Aussi, pour façonner un tube propre à la construction d'un *niveau à bulle d'air*, on rode d'abord un tube droit, et on donne ensuite à celui-ci une légère courbure circulaire.

Le niveau à bulle d'air est formé d'un tube légèrement courbé, contenant une quantité de liquide telle qu'il reste dans le tube la place pour une bulle d'air. Le tube est encastré dans une monture en cuivre, et, lorsque l'instrument repose sur un plan horizontal, la bulle d'air se porte à la partie supérieure de la courbe formée par le tube.

PROBLÈME.

141. *Trouver la plus grande commune mesure de deux droites de longueurs données* (fig. 87).

Soient AB, CD les deux droites données ; si CD, la plus petite des deux, était contenue un nombre entier de fois dans AB, CD serait évidemment la plus grande commune mesure.

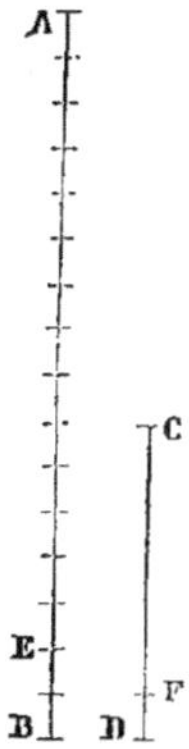

Supposons que AB contienne deux fois CD, plus un reste EB moindre que CD :

$$(1) \qquad AB = 2CD + EB ;$$

Toute commune mesure de AB et CD est une partie aliquote de EB, car on déduit de (1) :

$$(2) \qquad EB = AB - 2CD.$$

Par conséquent toute commune mesure de AB et CD l'est aussi de CD et EB.

Fig. 87.

D'autre part, il résulte de (1) que toute commune mesure de CD et EB est une partie aliquote de AB ; par conséquent toute commune mesure de CD et EB l'est aussi de AB et CD. Donc les communes mesures de AB et CD sont les mêmes que celles de CD et EB ; d'où l'on conclut que la plus grande commune mesure de AB et CD est la même que celle de CD et EB.

Si EB était une partie aliquote de CD, EB serait la plus

grande commune mesure demandée. Supposons CD égale à 3 fois EB plus un reste FD moindre que EB :

$$CD = 3EB + FD.$$

En répétant le raisonnement qui a été fait plus haut, on prouve que la plus grande commune mesure de CD et EB est la même que celle de EB et FD. Supposons que FD soit contenu deux fois dans EB, sans reste; FD est la plus grande commune mesure demandée; et on trouve alors

$$CD = 7FD,$$
$$AB = 16FD.$$

142. Scolies. — 1° Lorsque les deux droites ont une commune mesure, l'opération doit toujours se terminer; car elle est analogue à celle de la recherche du plus grand commun diviseur de deux nombres, et on sait que dans toute division le reste est moindre que le diviseur.

2° Lorsque les deux droites n'ont pas de commune mesure, l'opération qui vient d'être indiquée ne peut pas en avertir, car les restes finissent par devenir tellement petits qu'on ne peut plus les apprécier à l'aide du compas.

3° On pourra appliquer la même opération pour trouver la plus grande commune mesure de deux arcs ou de deux angles.

PROBLÈME.

143. *Diviser une droite, de longueur donnée, en deux parties égales* (fig. 88).

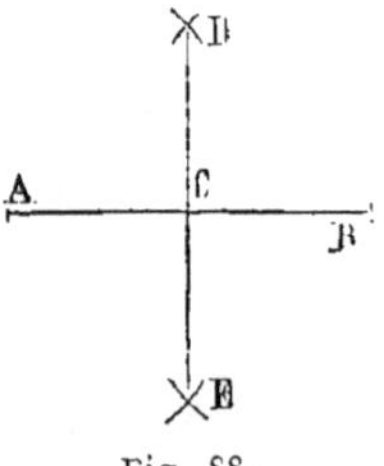

Fig. 88.

Soit AB la droite donnée ; des points A et B comme centres et avec des rayons égaux, mais plus grands que la moitié de AB, on décrit deux arcs de circonférence qui se coupent en deux points E et D (120). Ces points, étant à égale distance des points A et B, appartiennent à la perpendiculaire élevée sur le milieu de AB, par conséquent la droite ED qui unit ces deux points est perpendiculaire sur AB et divise cette droite au point C en deux parties égales.

144. Corollaire. — La même construction, appliquée successivement, servira à diviser AB en 4, 8, 16,... 2^n parties égales.

PROBLÈME.

145. *Mener, par un point donné, une perpendiculaire sur une droite donnée.*

1° Si le point est sur la droite ; soient MN la droite et A le point donnés (fig. 89). Avec une ouverture de compas arbitraire, on prend sur la droite donnée, et à partir du point A, deux distances égales AB, AC. Ensuite avec une ouverture de compas plus grande on décrit des points B et C comme centres, deux arcs de circonférence au-dessus de AB. Ces arcs se coupent (120) et en joignant leur point de rencontre D au point A, on a la perpendiculaire demandée ; car la

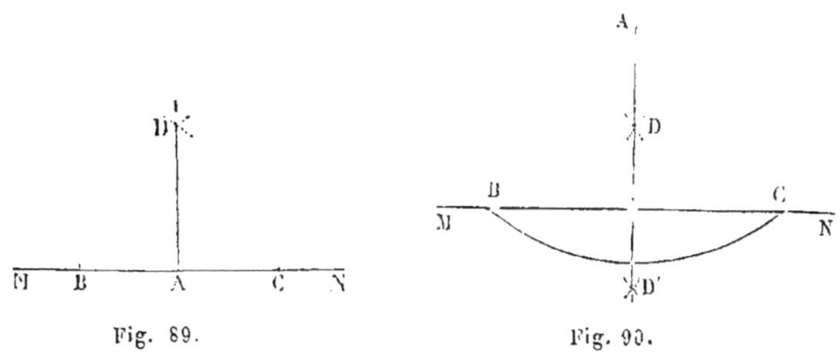

Fig. 89.   Fig. 90.

droite AD doit être perpendiculaire sur le milieu de BC, les points A et D étant équidistants des points B et C.

2° Si le point est hors de la droite ; soient MN la droite et A le point donnés (fig. 90). Du point A, comme centre, avec un rayon assez grand, on décrit un arc de circonférence qui coupe MN en deux points B et C. De ces deux derniers points comme centres, avec une ouverture de compas plus grande que la moitié de BC, on décrit deux arcs de circonférence qui se coupent en D et D′ ; et en joignant l'un

de ces points au point A on a la perpendiculaire demandée (55).

PROBLÈME.

146. *Trouver le centre d'une circonférence ou d'un arc donnés*
(fig. 91).

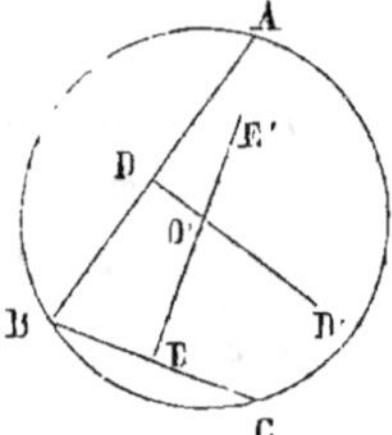
Fig. 91.

On prend trois points A, B, C, sur la circonférence ou sur l'arc. On joint l'un d'eux,
B par exemple, à chacun des deux autres,
et on élève des perpendiculaires DD', EE'
sur les milieux de chacune des cordes BA,
BC; le point O de rencontre de ces perpendiculaires est le centre cherché (93).

Circonférences tangentes à des droites.

PROBLÈME.

147. *Décrire une circonférence d'un rayon connu qui passe par*
un point donné et soit tangente à une droite donnée.

Soient A le point donné, BC la droite donnée, et l la longueur du rayon connu (fig. 92).

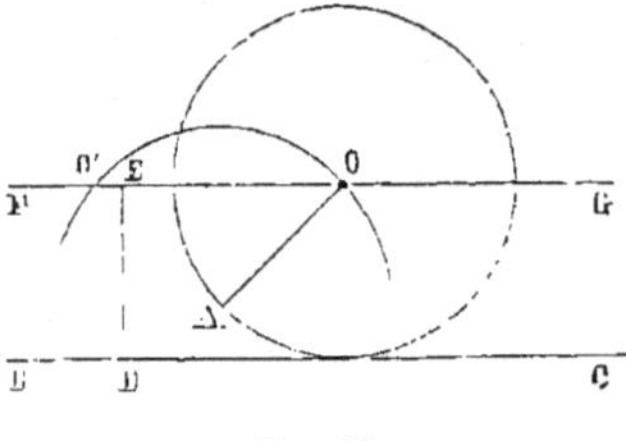
Fig. 92.

Le centre de la circonférence
demandée, étant à une distance
du point A égale à l, se trouvera
sur la circonférence décrite du
point A comme centre avec un
rayon égal à l. En second lieu, si
par un point D de BC on élève sur cette droite une perpendiculaire DE égale à l, et que par le point E on mène
une parallèle FG à BC, le centre sera aussi sur cette parallèle; par conséquent le centre se trouvera à l'intersection
de FG et de la circonférence décrite du point A comme
centre.

Pour que le problème soit possible, il faut que ces deux lignes se rencontrent.

Si ces deux lignes se coupent, comme l'indique la figure, il y a deux solutions qui sont les circonférences décrites des points d'intersection O et O′ comme centres, et avec l pour rayon.

Si ces deux lignes sont tangentes, il y a une seule solution ; et si le point A était sur la droite BC, il serait le point de contact, et le centre serait le point d'intersection de la droite FG et de la perpendiculaire élevée par le point A sur BC.

Cette construction trouve une application dans le tracé des profils des quarts de rond et des cavets.

PROBLÈME.

148. *Décrire une circonférence d'un rayon donné, qui soit tangente à deux droites données* (fig. 93).

Le centre de la circonférence demandée doit être à une distance de chacune des deux droites égale au rayon donné. Soient donc AB et CD les droites données. Menons à chacune d'elles deux parallèles à une distance égale au rayon donné. Ces quatre droites se coupent en quatre points O, O′, O″, O‴ qui sont les centres d'autant de circonférences satisfaisant à la question.

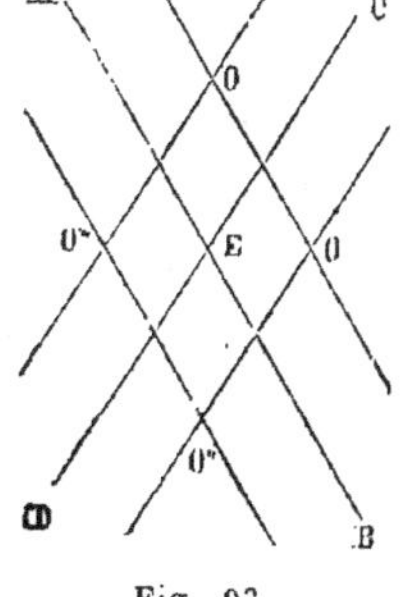

Fig. 93.

Si les droites données étaient parallèles, le problème ne serait possible que si le rayon donné était égal à la moitié de la distance des deux droites ; et, dans ce cas, il y aurait une infinité de solutions.

PROBLÈME.

149. *Décrire une circonférence tangente à trois droites données.*

Soient **MM′, NN′, PP′** (fig. 94) les trois droites données qui se coupent en A, B, C.

1º Divisons chacun des angles ABC, BAC en deux parties

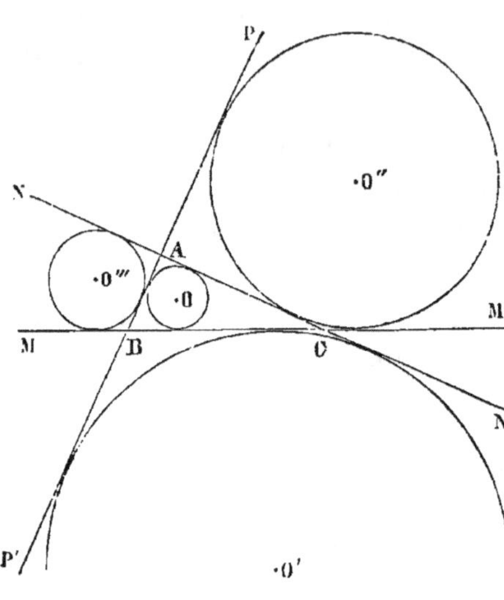

égales, les deux bissectrices se rencontreront puisque la somme des angles intérieurs formés par ces droites et la sécante **AB** est moindre que deux angles droits ; et leur point de rencontre O sera également distant des trois droites, puisque, appartenant à la bissectrice **AO**, il est également distant de PP′ et NN′, et comme

Fig. 94.

appartenant à la bissectrice BO, il est également distant de **MM′** et **PP′**. Donc la circonférence décrite du point O comme centre et avec un rayon égal à la distance de ce point à l'une des droites sera tangente aux trois droites.

2º On peut décrire trois autres circonférences tangentes aux droites données ; nous n'en indiquerons qu'une seule, la solution étant la même pour les deux autres.

Divisons les angles P′BC, BCN′ chacun en deux parties égales ; les deux bissectrices se rencontreront, puisqu'elles font avec la sécante BC deux angles intérieurs dont la somme est moindre que deux angles droits ; et leur point de rencontre, O′, sera également distant des trois droites données. Donc, si du point O′ comme centre et avec un rayon égal à la distance de ce point à l'une des droites on décrit une circonférence, elle sera tangente aux trois droites données.

SCOLIE. — La construction précédente s'applique aussi

lorsque deux des droites sont parallèles. Mais on ne peut tracer que deux circonférences tangentes aux trois droites.

Il n'y aucune solution, lorsque les trois droites sont parallèles.

Il n'est pas toujours possible de décrire une circonférence tangente à quatre droites qui se coupent d'une manière quelconque, parce que le nombre des conditions est alors supérieur à trois et qu'il ne faut que trois conditions pour déterminer complétement le centre et le rayon d'une circonférence.

APPLICATION AU DESSIN DES MACHINES, AU PROFIL DES MOULURES.

150. Le tracé des droites et des circonférences tangentes est employé pour opérer ce que les ouvriers appellent le *raccordement*. Cette opération consiste à lier les lignes les unes aux autres de manière à ne former entre elles aucun *jarret* (angle). Ainsi deux lignes droites qui font entre elles un certain angle sont raccordées par un arc de cercle. Supposons par exemple qu'il s'agisse d'*abattre* par un arc de cercle l'angle AOB d'une planche, à partir d'un certain point C (fig. 95). On élèvera au point C une perpendiculaire qui rencontre en D la bissectrice de l'angle, et si l'on abaisse du point D la perpendiculaire DE sur AB, DE sera égale à CD, et la circonférence décrite

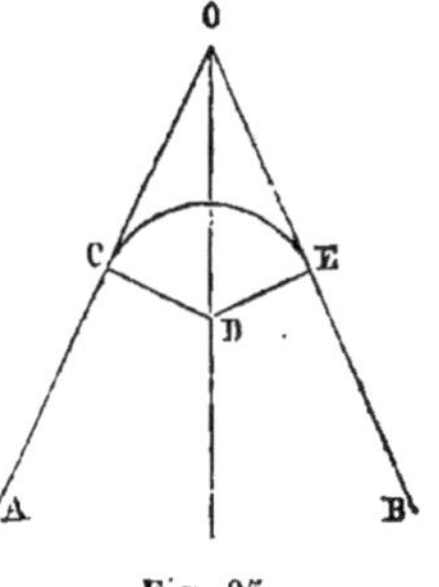

Fig. 95.

du point D comme centre avec CD pour rayon, sera tangente en C et E aux deux côtés de l'angle. L'arc CE de cette circonférence servira à *raccorder* les droites AO, BO.

Le raccord est en général une condition de solidité des pièces qui tendent souvent à se rompre dans les angles rentrants. On doit donc éviter ces angles autant que possible, en raccordant leurs côtés par un arc d'un rayon convenable.

Les tracés des profils des moulures ont déjà été indiqués.

Circonférences concentriques.

151. DÉFINITION. — On dit que deux circonférences sont concentriques lorsqu'elles ont le même centre.

THÉORÈME.

152. *Deux circonférences concentriques sont partout à une même distance l'une de l'autre, égale à la différence de leurs rayons* (fig. 96).

On nomme distance d'un point à une circonférence la portion la plus petite du diamètre qui passe par ce point, comprise entre le point et la circonférence. Cette ligne est la plus courte qu'on puisse mener du point à la circonférence. Supposons en effet un point A extérieur à la circonférence O, et soit B le point de rencontre de la circonférence et du diamètre qui passe au point A. Si l'on joint un point quelconque M de la circonférence au centre et au point A,

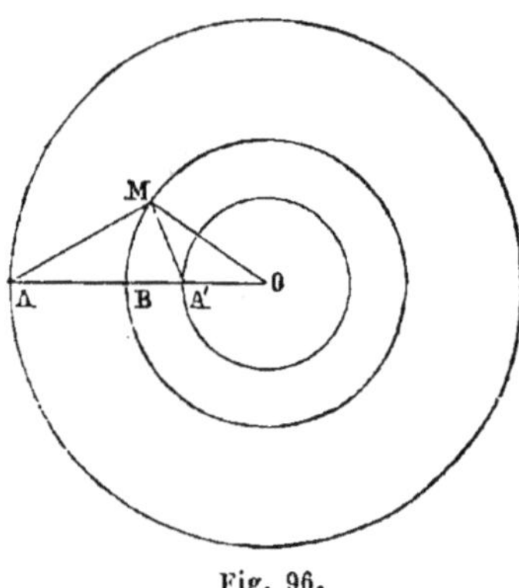

Fig. 96.

on a $OA < AM + MO$, et en retranchant de part et d'autre le rayon : $AB < AM$.

Considérons en second lieu un point intérieur A′, et tirons la droite MA′; on a OM ou $OB < OA' + A'M$; et en retranchant OA' de part et d'autre : $A'B < A'M$.

La distance du point A à la circonférence étant comptée sur OA, la distance d'un point quelconque de l'une des circonférences OA, OB, ou OA′, OB à l'autre circonférence sera égale à la différence de leurs rayons.

PROBLÈME.

153. *Décrire une circonférence de rayon donné qui soit concentrique à une autre déjà tracée, dont le centre peut être marqué.*

Si l'on peut placer la pointe d'un compas au centre, on appliquera le procédé ordinaire pour tracer une circonférence à l'aide du compas.

Si l'on ne peut pas placer la pointe du compas au centre, on tracera des droites passant par le centre, et on prendra sur chacune d'elles à partir de la circonférence des longueurs égales à la différence des rayons. On obtiendra de cette manière autant de points qu'on voudra de la circonférence demandée; et on pourra construire celle-ci par points.

PROBLÈME.

154. *Tracer une circonférence qui ait un rayon donné et qui soit concentrique à une autre déjà tracée, dont on connaît le rayon, mais dont le centre ne peut être marqué* (fig. 97).

Soient M un point de la circonférence donnée, MA et MB, deux arcs égaux. La droite IM qui unit le point M au milieu de la corde AB passe par le centre. Il suffit donc de porter sur cette droite à partir du point M une longueur égale à la différence des rayons pour déterminer un point C ou C′

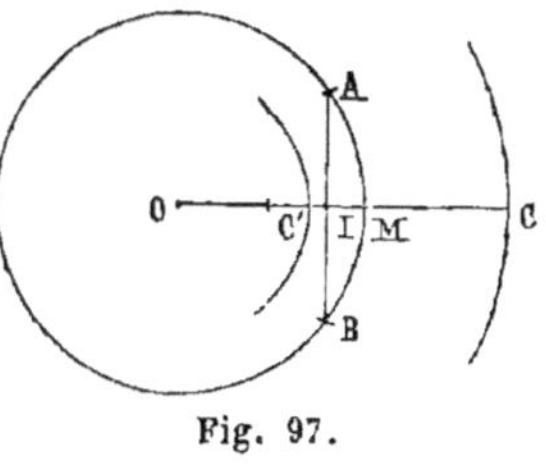

Fig. 97.

de la circonférence demandée. On pourra obtenir ainsi autant de points qu'on le voudra.

Cette construction peut fournir aussi un moyen mécanique de tracer la circonférence demandée par un mouvement continu, en assemblant à angle droit deux règles, l'une AB, l'autre IM passant par le milieu de AB, et en fixant une pointe sur IM, à une distance du point M égale à la différence des rayons. On peut faire mouvoir la première de manière que ses extrémités A et B soient toujours sur la circonférence donnée. Dans ce mouvement la pointe C ou C′ décrira la circonférence demandée. On conçoit qu'on puisse prendre une feuille de carton, l'évider de manière que l'ouverture ait la figure de la circonférence donnée, etc.

Circonférences qui se coupent ou se touchent.

PROBLÈME.

155. *Tracer une circonférence d'un rayon donné qui en coupe une autre en deux points marqués* A *et* B (fig. 98).

Des points A et B comme centres et avec le rayon donné on décrit deux circonférences qui se coupent en deux points O et O′. Ces points sont les centres des deux circonférences demandées, qu'on peut tracer immédiatement puisque le rayon est donné.

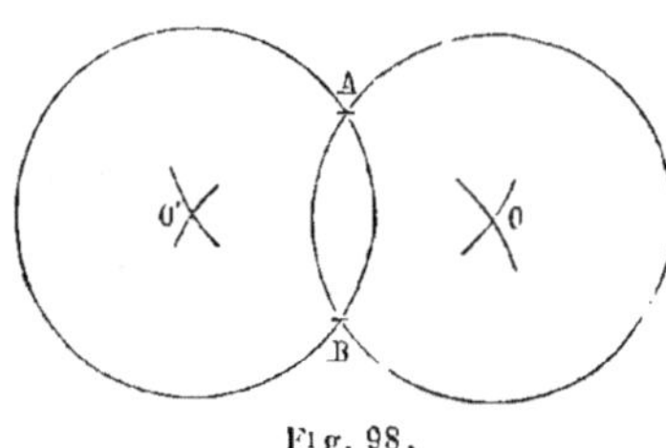

Fig. 98.

156. SCOLIE. — Pour que le problème soit possible, il faut que la distance AB ne surpasse pas le double du rayon donné.

PROBLÈME.

157. *Décrire des circonférences tangentes intérieurement ou extérieurement.*

Il suffit de prendre pour centres deux points dont la distance soit égale à la différence ou à la somme des deux rayons qu'on a choisis.

PROBLÈME.

158. *Décrire une circonférence d'un rayon connu qui soit touchée extérieurement par deux circonférences données* (fig. 99).

Soient O et O′ les centres des deux circonférences données, décrivons deux circonférences de ces points comme centre, avec des rayons respectivement égaux aux rayons correspondants, augmentés du rayon de la circonférence demandée. Si ces deux circonférences se coupent en deux points A et B, on décrira de ces deux points comme centres avec le

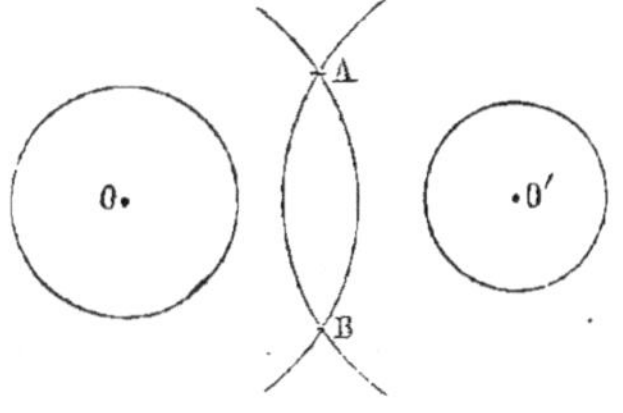

Fig. 99.

rayon donné des circonférences qui répondront à la question.

Pour que le problème soit possible, il faut que les circonférences décrites des points O et O′ comme centres se rencontrent.

PROBLÈME.

159. *Décrire une circonférence d'un rayon connu qui soit touchée intérieurement par deux circonférences données.*

Supposons les deux circonférences données O et O′ sécantes (fig. 100). On décrira des points O et O comme centres, avec des rayons égaux respectivement à la différence de cha-

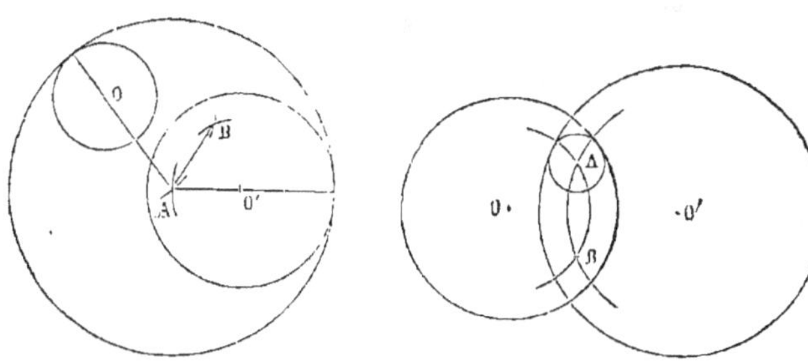

Fig. 100.

que rayon et du rayon connu deux circonférences. Si elles se rencontrent, on décrira des points d'intersection A et B comme centres, et avec le rayon connu deux circonférences qui répondront à la question.

Si les deux circonférences données sont extérieures (fig. 100), on décrira, des points O et O′ comme centres, avec des rayons respectivement égaux à l'excès du rayon connu sur chacun des rayons, deux circonférences ; et, si elles se rencontrent, les points d'intersection A et B seront les centres de deux circonférences qui répondent à la question.

PROBLÈME.

160. *Décrire une circonférence d'un rayon connu, qui soit touchée extérieurement par une circonférence donnée et intérieurement par une seconde circonférence donnée.*

Supposons les circonférences données O et O′ sécantes (fig. 101). On décrira une circonférence de l'un des centres et avec un rayon égal au rayon correspondant augmenté du rayon connu ; et une circonférence de l'autre centre, avec un rayon égal au rayon correspondant diminué du rayon connu. Les points d'intersection A et B sont les centres de deux circonférences qui répondent à la question.

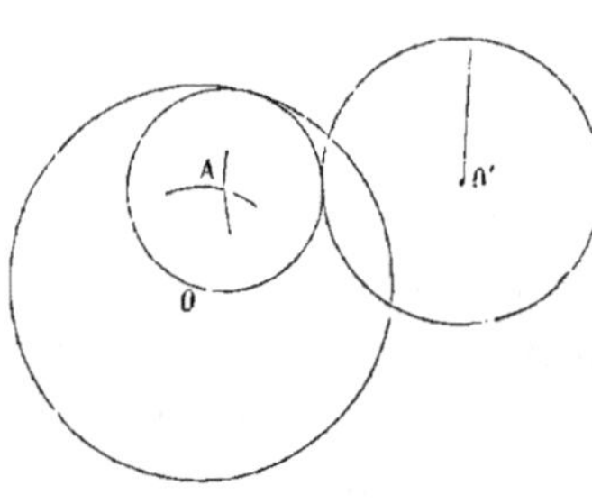

Fig. 101.

Si les deux circonférences sont extérieures, on fera une construction semblable, en prenant pour l'un des rayons des circonférences décrites de O et O′, comme centres, le rayon connu diminué de l'un des rayons, et pour l'autre le rayon connu augmenté du second rayon.

PROBLÈME.

161. *Décrire une circonférence de rayon connu, qui touche une autre circonférence en un point donné.*

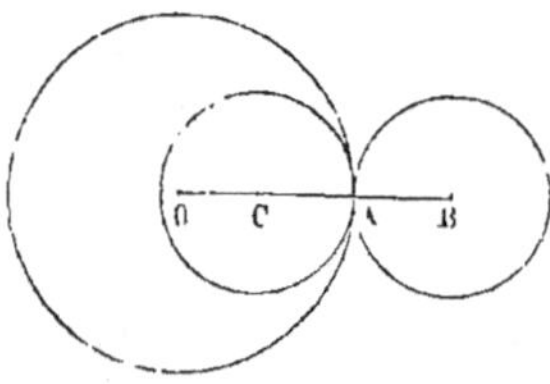

Fig. 102.

Soient O la circonférence donnée et A le point de contact (fig. 102) ; le centre de la circonférence demandée sera sur le diamètre qui passe au point A, et à une distance du point A égale au rayon connu.

On tire donc le diamètre qui passe par le point A, et on prend sur ce diamètre et sur son prolongement deux points B et C à une distance du point A égale au rayon connu. Ces deux points sont les centres des circonférences qui répondent à la question; l'une est tangente extérieurement, et l'autre tangente intérieurement à la circonférence donnée.

PROBLÈME.

162. *Décrire une circonférence de rayon connu, qui touche une autre circonférence, et passe par un point donné hors de la circonférence.*

· Soient O le centre de la circonférence donnée et A le point donné hors de cette circonférence (fig. 103). Du point O comme centre on décrit une circonférence avec un rayon égal à la somme des deux rayons, et du point A

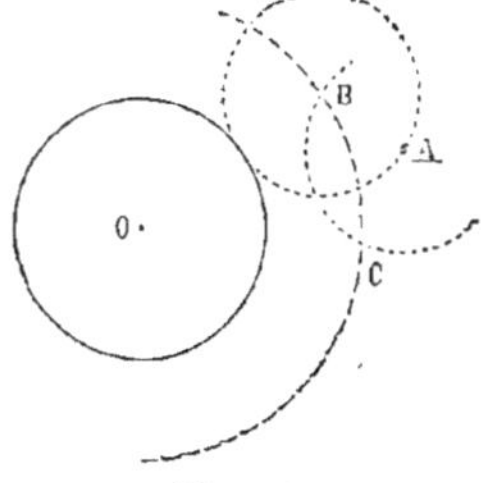

Fig. 103.

comme centre, une seconde circonférence avec un rayon égal au rayon connu. Si les deux circonférences se rencontrent, les points d'intersection B et C sont les centres de deux circonférences qui répondent à la question.

PROBLÈME.

163. *Décrire une circonférence de rayon connu qui touche à la fois une circonférence et une droite données.*

Soient O la circonférence, AB la droite données. Le centre de la circonférence demandée doit être à des distances de la circonférence et de la droite données égales au rayon connu. On décrira donc du point O comme centre deux circonférences ayant pour rayons l'une la somme et l'autre la différence des rayons; on tracera ensuite deux parallèles à la droite donnée, menées de part et d'autre de cette droite et à des distances égales au rayon connu. Les points d'intersection des circonférences et des parallèles qu'on a tracées seront les centres d'autant de circonférences répondant à la question.

Le problème peut avoir huit solutions.

PROBLÈME.

164. *Décrire une circonférence qui en touche une autre en un point donné, et passe par un point donné* (fig. 104).

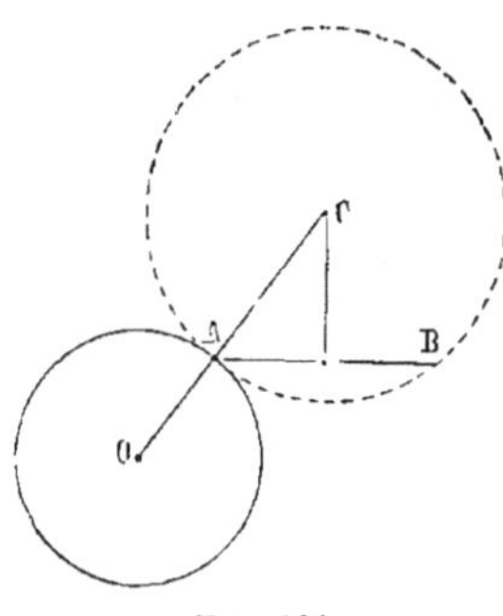

Fig. 104.

Soient O la circonférence donnée, A le point de contact, et B un point donné hors de la circonférence. Le centre de la circonférence demandée doit être sur le diamètre qui passe au point A, et, comme la circonférence doit passer par le point B, ce centre doit appartenir aussi à la perpendiculaire élevée sur le milieu de AB. Le point de rencontre C de ces deux droites est le centre de la circonférence demandée, et CA le rayon.

On ferait une construction semblable si le point B était dans l'intérieur du cercle.

LIVRE II

§ 1. — Mesure des angles.

. DÉFINITIONS.

165. On nomme *rapport* d'une grandeur A à une autre grandeur B, de la même espèce, le nombre qui mesure A lorsqu'on prend B pour unité, *ce qui revient à dire* le nombre par lequel il faut multiplier B pour obtenir A.

166. Lorsque deux grandeurs de même espèce ont une commune mesure, leur rapport est exprimé par un nombre entier ou par une fraction ordinaire. Soient en effet deux grandeurs de la même espèce A et B, ayant une commune mesure C, contenue m fois dans A et n fois dans B (m et n étant entiers). La grandeur A est alors égale à m fois une partie aliquote de B exprimée par $\frac{1}{n}$. Le rapport de A à B est donc exprimé par $\frac{m}{n}$. Lorsque $n = 1$, le rapport est égal à m.

On voit par là que si deux grandeurs de la même espèce ont une commune mesure contenue m fois dans la première et n fois dans la seconde, le rapport de la première à la seconde est le quotient des nombres entiers m et n, ou la fraction ordinaire $\frac{m}{n}$. Pareillement le rapport de la seconde à la première est la fraction inverse $\frac{n}{m}$.

167. Lorsque le rapport d'une grandeur A à une autre grandeur B, de la même espèce, est exprimé par la fraction ordinaire $\frac{m}{n}$ (n pouvant être 1), ces deux grandeurs ont une com-

mune mesure, contenue m fois dans la première et n fois dans la seconde ; car il résulte de la définition du rapport (165) que A est alors égal à m fois la partie aliquote de B exprimée par $\frac{1}{n}$ de B.

168. Lorsque deux grandeurs de la même espèce A et B n'ont pas de commune mesure, leur rapport ne peut pas être exprimé par un nombre entier, ni par une fraction ordinaire. On dit alors que le rapport de ces grandeurs est *incommensurable*. Les nombres entiers et les fractions ordinaires sont seuls des *nombres commensurables*.

Si l'on divise alors la grandeur B en n parties égales et que m soit le plus grand nombre de ces parties contenues dans A, le reste sera moindre que l'une de ces parties et A sera compris entre deux grandeurs formées l'une de m de ces parties et l'autre de $m + 1$. Le rapport commensurable $\frac{m}{n}$ est donc alors une valeur approchée par défaut et $\frac{m + 1}{n}$ une valeur approchée par excès du rapport des grandeurs A et B. Il résulte de là que le rapport de A à B est compris entre deux nombres commensurables qui diffèrent de la fraction $\frac{1}{n}$, laquelle peut être rendue aussi petite que l'on veut, puisqu'on peut faire croître n indéfiniment. On peut donc alors considérer le rapport $\frac{A}{B}$ comme la limite des rapports commensurables approchés $\frac{m}{n}, \frac{m + 1}{n}$ quand on fait croître n indéfiniment.

THÉORÈME.

169. *Dans un même cercle, ou dans des cercles égaux, deux angles au centre égaux interceptent des arcs égaux ; et réciproquement* (fig. 105).

Soient O, O′ deux cercles égaux; et AOB, A′O′B′ deux angles au centre (35) égaux. Portons le cercle O′ sur le cercle O, en plaçant le point O′ en O et A′ en A. Comme les angles AOB, A′O′B′ sont égaux, O′B′ coïncidera avec OB et, par suite, l'arc A′B′ coïncidera avec l'arc AB et lui sera égal.

170. RÉCIPROQUE. — Si les arcs AB, A′B′ (fig. 105) sont égaux, les angles AOB, A′O′B′ sont égaux aussi, car si l'on porte le cercle O′ sur le cercle

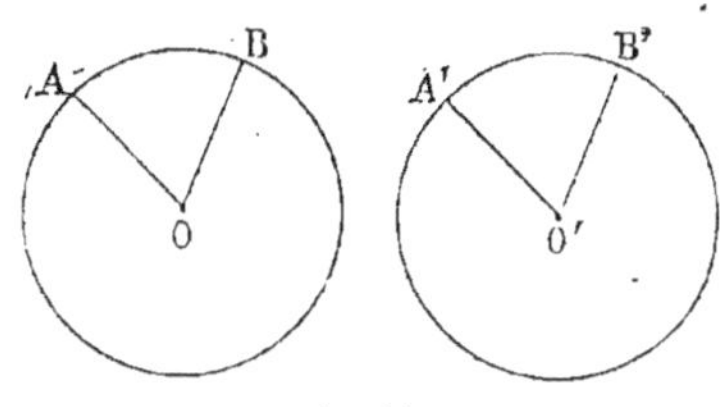

Fig. 105.

O et qu'on place le point O′ en O et A′ en A; comme les arcs AB, A′B′ sont égaux, le point B′ tombera au point B; par conséquent l'angle A′O′B′ coïncidera avec l'angle AOB et lui sera égal.

171. COROLLAIRE. — Il résulte de là que si un angle au centre est double, triple, etc., d'un autre angle au centre du même cercle ou d'un cercle égal, le premier arc intercepté sera aussi double, triple, etc., du second.

THÉORÈME.

172. *Dans un même cercle ou dans des cercles égaux, le rapport de deux angles au centre est égal au rapport des arcs qu'ils interceptent* (fig. 106).

Soient AOB, A′O′B′ deux angles au centre des cercles égaux O et O′ ; et $\frac{2}{3}$ le rapport des arcs interceptés AB, A′B′.

Le rapport des arcs AB, A′B′ étant égal à $\frac{2}{3}$, ces arcs ont (167) une commune mesure, contenue deux fois dans AB et trois fois dans A′B′. D'où il résulte que si l'on divise le premier arc en deux parties égales et le second en trois, ces cinq divisions seront égales entre elles. Si, après avoir divisé les deux

arcs, on joint les centres O et O' aux points de division
de ces arcs, les angles
AOB, A'O'B' seront aussi
divisés le premier en
deux et le second en
trois parties égales (167);
et ces cinq angles se-
ront égaux. Les angles
AOB, A'O'B' ayant une

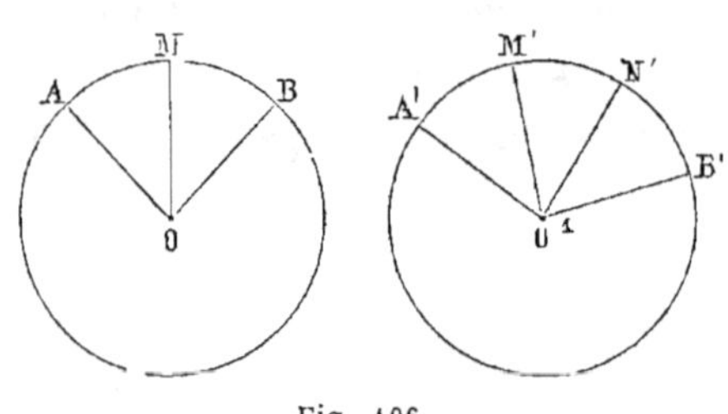

Fig. 106.

commune mesure contenue deux fois dans AOB et trois fois
dans A'O'B', le rapport de ces angles est $\dfrac{2}{3}$ (166), c'est-à-dire
le même que celui des arcs AB, A'B'.

173. Lorsque le rapport des deux arcs donnés AB, A'B' est
incommensurable, les deux arcs n'ont pas de commune mesure. Or, si l'on divise l'arc A'B' en n parties éga'es, et que m
soit le plus grand nombre de ces divisions contenues dans
l'arc AB, le rapport de l'arc AB à l'arc A'B' sera compris
entre les nombres :

$$\frac{m}{n} \quad \text{et} \quad \frac{m+1}{n}.$$

Après avoir divisé l'arc AB en $m+1$ parties dont m soient
égales à l'une des divisions de l'arc A'B', la $m+1^{\text{ième}}$ sera
moindre que l'une de ces divisions ; et si l'on joint ensuite
les centres O et O' respectivement aux points de division des
arcs AB, A'B', l'angle A'O'B' sera divisé en n angles égaux entre eux, et l'angle AOB en $m+1$ angles dont m seront égaux
à l'une des divisions de l'angle A'O'B' et le $m+1^{\text{ième}}$ sera
moindre que l'une de ces divisions. Le rapport de l'angle
AOB à l'angle A'O'B' sera donc aussi compris entre les nombres

$$\frac{m}{n} \quad \text{et} \quad \frac{m+1}{n}.$$

Le rapport des arcs et celui des angles étant tous deux

compris entre les nombres $\dfrac{m}{n}$ et $\dfrac{m+1}{n}$ dont la différence

est $\dfrac{1}{n}$, la différence de ces rapports sera moindre que $\dfrac{1}{n}$; et,

comme on peut faire croître n indéfiniment, on en conclut que cette différence est nulle; car il ne peut exister aucune différence finie, d par exemple, entre ces rapports, puisqu'on

peut prendre n assez grand pour que $\dfrac{1}{n}$ soit moindre que d. Les deux rapports sont donc égaux.

174. Corollaire. — *Tout angle a la même mesure que l'arc qu'il intercepte sur la circonférence décrite de son sommet comme centre avec un rayon quelconque, en supposant qu'on prenne pour unité d'arc celui qui est intercepté par l'angle au centre, choisi comme unité d'angle.*

On dit ordinairement, pour abréger le langage : *Tout angle au centre a pour mesure l'arc compris entre ses côtés.*

175. Si l'on trace deux diamètres rectangulaires, ils divisent la circonférence en quatre parties égales auxquelles on donne le nom de *quadrant*.

L'angle droit a donc pour mesure le quart de la circonférence, ou un *quadrant*.

Par suite, *un angle aigu a pour mesure un arc moindre qu'un quadrant, et un angle obtus un arc plus grand.*

DIVISION DE LA CIRCONFÉRENCE.

176. Pour évaluer les arcs de circonférence, on a divisé la circonférence en 360 parties égales qu'on nomme *degrés;* le *degré* en 60 parties égales appelées *minutes*, la minute en 60 parties égales appelées *secondes*.

On énonce un arc en exprimant le nombre de degrés, minutes et secondes qu'il renferme. Ainsi on dit un arc de 42 degrés, 27 minutes, 18 secondes, et on écrit $42° \, 27' \, 18''$.

177. Deux arcs AB, A'B' (fig. 107) décrits entre les côtés d'un même angle XOY, de son sommet comme centre, avec des rayons différents, contiennent le même nombre de degrés, minutes et secondes ; en effet, il est évident que si l'on divise l'un de ces arcs en n parties égales, par exemple, les rayons menés à tous les points de division, prolongés s'il est nécessaire, diviseront l'autre arc aussi en n parties égales (169), et si chacune des divisions du premier arc est $\frac{1}{p}$ de sa circonférence, chacune des divisions du deuxième sera aussi $\frac{1}{p}$ de sa circonférence.

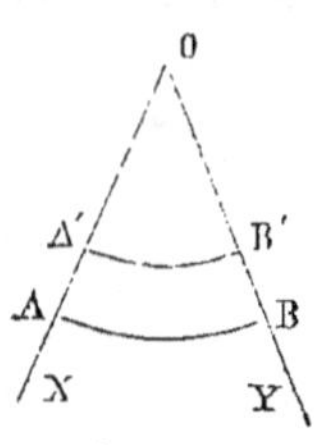

Fig. 107.

178. On peut donc désigner un angle par le nombre de degrés, minutes et secondes que renferme un arc décrit de son sommet comme centre avec un rayon quelconque et compris entre ses côtés. Ainsi on dit un angle de $32° 28' 12''$, pour désigner l'angle qui comprend entre ses côtés un arc de $32° 28' 12''$, appartenant à une circonférence quelconque, dont le centre est le sommet de l'angle.

179. Le rapport de deux arcs exprimés en degrés, minutes et secondes, est égal au quotient des deux nombres de la plus petite subdivision contenue dans les deux arcs ; ainsi le rapport de l'arc de $32° 18' 22''$ à l'arc de $43° 24' 18''$ est égal à $\frac{116302}{156058}$; le premier arc contenant 116302 secondes et le second 156058.

PROBLÈME.

180. *Par un point* A *d'une droite donnée* AB, *mener une seconde droite qui fasse avec la première un angle égal à un angle donné* EDF (fig. 108).

Du point D comme centre et avec un rayon quelconque, on décrit un arc de circonférence qui coupe en G et H les

côtés de l'angle EDF; du point A comme centre avec le même
rayon on décrit un second arc
de circonférence KM qui coupe
en K la droite AB. On prend
ensuite avec le compas la longueur de la corde GH (il est
inutile pour cela de tracer cette

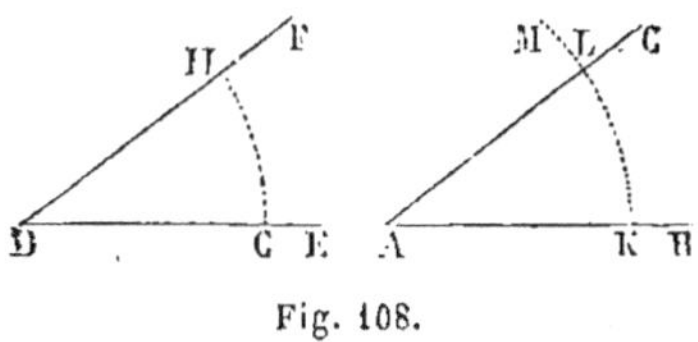

Fig. 108.

corde, puisqu'on connaît ses extrémités) et du point K
comme centre, avec cette ouverture de compas, on décrit un
arc de circonférence qui coupe en L l'arc KM; la droite AL
est la droite demandée.

En effet les arcs KL et GH ont des rayons égaux et des
cordes égales; ils sont donc égaux, et par suite (169) les angles au centre correspondants à ces arcs sont aussi égaux.

181. SCOLIE. — Nous verrons plus tard qu'on peut résoudre le
même problème au moyen d'un instrument appelé *rapporteur*.

PROBLÈME.

182. *Par un point donné* A, *situé hors d'une droite donnée* BC,
mener une parallèle à cette droite (fig. 109).

Joignons le point A à un point quelconque D de la droite BC
et menons par le point A une droite AE
qui fasse avec AD un angle DAE égal à
ADB (180); la droite AE sera la parallèle demandée, car les angles alternes-
internes ADB, DAE formés par les

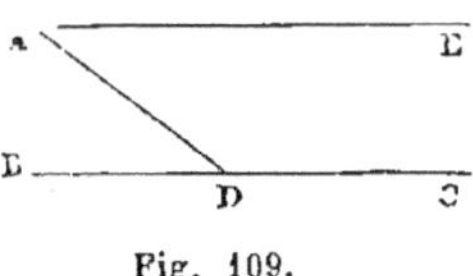

Fig. 109.

droites AE, BC avec la sécante AD étant égaux, AE doit être
parallèle à BC.

APPLICATIONS.

183. RAPPORTEUR. Pour tracer sur le papier un angle donné, ou
se sert d'un instrument qui porte le nom de *rapporteur*. Il est
formé d'un demi-cercle en corne ou en cuivre (fig. 110), dont la

circonférence, nommée *limbe*, est divisée en 180 parties égales ou degrés. Les traits de division sont numérotés de 10 en 10 ou de 5 en 5 dans les deux sens.

Soit AOB l'angle à mesurer. On place l'instrument sur le plan

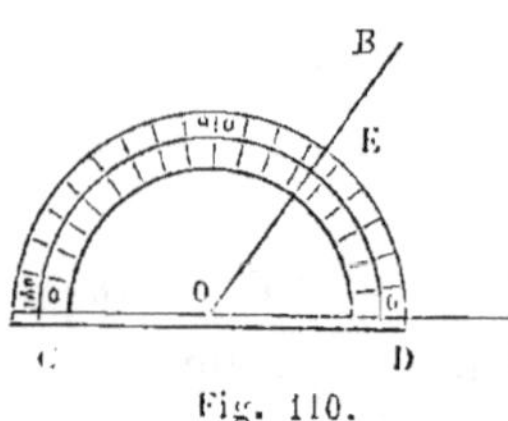

Fig. 110.

de l'angle de manière que son centre tombe au sommet O, et que le diamètre CD coïncide avec la direction OA. Le côté OB rencontre alors la circonférence du rapporteur en un point E, et on note le nombre de degrés compris entre les points D et E. Ce nombre est la mesure de l'arc DE, et par conséquent celle de l'angle AOB.

Lorsqu'on doit, au contraire, faire au point O d'une droite donnée OA un angle egal à un angle donné, on relève l'angle donné comme on vient de le dire ; ensuite on place le diamètre de l'instrument sur la droite OA de manière que le centre tombe au point O, que l'on prend pour sommet de l'angle demandé. On marque ensuite un point E, vis-à-vis de la division du rapporteur qui correspond au nombre de degrés trouvés; on tire OE et l'angle DOE est l'angle demandé, puisqu'il a la même mesure que l'angle donné.

Dans un rapporteur en cuivre la partie intérieure est évidée à partir du diamètre jusqu'à une certaine distance du bord, afin

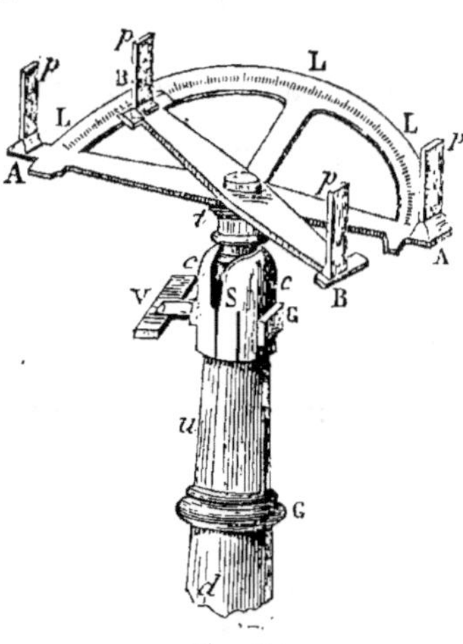

Fig. 111.

qu'on puisse distinguer les lignes à considérer, et le centre est indiqué par une petite échancrure.

184. Graphomètre. — Lorsqu'on opère sur le terrain, on fait usage d'un grand rapporteur qu'on nomme *graphomètre* (fig. 111). Il est formé d'un demi-cercle en cuivre divisé en degrés et demi-degrés, dont les traits de division sont numérotés dans deux sens, comme ceux du rapporteur. Un support à trois branches supporte ce demi-cercle auquel il est articulé au moyen d'un *genou*, ce qui permet de donner au plan du demi-cercle une direction quelconque.

Le diamètre du demi-cercle porte le nom de *ligne de foi*. Il est muni à ses deux extrémités de deux petites fenêtres appelées *pinnules,* qui sont partagées dans le sens de leur hauteur par un fil très-fin.

Lorsqu'on veut placer la ligne de foi suivant une direction donnée, on jalonne cette direction et on place l'instrument de manière qu'en regardant par l'une des pinnules au travers de l'autre, le premier jalon visible cache les suivants, et soit coupé lui-même dans le sens de sa hauteur par les deux fils des pinnules réunis.

Le centre O du demi-cercle porte un pivot autour duquel tourne à frottement doux une règle BB ayant à ses extrémités deux pinnules. On donne à cette règle le nom d'*alidade.*

Pour relever un angle à l'aide du graphomètre, on place le centre au sommet de l'angle ; on fait ensuite coïncider les directions de la ligne de foi et de l'alidade avec les deux côtés de l'angle, après avoir placé un jalon sur la direction de chacun des côtés. L'arc qu'on peut lire sur le limbe est la mesure de l'angle cherché.

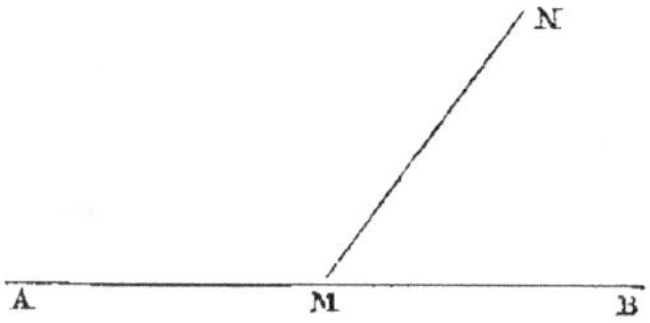

Si l'on veut faire en un point M d'une droite AB (fig. 112), un angle égal à un angle donné, on place la ligne de foi suivant AB, le centre

Fig. 112.

de l'instrument au point M, et on dirige l'alidade sur le point du limbe qui indique le nombre de degrés de l'angle.

On remplace souvent les pinnules par des lunettes dont les axes sont parallèles à la ligne de foi et à la droite qui joint les points où les fils des pinnules prolongés rencontrent l'alidade.

185. CERCLE. — Le cercle est un instrument formé d'un cercle en cuivre, dont le limbe est gradué de 0 à 360°. Ce cercle est en outre mobile dans son plan autour de son centre. Un support à trois branches supporte ce cercle, auquel il est articulé au moyen d'un genou.

Le cercle est muni, comme le graphomètre, d'une *alidade,* et le diamètre qui représente la *ligne de foi* porte deux pinnules. Mais ordinairement l'alidade et la ligne de foi, au lieu de pinnules, sont munies de lunettes placées l'une au-dessus du cercle, et l'autre au-dessous. L'alidade peut être fixée au cercle dans une position quelconque à l'aide d'une vis de pression.

Soit VOU (fig. 113) l'angle à mesurer. Après avoir dirigé la ligne de foi suivant OV, et l'alidade suivant OU, on fixe l'alidade sur le cercle, et on fait tourner celui-ci dans le sens BB', jusqu'à ce que l'alidade vienne prendre la position OV; la ligne de foi OB prend

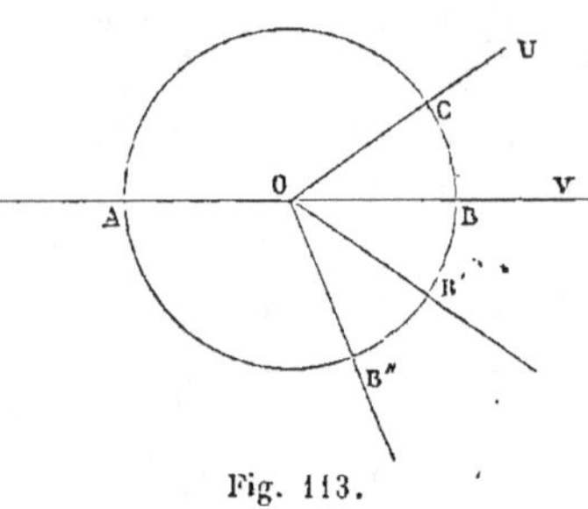

alors la position OB', et l'arc BB' est évidemment égal à l'arc CB. On fixe le cercle dans sa nouvelle position et on ramène l'alidade dans sa première position OU. L'arc CB' est donc double de l'arc CB. On fixe ensuite l'alidade sur le cercle et on fait tourner celui-ci dans le même sens que tout à l'heure jusqu'à ce que l'alidade ait repris la direction

Fig. 113.

OV. La ligne de foi prend alors une position OB″ telle que l'arc B′B″ est égal à l'arc CB. On ramène l'alidade dans la direction OU, et l'arc B″C est égal à trois fois l'arc CB.

On peut répéter cette opération de manière à obtenir un arc 10 fois, 15 fois, 20 fois, etc., plus grand que l'arc CB. Supposons que l'opération ait été répétée 40 fois, et qu'on ait obtenu un arc total de 3 circonférences, 179 degrés, 14 minutes, à moins d'une minute près. On prend alors la quarantième partie de cet arc qui est de 1259° 14′, et on trouve 31° 28″. C'est l'arc demandé à moins d'un quarantième de minute.

Cet instrument, dont on se sert pour répéter les angles, se nomme *cercle répétiteur*. L'idée en est due à Borda.

186. Lorsqu'on fait usage du graphomètre ou du cercle, ces instruments sont ordinairement munis d'un autre instrument, auquel on donne le nom de *vernier* et que nous décrirons plus tard.

DÉFINITIONS.

187. On nomme *angle inscrit* dans un cercle un angle tel que ACB (fig. 114) dont le sommet est placé sur la circonférence et dont les côtés sont des cordes.

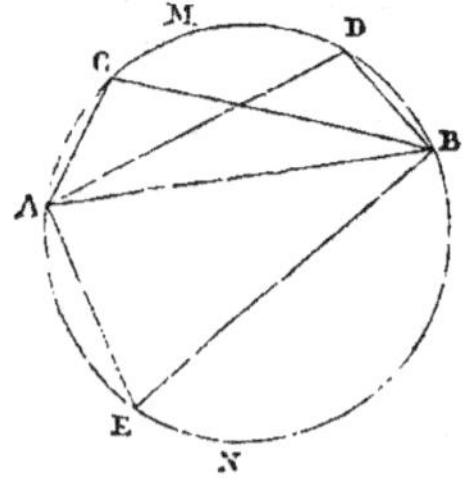

188. On appelle *segment de cercle* la portion du cercle comprise entre un arc et sa corde. A chaque corde AB (fig. 114) correspondent deux segments AMB, ANB.

Fig. 114.

189. Un angle est dit *inscrit dans un segment* lorsque son

sommet est placé sur l'arc de ce segment et que ses côtés passent respectivement par les extrémités de cet arc. Les angles ACB, ADB (fig. 114) sont inscrits dans le segment AMB, et l'angle AEB est inscrit dans le segment ANB.

THÉORÈME.

190. *Tout angle inscrit dans un cercle a pour mesure la moitié de l'arc compris entre ses côtés.*

1° Soit l'angle inscrit ACB (fig. 115) dont un côté est un diamètre CB. Menons le diamètre DE parallèle à AC. L'angle DOB a pour mesure l'arc DB (174).

Les angles correspondants ACB, DOB étant égaux, l'angle ACB a pour mesure l'arc DB. Or les arcs DB et AD sont égaux, car les arcs DB et CE sont égaux comme mesurant des angles égaux (169) et les arcs CE, AD interceptés par les parallèles AC, DE sont aussi égaux ; donc l'angle ACB a pour mesure la moitié de l'arc AB, compris entre ses côtés.

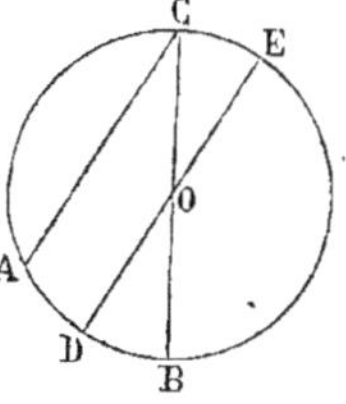

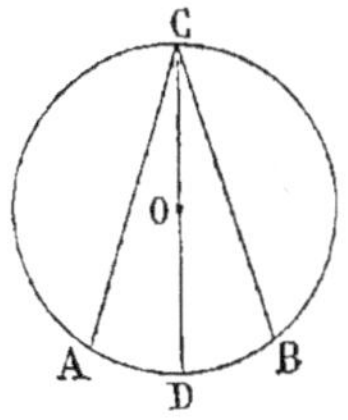

Fig. 115.

2° Supposons (fig. 116) que le centre soit situé dans l'intérieur de l'angle inscrit ACB. Tirons le diamètre CD. Les angles inscrits ACD, DCB, ayant chacun pour côté un diamètre ont respectivement pour mesure la moitié de l'arc AD et la moitié de l'arc DB ; donc l'angle ACB, qui est la somme des angles ACD, DCB, a pour mesure la demi-somme des arcs AD, DB ou la moitié de l'arc AB compris entre ses côtés.

Fig. 116.

3° Supposons (fig. 117) le centre situé hors de l'angle. Tirons le diamètre CD. Les angles inscrits ACD, BCD ont respectivement pour mesure la moitié de l'arc AD et la moitié de l'arc BD. Donc l'angle ACB, qui est la différence de ces an-

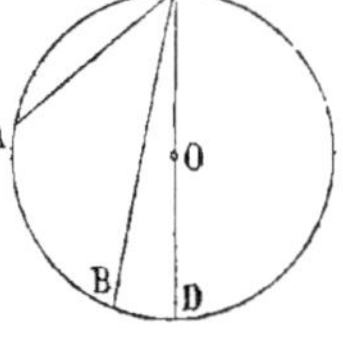

Fig. 117.

gles, a pour mesure la moitié de l'arc AD diminuée de la moitié de l'arc BD, c'est à-dire la moitié de l'arc AB compris entre ses côtés.

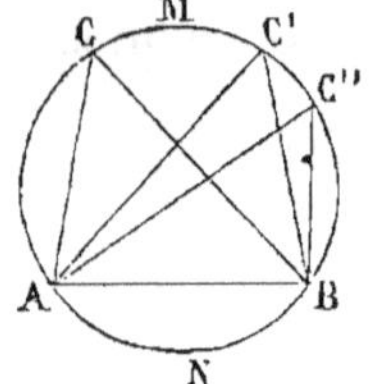

Fig. 118.

191. Corollaire I. — *Tous les angles inscrits dans le même segment sont égaux* (fig. 118).

Soient les angles ACB, AC'B, AC"B,... inscrits dans le segment AMB; tous ces angles sont égaux, car ils ont tous la même mesure, savoir : la moitié de l'angle ANB.

192. Corollaire II. — *Tout angle inscrit dans un demi-cercle est un angle droit ;* car il a pour mesure le quart de la circonférence ou un quadrant (175).

193. Corollaire III. — *Tout angle inscrit dans un segment plus grand que le demi-cercle est un angle aigu ;* car il a pour mesure la moitié d'un arc moindre que la demi-circonférence, c'est-à-dire un arc moindre qu'un quadrant (175).

194. Corollaire IV. — *Tout angle inscrit dans un segment moindre que le demi-cercle est un angle obtus;* car il a pour mesure un arc plus grand que la moitié de la demi-circonférence, c'est-à-dire un arc plus grand qu'un quadrant (175).

THÉORÈME.

195. — *Tout angle formé par une corde et une tangente a pour mesure la moitié de l'arc compris entre ses côtés* (fig. 119).

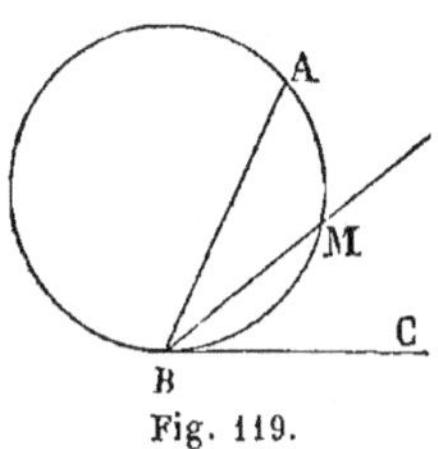

Fig. 119.

Considérons l'angle inscrit ABM et la tangente BC menée par le sommet B. Si l'on suppose que la corde BA reste fixe et que la corde BM tourne autour du point B jusqu'à ce qu'elle vienne se confondre avec la tangente BC, l'angle inscrit ABM aura pour mesure, dans toutes les positions de la corde BM, la moitié de l'arc correspondant AM ;

donc dans la dernière position, c'est-à-dire lorsque le point M venant en B la corde BM se confondra avec la tangente BC, l'angle ABC aura pour mesure la moitié de l'arc AB compris entre ses côtés.

196. On peut encore démontrer ce théorème autrement (fig. 120). Si l'on tire le diamètre CE, l'angle ACB étant la différence de l'angle droit ACE et de l'angle inscrit BCE, a pour mesure la moitié de la demi-circonférence CBE

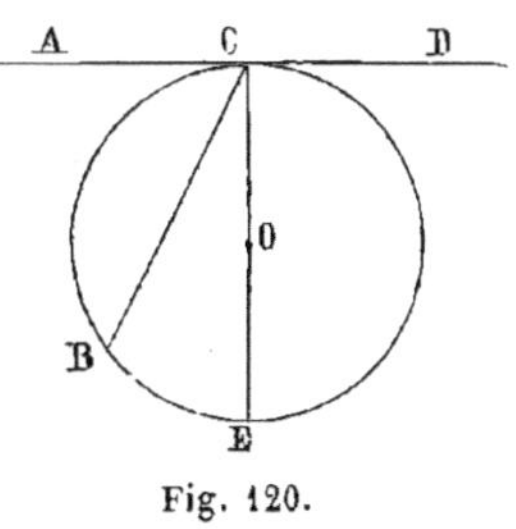

Fig. 120.

diminuée de la moitié de l'arc BE, c'est-à-dire la moitié de l'arc CB compris entre ses côtés.

THÉORÈME.

197. *Tout angle formé par deux cordes qui se coupent dans l'intérieur du cercle a pour mesure la demi-somme des arcs compris entre les côtés de l'angle et entre leurs prolongements* (fig. 121).

Soit ACB l'angle donné, prolongeons AC et BC jusqu'à leur rencontre avec la circonférence en E et D ; et, par le point E, menons la corde EF parallèle au côté BC. Les angles ACB, AEF sont égaux comme cor-

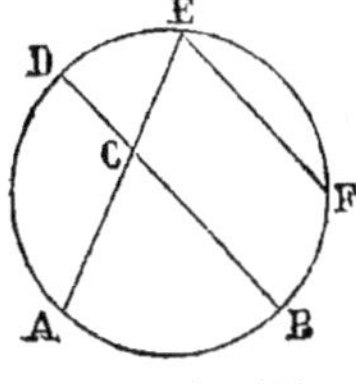

Fig. 121.

respondants. Or l'angle inscrit AEF a pour mesure la moitié de l'arc AF qui est la somme des arcs AB et BF = DE ; donc l'angle ABC a pour mesure la demi-somme des arcs AB et DE.

THÉORÈME.

198. *Tout angle, formé par deux sécantes qui se coupent hors du cercle, a pour mesure la demi-différence de l'arc concave et de l'arc convexe compris entre ses côtés* (fig. 122).

Soit ACB l'angle donné ; menons la corde EF parallèle au

côté AC. Les angles ACB, BEF sont égaux comme correspondants.

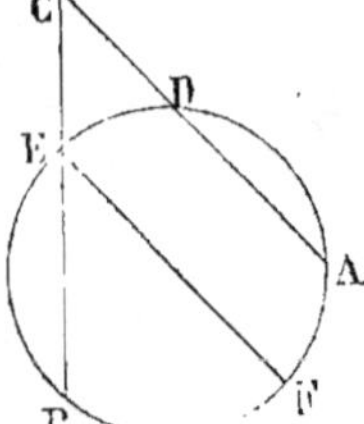

Fig. 122.

Or l'angle inscrit BEF a pour mesure (190) la moitié de l'arc BF qui est la différence des arcs BA et FA = ED; donc l'angle ACB a pour mesure la moitié de l'arc BA diminuée de la moitié de l'arc ED.

199. Corollaire I. — Toute corde AB divise le cercle en deux segments AMB, ANB, tels que l'angle inscrit dans l'un d'eux est supplémentaire de l'angle inscrit dans l'autre segment (fig. 123). En effet, l'angle ACB a pour mesure la moitié de l'arc ANB et l'angle AEB a pour mesure la moitié de l'arc AMB; la somme des angles ACB, AEB ayant pour mesure la demi-somme des arcs ANB, AMB, c'est-à-dire une demi-circonférence, est donc égale à deux angles droits.

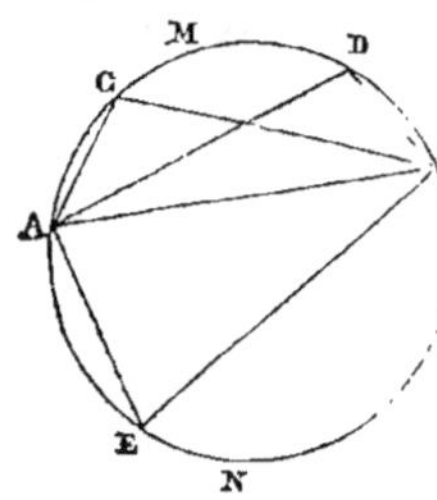

Fig. 123.

200. Corollaire II. — On dit qu'un segment est *capable d'un angle donné* lorsque les angles inscrits dans ce segment sont égaux à l'angle donné. L'arc d'un segment tel que AMB (fig. 123) est le lieu des points situés du même côté de AB, *d'où l'on voit la corde AB sous un angle égal à* ACB, car en joignant un point quelconque situé du même côté de AB que l'arc et non sur cet arc, aux points A et B, on formera un angle plus grand ou moindre que ACB (197, 198).

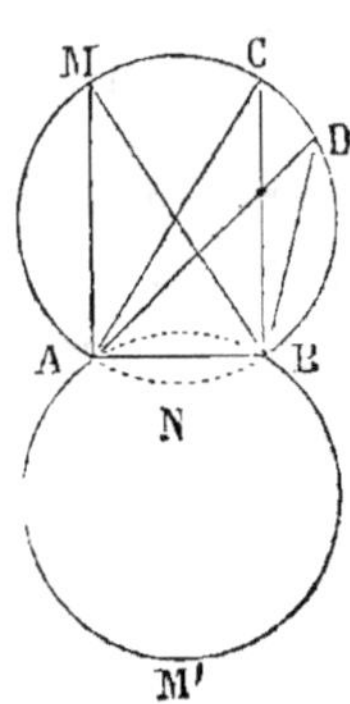

Fig. 124.

Si l'on fait tourner l'angle AMB autour de AB (fig. 124), il s'appliquera au-dessous de AB sur un arc égal AM'B qui est le lieu des points situés au-dessous de AB et d'où l'on voit la droite AB sous un même angle, égal à ACB; de sorte que

Le lieu de tous les points du plan, d'où l'on voit une droite donnée sous un angle donné, se compose de deux arcs de circonférence égaux entre eux et terminés aux extrémités de la droite.

201. *Exemple.* — Les spectateurs placés au pourtour circulaire d'un théâtre voient la rampe sous le même angle...

PROBLÈME.

202. *Construire sur une droite donnée un segment de cercle capable d'un angle donné* (fig. 125).

Soit AB la droite donnée. Supposons le problème résolu et AMB le segment demandé. La tangente en B fait avec AB un angle ABC égal à l'angle donné, car il a pour mesure la moitié de l'arc ANB situé au-dessous de la corde AB.

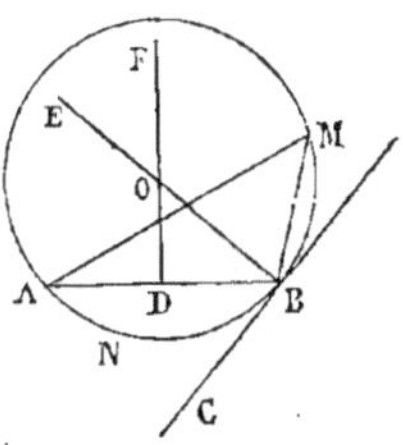

Fig. 125.

Pour résoudre ce problème, on construit donc au point B et au-dessous de AB (si le segment doit être placé au-dessus) un angle ABC égal à l'angle donné; on élève au point B sur BC la perpendiculaire BE et sur le milieu D de AB la perpendiculaire DF; le point O de rencontre de ces deux perpendiculaires est le centre d'une circonférence passant par A et B et tangente en B à la droite BC. Le segment AMB placé au-dessus de AB est le segment demandé, car les angles inscrits dans ce segment ont pour mesure la moitié de l'arc ANB qui est aussi la mesure de l'angle ABC, égal à l'angle donné.

203. COROLLAIRE I. — *La circonférence est le lieu des sommets de tous les angles droits dont les côtés passent par les extrémités d'un même diamètre.*

En effet, soit AB le diamètre que l'on considère. Tout angle inscrit dont les côtés passent par les extrémités A et B de ce diamètre est un angle droit. En second lieu, tout angle droit dont les côtés passent par A et B doit avoir pour sommet un point de la circonférence; car, s'il en était autrement, l'angle serait moindre ou plus grand qu'un angle droit.

204. CorollairE II. — *Trois points d'une circonférence étant donnés, on peut déterminer autant de points que l'on veut de cette circonférence, sans connaître le centre* (fig. 126).

En effet, soient A, B, C, les trois points donnés. Tirons par le point A, et au-dessus de la corde AC, une droite quelconque, et menons par le point C une droite CM qui fasse avec la première un angle AMC égal à l'angle ABC. Il suffit pour cela de faire en un point de la première droite un angle égal à ABC, et de mener par le point C une parallèle à la droite qui fait avec la première un angle égal à ABC. Le point M appartient à la circonférence déterminée par les trois points A, B, C ; et cette

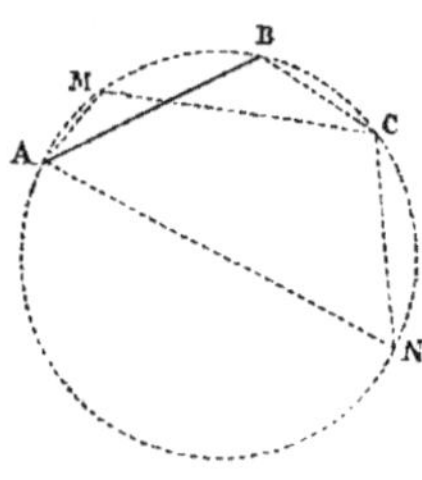
Fig. 126.

construction pourra servir à trouver autant de points qu'on le voudra. Pour trouver des points de la circonférence situés au-dessous de AC, on tirera par le point A une droite quelconque, et par le point C une droite qui fasse avec la première un angle ANC supplémentaire de ABC, et le point N sera un point de la circonférence.

PROBLÈME.

205. *Tracer par deux points donnés un arc de cercle dont la mesure est connue* (fig. 126).

Soient A et B les deux points donnés ; et supposons de 54° l'arc qui doit être tracé entre ces deux points. Retranchons 54° de 360°, le reste 306° sera l'indication de l'autre arc sous-tendu par la corde AB. En prenant la moitié de cet arc, 153°, on aura l'indication de tout angle inscrit à l'arc demandé. On tracé alors une droite quelconque AM, et on mène par le point B une droite qui fasse avec AM un angle AMB de 153°. Le sommet sera sur l'arc demandé. Connaissant trois points

A, M, C de cet arc, on pourra ou bien déterminer son centre,
ou bien appliquer le tracé (204).

PROBLÈME.

206. *Les positions de trois clochers étant marquées sur une carte,
indiquer sur cette carte la position d'une maison de laquelle ont
été observés les angles que forment entre elles les droites horizontales menées de la maison aux trois
clochers* (fig. 127).

Soient *a*, *b*, *c*, les trois clochers, et *p* la maison. Un obser-
vateur voit de la maison les distances des clochers entre eux,

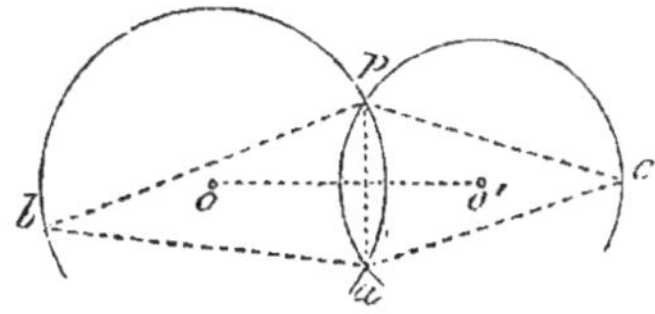

Fig. 127.

et on suppose ces distances et le point d'où on les observe
placés dans un même plan horizontal. Désignons ces distances
par *ab*, *ac*, *bc* et par *p* le point d'où elles sont observées. L'ob-
servateur a relevé les angles *bpa*, *apc*, *bpc* sous lesquels on
voit du point *p* ces distances. Sur *ba*, comme corde, on décrit
un segment capable de l'angle *bpa;* sur *ac*, comme corde, un
segment capable de l'angle *apc.* Le point d'intersection *p* des
arcs de ces segments est le point que la maison doit occuper
sur la carte.

Si l'on décrit sur *bc* comme corde un segment capable de
l'angle *bpc*, l'arc de ce segment passera par le point *p*.

PROBLÈME.

207. *Mener une perpendiculaire à l'extrémité d'une droite sans
la prolonger au delà de cette extrémité* (fig.
128).

Soit AB la droite donnée; on veut
mener au point B une perpendiculaire
sur AB sans prolonger cette dernière
droite au delà de B.

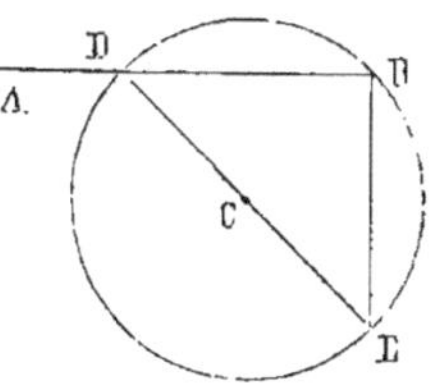

Fig. 128.

On prend un point C hors de AB ; la
circonférence décrite du point C comme centre avec un

rayon égal à CB rencontre BA en un second point D. On tire le diamètre DE et la corde BE est la perpendiculaire demandée ; car l'angle DBE est inscrit dans un demi-cercle.

PROBLÈME.

208. *Diviser un arc donné en deux parties égales* (fig. 129).

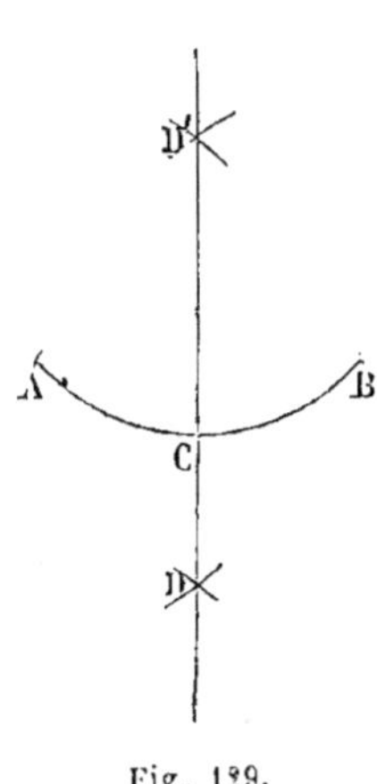

Soit AB l'arc donné ; comme la perpendiculaire élevée sur le milieu d'une corde divise l'arc sous-tendu en deux parties égales, on détermine cette perpendiculaire en employant la construction indiquée (145); et le point C de rencontre de cette perpendiculaire et de l'arc est le milieu de l'arc AB.

209. COROLLAIRE. — En appliquant cette construction à chacune des divisions de l'arc., on pourra diviser l'arc en 4, 8, 16,... 2^n parties égales.

Fig. 129.

PROBLÈME.

210. *Diviser un angle en deux parties égales* (fig. 130).

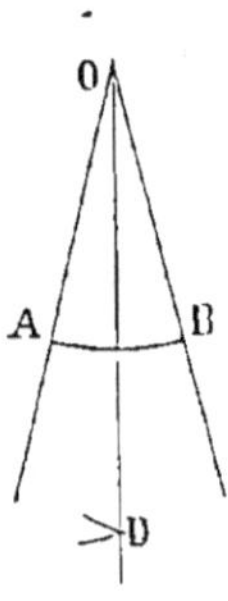

Soit O l'angle donné. On décrit du point O comme centre et avec un rayon arbitraire, un arc AB terminé aux deux côtés de l'angle. On détermine un point D de la perpendiculaire élevée sur le milieu de la corde (145) et on le joint au point O. La droite OD est la bissectrice de l'angle O.

211. COROLLAIRE.—On peut, par cette construction, diviser un angle en 4, 8,... 2^n parties égales.

Fig. 130.

APPLICATION.

212. *Les menuisiers ont souvent à partager l'angle droit en deux*

*parties égales, pour réunir des pièces qui doivent se rencontrer d'é-
querre.*

Pour réunir des pièces de même largeur qui se rencontrent d'é-
querre, c'est-à-dire à angle droit, les menuisiers coupent chaque pièce en *biseau,* en *chanfrein,* en *onglet,* termes qui signifient tous la
même chose ; ensuite ils appliquent les deux
chanfreins l'un contre l'autre. Or, les deux
chanfreins doivent être égaux, pour que l'une
des pièces ne soit pas plus affaiblie que l'autre.
D'où il résulte que chaque chanfrein doit faire
un angle de 45°, moitié de 90°. Les menuisiers
ont donc fréquemment à partager l'angle droit

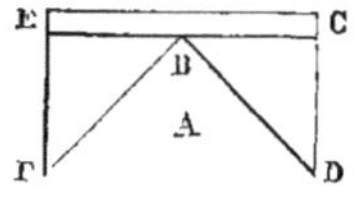
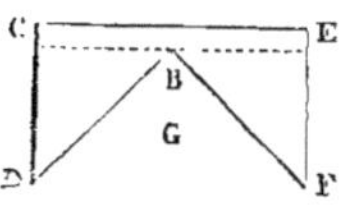

Fig. 131.

en deux parties égales. Mais pour ne pas répéter à chaque instant le tracé, ils se servent d'un instrument appelé *équerre à onglet,* ou *à chanfrein.* La partie A de la figure 131 représente la face
de dessous qui est garnie d'un talon dont une des arêtes passe
par le sommet B commun aux deux angles, cha-
cun de 45°, CBD, EBF. Par suite l'angle DBF
est droit.

La partie G de la figure 131 représente l'autre
face de l'instrument, et c'est cette face qui est
en dessus, quand on trace des chanfreins. L'ou-
vrier applique alors le talon contre la face HI,
de l'une des pièces qu'il veut assembler (fig.
132). Il place le sommet B en H, et trace le long
de BD, une droite HK qui doit répondre à l'une
des arêtes du tenon HKI. Il en fait autant sur

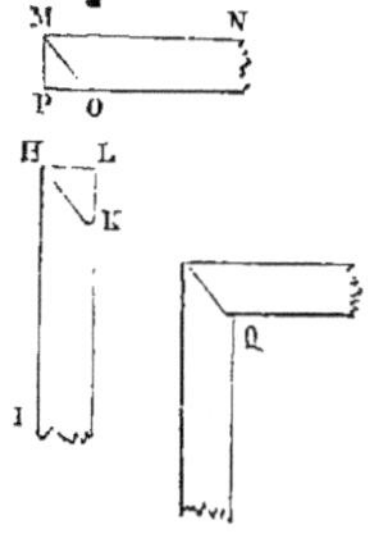

Fig. 132.

la face opposée à HKI. Il applique ensuite le talon contre la face
MN de l'autre pièce de manière que B soit en M, et il trace le
long de BF, une droite MO suivant laquelle il fait passer la scie
pour enlever la partie MOP. On obtient alors une petite face en
biseau sur laquelle on trace la mortaise où doit s'engager le
tenon HKI.

PROBLÈME.

213. *Mener une tangente à une circonférence par un point
donné.*

1° Supposons le point donné A sur la circonférence. On

élève au point A une perpendiculaire AT sur le rayon OA ; cette perpendiculaire est la tangente demandée.

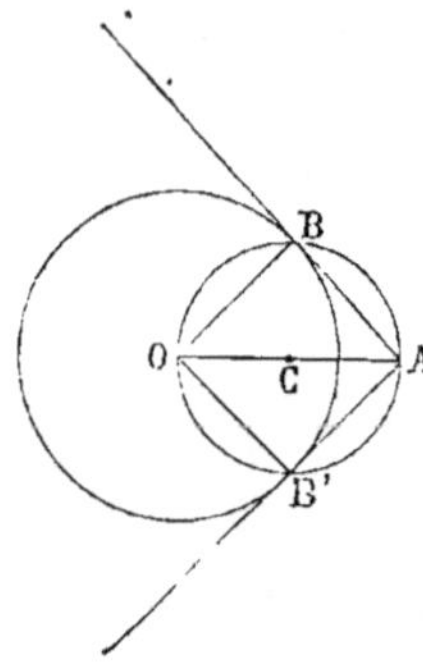

Fig. 133.

2° Si le point donné A est situé hors de la circonférence (fig. 133), on décrit sur OA comme diamètre une circonférence qui rencontre la circonférence O en B et B'. Les droites AB, AB' sont les tangentes demandées ; car si l'on tire les rayons OB, OB', les angles ABO, AB'O sont droits comme inscrits chacun dans un demi-cercle.

214. CorollAire I. — *La bissectrice de l'angle de deux tangentes concourantes passe par le centre.* En effet, le centre, étant à égale distance des deux tangentes, doit se trouver sur la bissectrice de l'angle qu'elles font entre elles.

215. CorollAire II. — *Cette bissectrice est perpendiculaire à la corde des contacts en son milieu, et les parties des tangentes comprises entre leur point de concours et les points de contact sont de même longueur.*

Car la droite OA est la droite qui unit les centres des deux circonférences ; elle est donc perpendiculaire sur le milieu de la corde commune BB'. Et si l'on replie l'angle AOB autour de OA pour le rabattre sur l'angle AOB', le point B tombera en B' et AB coïncidera avec AB'.

216. CorollAire III. — *Si quatre droites AB, BC, CD, DA, tangentes à une même circonférence, se coupent deux à deux (fig. 134), on a AB + CD = BC + AD.*

En effet (215) :

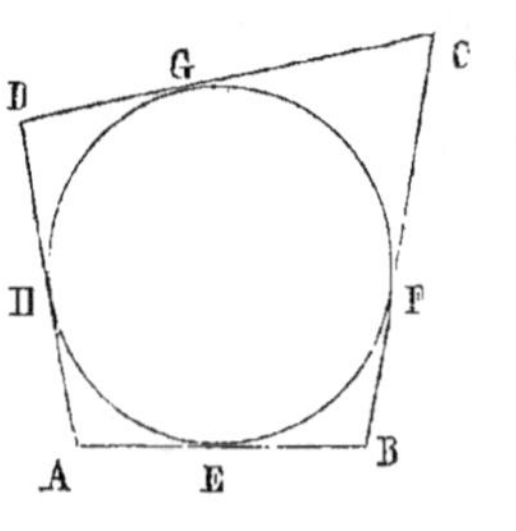

Fig. 134.

$$AE = AH,$$
$$EB = BF,$$
$$CG = CF,$$
$$GD = DH ;$$

ajoutant on trouve :

$$AB + CD = BC + AD.$$

217. Scolie. — AB et AB′ sont les seules tangentes qu'on puisse mener du point A à la circonférence O (213), car les points B et B′ doivent se trouver sur chacune des circonférences O et C (fig. 133).

PROBLÈME.

218. *Mener une tangente à une circonférence parallèlement à une droite donnée* (fig. 135).

Soient O la circonférence et MN la droite données. On mène le diamètre AA′ perpendiculaire à la droite MN et, par les extrémités A, A′ de ce diamètre, des parallèles AT, A′T′ à la droite MN. Les droites AT, A′T′ sont les tangentes demandées, car elles sont per pendiculaires aux points A et A′ sur les rayons qui passent par ces points. En outre elles sont les seules tangentes pa - 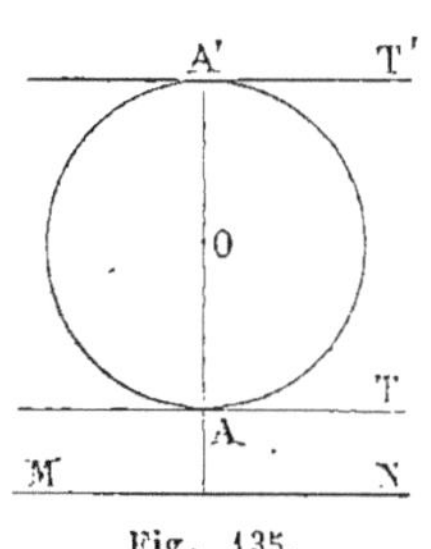

Fig. 135.

rallèles à MN, car elles doivent être perpendiculaires au diamètre AA′.

PROBLÈME.

219. *Tracer deux tangentes parallèles dont l'une passe par un point marqué sur une circonférence donnée.*

Soient O le centre de la circonférence et A le point donné sur cette circonférence. On mène au point A une perpendiculaire au rayon OA ; cette droite sera l'une des tangentes. On tracera le diamètre qui passe au point A, et, à l'autre extrémité B de ce diamètre, on élèvera une perpendiculaire sur AB. Ce sera la seconde tangente demandée.

220. *Tracer une tangente à une circonférence donnée qui fasse avec une droite donnée un angle connu* (fig. 136).

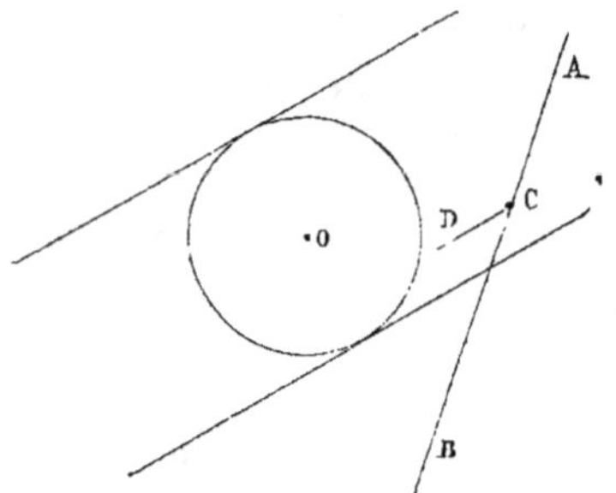

Fig. 136.

Soient O la circonférence et AB la droite données. Par un point quelconque C de AB menons une droite CD qui fasse avec AB un angle égal à l'angle donné, et menons deux tangentes parallèles à CD. Ce sont les tangentes demandées.

PROBLÈME.

221. *Menér une tangente commune à deux circonférences.*

1° Supposons les circonférences extérieures. La tangente commune peut être placée : 1° d'un même côté des deux centres ; 2° entre les deux centres.

1° *Tangentes extérieures* (fig. 137). — Soient les circonférences O et O_1. Du centre O de 'a plus grande et avec un rayon égal à la différence des deux rayons on décrit une circonférence. On mène une tangente O_1B à celle-ci par le centre O_1 et on

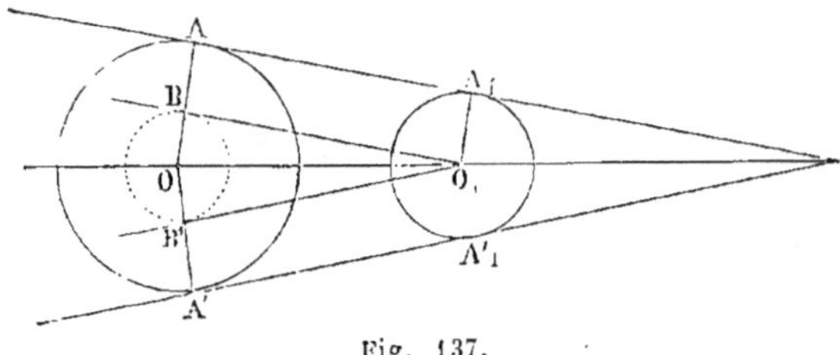

Fig. 137.

prolonge le rayon qui passe au point de contact B jusqu'à sa rencontre en A avec la plus grande circonférence. La droite

AA₁ menée par le point A parallèlement à OB₁ est la tangente commune demandée; car, si l'on tire la parallèle O₁A₁ à OA, les droites O₁A₁ et BA seront égales comme portions de parallèles interceptées par deux parallèles. Donc le point A₁ est sur la circonférence O₁. En outre l'angle A₁ sera droit puisque la droite BA, parallèle à D₁A₁, est perpendiculaire à AA₁.

Il existe une seconde tangente commune A′A′₁, car on peut mener du centre O₁ une seconde tangente à la circonférence dont le rayon est OB.

On peut donc mener deux tangentes communes *extérieures;* et on ne peut pas en mener plus de deux, car toute tangente commune doit être parallèle à l'une des deux tangentes menées du centre O₁ à la circonférence dont le rayon est OB.

2° *Tangentes intérieures* (fig. 138). — Du centre O de la plus grande circonférence et avec un rayon égal à la somme des rayons des deux circonférences données, on décrit une circonférence et on mène par le centre O₁ une tangente à cette circonférence. On joint ensuite le point de contact D au centre O, et par le point C où ce rayon rencontre la circonférence O, on tire une parallèle CC₁ à O₁D; cette parallèle est la tangente demandée; en effet, si l'on tire la droite O₁C₁ parallèlement à

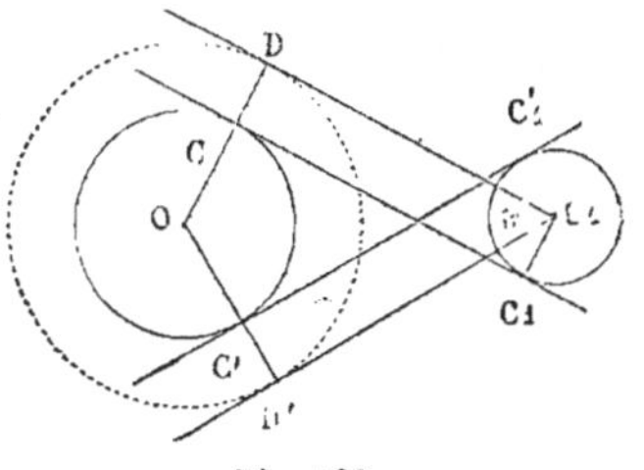

Fig. 138.

OD, les droites O₁C₁ et DC seront égales comme portions de parallèles interceptées par deux parallèles. Donc le point C₁ est sur la circonférence O₁. En outre, l'angle C₁ sera droit puisque la droite DC parallèle à O₁C₁ est perpendiculaire à CC₁.

On voit qu'on peut mener deux tangentes communes *ntérieures*, car on peut mener du point O₁ deux tangentes à la circonférence dont le rayon est OD. Et on ne peut pas en mener plus de deux, car toute tangente commune intérieure doit être parallèle à l'une des deux tangentes menées du point O_1 à la circonférence OD.

222. Scolie. — On voit facilement que l'on peut mener à deux circonférences :

1° Trois tangentes communes, dont l'une intérieure et deux extérieures, si les circonférences sont tangentes extérieurement ;

2° Deux tangentes communes extérieures, si les circonférences sont sécantes ;

3° Une tangente commune extérieure, si les circonférences sont tangentes intérieurement.

4° On ne peut mener aucune tangente commune, si les circonférences sont intérieures.

223. Scolie II. — *Cas où les deux circonférences sont égales.*

1° La méthode indiquée (221) pour tracer les tangentes extérieures n'est plus alors applicable. On mène donc le diamètre AB de l'une des circonférences perpendiculaire à la ligne qui joint les centres, et par les extrémités A et B des perpendiculaires à ce diamètre.

2° Pour le tracé des tangentes intérieures, le procédé indiqué (221) est encore applicable. Le point de concours des tangentes intérieures est au milieu de la droite OO_1, comme on peut facilement le reconnaître.

APPLICATIONS.

224. *Courroie sans fin.* — Pour transmettre le mouvement de rotation d'un arbre à un autre arbre, parallèle au premier et qui n'en est pas très-rapproché, on emploie souvent une courroie sans fin qui embrasse deux tambours dont chacun est fixé à l'un des arbres.

Soient A et C deux tambours dont les arbres sont parallèles (fig. 139); concevons qu'on veuille faire monter un poids P attaché à une corde qui s'enroule sur l'arbre du tambour A. On fera tourner le tambour C au moyen de la manivelle B appliquée à l'arbre de ce tambour, et le mouvement de rotation se communiquera au tambour A par la courroie MN.

Les deux mouvements de rotation ont lieu ici dans le même sens parce que les deux brins M et N de la courroie sont tangents extérieurement aux circonférences C et A.

Si l'on voulait produire des mouvements de sens contraires, on disposerait la courroie de manière que les brins M et N fussent tangents intérieurement aux deux circonférences C et A.

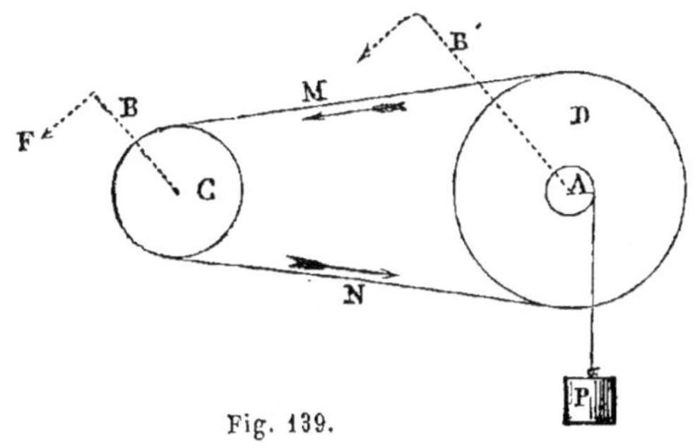

Fig. 139.

Les courroies sont un précieux organe de transmission de mouvement, surtout lorsqu'elles sont en cuir ou en caoutchouc, dont la raideur est peu considérable. On les emploie fréquemment dans les tours à tourner, dans les roues d'émouleurs, dans les rouets à filer, etc.

§ 2. — Polygones, triangles.

DÉFINITIONS.

225. On nomme *polygone* une portion de plan limitée de toutes parts par des lignes droites qui se coupent (fig. 140, 411). Les segments de droites AB, BC, CD, DE, EF, FA, sont les côtés du polygone; et la ligne formée de ces côtés est le *contour* ou *périmètre* du polygone.

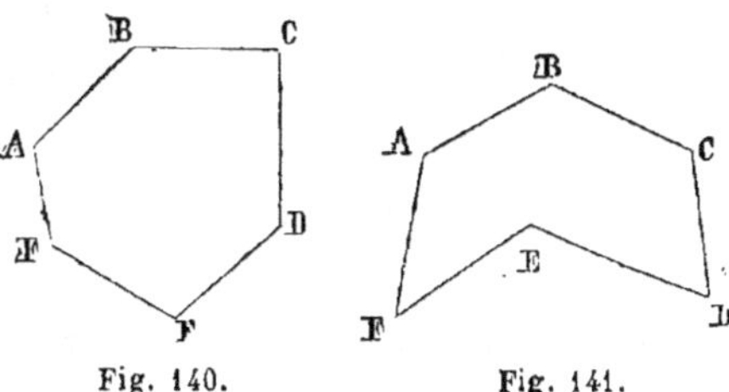

Fig. 140.   Fig. 141.

On donne le nom de *sommets* du polygone aux points de concours A, B, C,... des côtés, et d'*angles* du polygone aux angles ABC, BCD... formés intérieurement par deux côtés conséculifs quelconques. Toute droite qui joint deux sommets non consécutifs est une *diagonale* du polygone. On désigne un polygone par les lettres de ses sommets : ainsi ABCDEF est le polygone des figures 140 ou 141.

226. Un polygone est dit *convexe* ou *concave*, selon que son périmètre est une ligne brisée convexe ou concave.

227. *Un polygone a autant d'angles ou de sommets que de côtés.* Car si l'on suit le contour du polygone dans le même sens en allant d'un sommet au sommet suivant, on trouve un côté après chaque sommet ; par conséquent on aura compté autant de côtés que de sommets lorsqu'on sera revenu au point de départ.

228. On nomme *triangle* le polygone de trois côtés, *quadrilatère*, *pentagone*, *hexagone*... les polygones de quatre, cinq, six... côtés.

229. On dit que *deux polygones sont égaux* lorsqu'on peut les appliquer l'un sur l'autre de manière que leurs périmètres coïncident.

230. Du TRIANGLE. — Considéré quant à ses côtés, un triangle est appelé :

Scalène, lorsque les côtés sont inégaux ;

Isocèle, lorsque deux des trois côtés sont égaux entre eux : on donne alors le nom de base du triangle au troisième côté ;

Équilatéral, lorsque les trois côtés sont égaux entre eux.

Considéré quant à ses angles, un triangle est dit :

Équiangle, lorsque les trois angles sont égaux entre eux ;

Rectangle, lorsque l'un des angles est droit : on donne le nom d'*hypoténuse* au côté opposé à l'angle droit.

On nomme *hauteur* d'un triangle la perpendiculaire abaissée d'un sommet sur le côté opposé, lequel est la *base* correspondante à cette hauteur. Un triangle a trois hauteurs.

THÉORÈME.

231. *La somme des angles d'un triangle quelconque est égale à deux angles droits* (fig. 142).

Par le sommet C du triangle ABC menons une parallèle DE au côté opposé AB. La somme des angles formés autour du point C, du même côté de DE, est égale à deux angles droits :

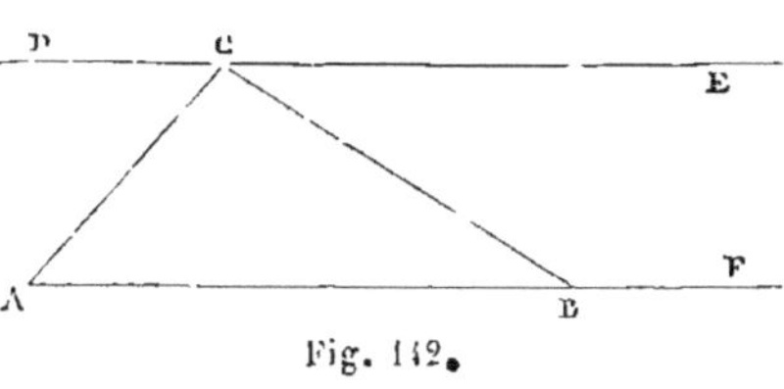
Fig. 142.

$$ACD + ACB + BCE = 2 \text{ angles droits.}$$

Or, les angles ACD et A sont égaux comme alternes-internes, il en est de même des angles BCE et B ; donc

$$A + C + B = 2 \text{ angles droits.}$$

232. CorollairE I. — L'angle CBF formé par le côté CB et le prolongement BF du côté AB est supplémentaire de l'angle adjacent et, par conséquent, égal à la somme des angles A et C. Tout angle, tel que CBF, formé par un côté CB et le prolongement d'un autre côté AB est dit un *angle extérieur* du triangle. On voit donc que *tout angle extérieur d'un triangle est égal à la somme des deux angles intérieurs non adjacents* (fig. 142).

233. CorollairE II. — Un triangle ne peut avoir qu'un seul angle droit et qu'un seul angle obtus.

234. CorollairE III. — Les deux angles aigus d'un triangle rectangle sont complémentaires.

235. CorollairE IV. — Lorsque deux triangles ABC, A'B'C' ont deux angles égaux chacun à chacun : A = A', B = B', les triangles sont équiangles ; en effet, le troisième C du premier et le troisième C' du second sont supplémentaires respectivement des deux sommes égales A + B, A' + B'.

236. CorollairE V. — *Lorsque deux droites indéfinies font avec* *une même sécante des angles alternes-internes inégaux, ces deux droites se rencontrent du côté de la sécante où la somme des angles internes est moindre que deux angles droits.* Car les deux droites, en se rencontrant, forment avec la sécante un triangle auquel appartiennent les angles internes situés du même côté de la sécante que le point de rencontre.

PROBLÈME.

237. *Connaissant deux angles d'un triangle, trouver le troisième* (fig. 143).

Soient A et B les deux angles donnés ; au point O d'une droite indéfinie CD, on fait avec OC un angle COE $=$ A (163) et

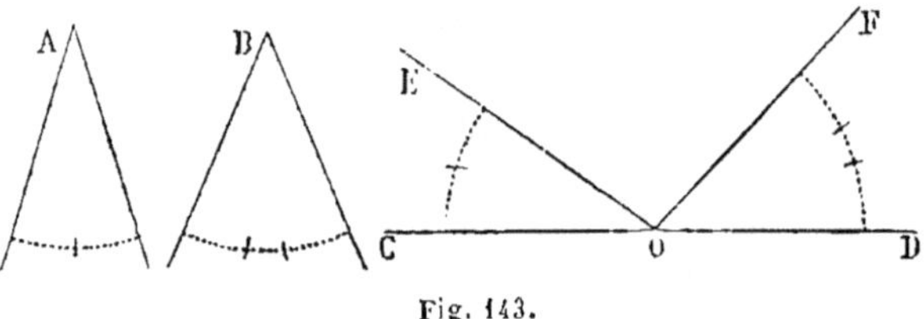

Fig. 143.

avec OD un angle DOF $=$ B. L'angle EOF, supplément de la somme COE $+$ DOF ou A $+$ B, est l'angle demandé.

238. Scolie. — La question peut aussi être présentée de la manière suivante :

Trouver le nombre des degrés de l'un des angles d'un triangle dont les deux autres angles sont connus.

On retranchera de 180° la somme des degrés des deux angles connus, et le reste sera le nombre des degrés du troisième angle.

PROBLÈME.

239. *Trouver la valeur d'un angle dont le sommet est très-éloigné ou inaccessible.*

Supposons qu'on veuille connaître l'angle sous lequel une droite AB (fig. 144) est vue d'un point C que l'on aperçoit,

mais dont on ne peut pas approcher. On mesurera l'angle
que fait AB avec le rayon visuel dirigé de A vers C ; et l'angle

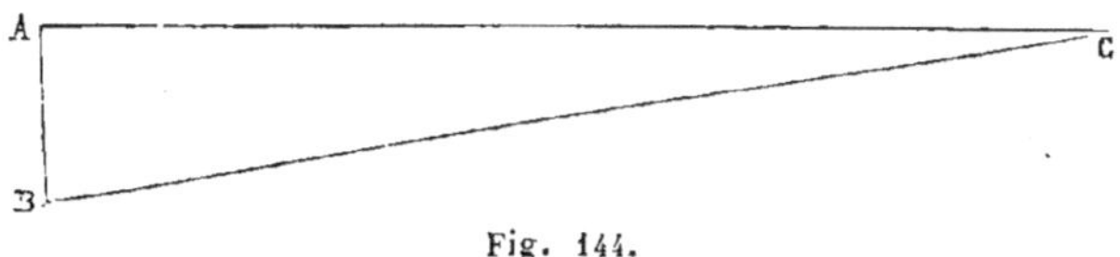

Fig. 144.

que fait AB avec le rayon visuel dirigé de B vers C. Si l'on
trouve que le premier est de 83° et le second de 88°, on fera la
somme 83° + 88° qui est 171°, et on la retranchera de 180°.
Le reste 9° sera la valeur de l'angle ACB demandé.

APPLICATIONS.

240. Si l'on décrit une circonférence (fig. 145) du sommet O d'un
angle AOB comme centre et qu'on mène par le point B une droite terminée en C sur le prolon-
gement de l'autre côté de
OA, de telle sorte que CD
= OB, l'angle C sera le tiers
de l'angle AOB. En effet,
l'angle extérieur BOA sera
égal à l'angle C + CBO ou
ODB, et ce dernier, comme
angle extérieur, est dou-
ble de l'angle ACB. Par

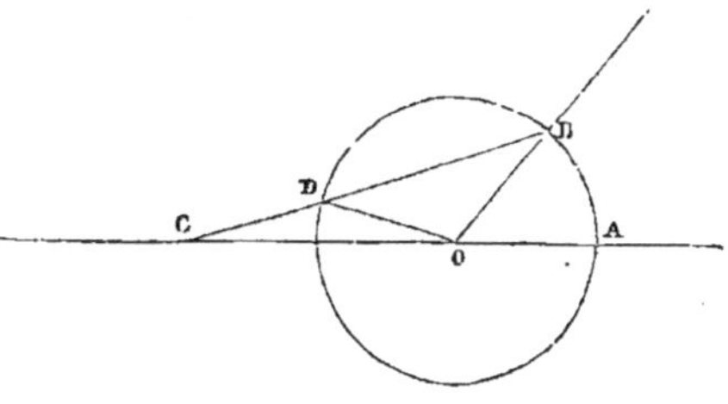

Fig. 145.

conséquent l'angle AOB est triple de l'angle C.

241. *Diviser un angle en trois parties égales sans l'emploi du trisecteur.*

On déduit de là le moyen de diviser un angle en trois parties
égales. Il suffit de marquer sur une règle une longueur quelconque
CD, de décrire du sommet O de l'angle donné AOB une demi-
circonférence avec CD pour rayon et de placer la règle de manière
que le point C soit sur le prolongement de AO, le point D sur la
circonférence et que l'arête CD de la règle passe par le point B où
la demi-circonférence coupe le côté OB de l'angle donné. L'angle
C sera le tiers de l'angle AOB.

On peut en déduire même la construction d'un trisecteur, en
assemblant convenablement quatre règles CB, CA, OB, OD.

THÉORÈME.

242. *La somme des angles intérieurs d'un polygone convexe est égale à autant de fois deux angles droits que le polygone a de côtés moins deux* (fig. 146).

Soit le polygone convexe ABCDEF. Joignons le sommet A à tous les sommets non adjacents. Le polygone se trouve alors

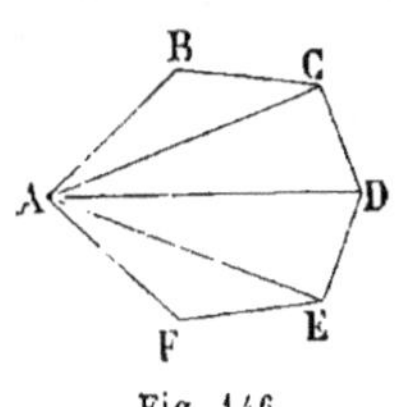

Fig. 146.

décomposé en autant de triangles qu'il a de côtés moins deux, car chaque triangle n'a qu'un côté commun avec le polygone, à l'exception des deux triangles extrêmes ABC, AFE qui en ont deux. La somme des angles de chaque triangle est égale à deux angles droits (231). Or la somme des angles du polygone est la même que celle des angles de tous les triangles; donc elle est égale à autant de fois deux angles droits que le polygone a de côtés moins deux.

243. COROLLAIRE. — Si l'on désigne par n le nombre des cotés du polygone, la somme de ses angles sera égale à $(n-2)$ fois deux angles droits, ou à $2n - 4$ angles droits.

THÉORÈME.

244, *La somme des angles que l'on forme à l'extérieur d'un polygone convexe, en prolongeant ses côtés dans le même sens, est égale à quatre angles droits* (fig. 147).

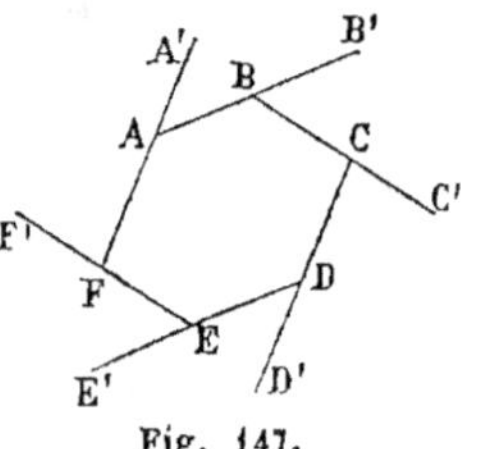

Fig. 147.

Soit le polygone ABCDEF; chaque angle extérieur tel que BAA′ est le supplément de l'angle intérieur qui a le même sommet; par conséquent la somme de tous les angles, extérieurs et intérieurs, est égale à autant de fois deux angles droits que le polygone a de sommets ou de côtés. Si n est le nombre des côtés, cette somme est égale à $2n$ angles droits, et comme la somme des angles intérieurs est égale à $2n - 4$ angles droits, la somme des angles extérieurs est égale à quatre angles droits.

245. SCOLIE. — Un polygone convexe ne peut pas avoir plus de trois angles extérieurs obtus; d'où il résulte qu'il ne peut pas avoir plus de trois angles intérieurs aigus.

THÉORÈME.

246. *Dans tout triangle un côté quelconque est moindre que la somme des deux autres et plus grand que leur différence* (fig. 148).

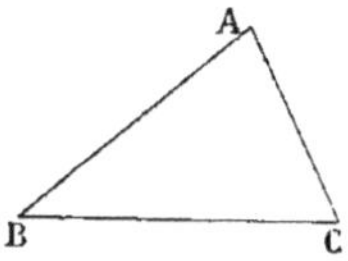

Car on a vu (48) que si l'on joint un point A situé hors d'une droite à deux points quelconques B et C de cette droite, chacune des trois distances AB, BC, CA est moindre que la somme des deux autres et plus grande que leur différence.

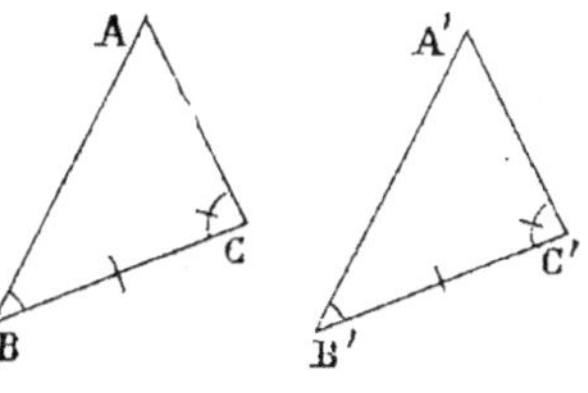
Fig. 148.

THÉORÈME.

247. *Deux triangles sont égaux, lorsqu'ils ont un côté égal adjacent à deux angles égaux chacun à chacun* (fig. 149).

Soient ABC, A′B′C′ deux triangles ayant le côté BC égal au côté B′C′, l'angle B égal à l'angle B′ et l'angle C égal à l'angle C′, Ces deux triangles sont égaux.

En effet, plaçons le triangle A′B′C′ sur le triangle ABC, en mettant le point B′ en B et le point C′ en C, ce qui est possible puisque B′C′ = BC. Comme l'angle B′ est égal à l'angle B, le côté B′A′ prendra la direction du côté BA et le point A′ tombera sur quelque point de BA ou de son prolongement. Pareillement l'angle C′ étant égal à l'angle C, le côté C′A′ prendra la direction de CA et le point A′ tombera sur quelque point

Fig. 149.

de CA ou de son prolongement. Le point A′, étant assujetti à se trouver sur chacune des directions BA et CA, doit tomber au point de concours A de ces deux droites. Par conséquent les périmètres des deux triangles coïncident, et les triangles sont égaux.

248. SCOLIE. — On doit remarquer dans ce cas d'égalité, que *les côtés égaux sont opposés à des angles égaux.*

THÉORÈME.

249. *Deux triangles sont égaux lorsqu'ils ont un angle égal compris entre deux côtés égaux chacun à chacun* (fig. 150).

Soient ABC, A′B′C′ deux triangles, ayant l'angle A égal à

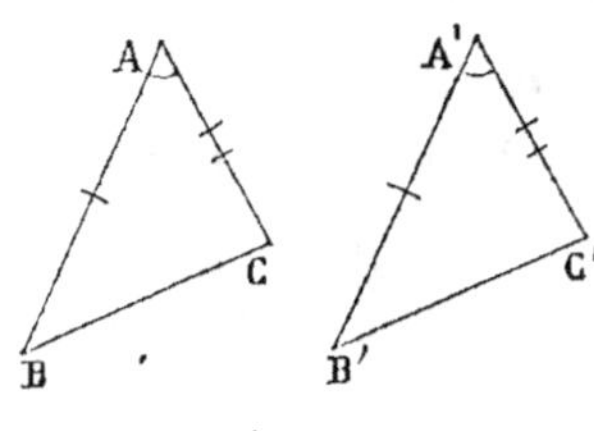

Fig. 150.

A′, le côté AB égal au côté A′B′ et le côté AC égal au côté A′C′. Ces deux triangles sont égaux.

En effet, plaçons le triangle A′B′C′ sur le triangle ABC, en mettant le point A′ au point A et le point B′ au point B, ce qui est possible, puisque A′B′ = AB. Or, l'angle A′ étant égal à l'angle A, le côté A′C′ prend alors la direction de AC, et comme A′C′ = AC, le point C′ tombe en C. Par conséquent les périmètres des deux triangles coïncident et les triangles sont égaux.

250. SCOLIE. — On doit remarquer dans ce cas d'égalité, que *les côtés égaux sont opposés à des angles égaux.*

THÉORÈME.

251. *Lorsque deux côtés d'un triangle sont égaux chacun à chacun à deux côtés d'un autre triangle, et que l'angle compris entre les côtés de l'un des triangles est plus grand que l'angle compris entre les côtés de l'autre, le troisième côté du premier triangle sera plus grand que le troisième côté du second* (fig. 151).

Soient les deux triangles ABC, DEF dans lesquels on a
AB = DE, AC = DF et l'angle A moindre que l'angle D ; il

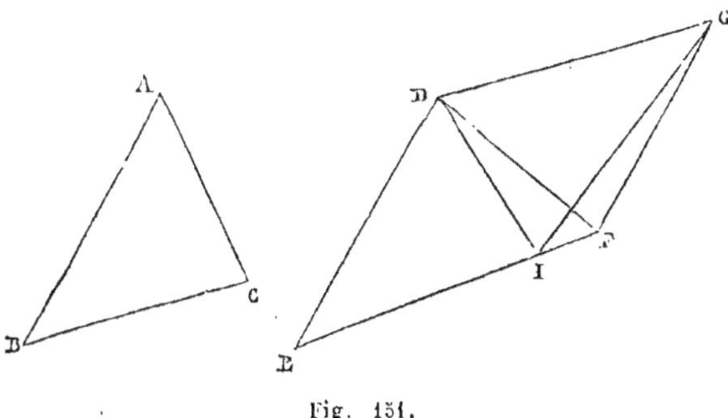

Fig. 151.

faut démontrer que le côté BC est moindre que le côté EF.
Faisons au point D sur DF un angle FDG = A ; prenons DG
= AB et tirons la droite GF. Les triangles DGF, ABC sont
égaux comme ayant un angle égal compris entre deux côtés
égaux chacun à chacun ; par suite GF est égal à BC.

Menons ensuite la bissectrice DI de l'angle EDG, et joignons
le point I où cette droite rencontre EF au point G. Les triangles IDE, IDG sont égaux (249) ; en effet, ils ont l'angle IDE
égal à l'angle IDG, le côté DI commun et DG = AB = DE ;
par suite EI = IG. Or on a, dans le triangle IFG :

$$FG < FI + IG ;$$

et, comme

$$FG = BC \text{ et } IG = EI :$$

$$BC < FI + EI,$$

ou

$$BC < EF.$$

252. SCOLIE. — Il est établi par les théorèmes (251) et (249)
que si deux côtés d'un triangle sont égaux à deux côtés d'un
autre triangle chacun à chacun, le troisième côté du premier
triangle est inférieur, égal ou supérieur au troisième côté du
second, selon que l'angle compris entre les côtés du premier
est inférieur, égal ou supérieur à l'angle compris entre les

côtés du second. Il résulte en outre du principe (59) que les réciproques de ces trois théorèmes sont vraies.

THÉORÈME.

253. *Deux triangles sont égaux, lorsqu'ils ont les trois côtés égaux chacun à chacun* (fig. 152).

Soient ABC, A'B'C' deux triangles ayant les trois côtés égaux chacun à chacun, savoir : AB = A'B', BC = B'C', AC = A'C'. Les deux triangles sont égaux.

En effet (251), l'angle C compris entre les côtés AC, CB ne

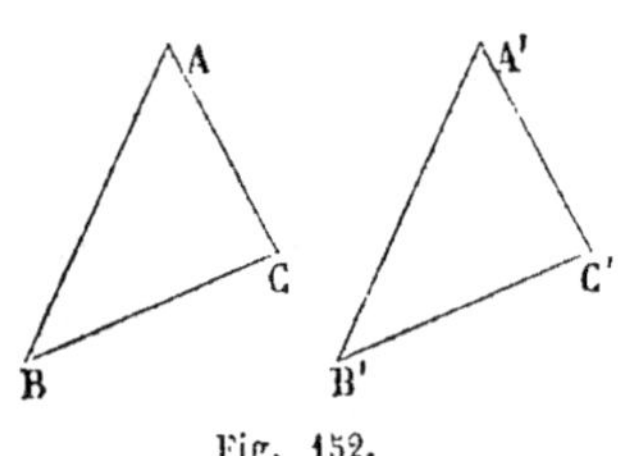

Fig. 152.

peut être moindre ni plus grand que l'angle C' compris entre les côtés A'C', C'B', respectivement égaux à AC et CB, sans que le côté AB soit moindre ou plus grand que A'B'; or AB = A'B'; par conséquent C = C', et les triangles ABC, A'B'C' sont égaux comme ayant un angle égal compris entre deux côtés égaux chacun à chacun.

254. SCOLIE. — Dans ce dernier cas d'égalité de deux triangles, on doit remarquer encore que *les angles égaux sont opposés à des côtés égaux.*

THÉORÈME.

255. *Dans un triangle isocèle, les angles opposés aux côtés égaux sont égaux* (fig. 153).

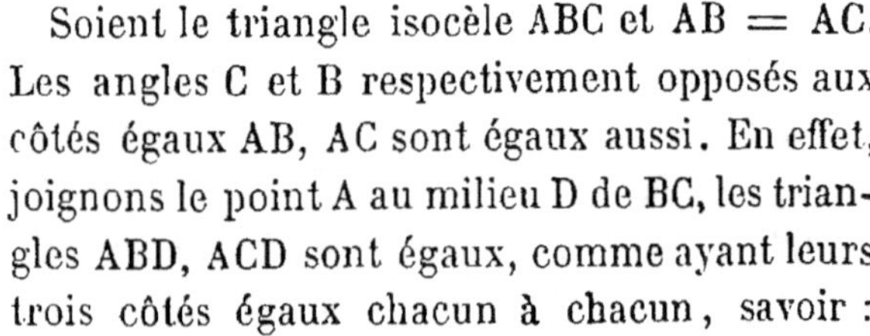

Fig. 153.

Soient le triangle isocèle ABC et AB = AC. Les angles C et B respectivement opposés aux côtés égaux AB, AC sont égaux aussi. En effet, joignons le point A au milieu D de BC, les triangles ABD, ACD sont égaux, comme ayant leurs trois côtés égaux chacun à chacun, savoir : AB = AC; BD = DC par construction et AD commun. Donc l'angle ACD opposé au côté AD est égal à l'angle ABD opposé au côté égal AD.

256. CorollaIRE. — *Un triangle équilatéral est en même temps équiangle.* En effet, deux quelconques des trois angles sont égaux comme opposés à des côtés égaux.

257. Scolie I. — De l'égalité des triangles ABD et ACD, on conclut encore l'égalité des angles adjacents ADB, ADC, ainsi que l'égalité des angles BAD, CAD. Par conséquent,

La droite qui unit le sommet d'un triangle isocèle au milieu de la base est perpendiculaire sur celle-ci, et divise l'angle opposé en deux parties égales.

258. Scolie II. — Le triangle isocèle, qu'on appelle aussi *triangle symétrique*, a pour axe de symétrie la droite qui unit le sommet au milieu de la base, car elle est bissectrice de l'angle du sommet.

259. Scolie III. — Le triangle équilatéra la trois axes de symétrie qui passent par un même point, car ils se confondent avec les trois bissectrices et avec les trois perpendiculaires élevées sur les milieux des côtés opposés. Ce point de concours est appelé *centre* du triangle équilatéral, parce qu'il est le centre du cercle inscrit et aussi le centre du cercle circonscrit au triangle équilatéral.

260. *Exemples de triangles isocèles ou symétriques.* — La figure du triangle isocèle se rencontre souvent dans les constructions. Les *fermes* de charpentes, ou le profil des toits de maisons, les *croupes* droites qui les terminent et les *frontons* d'architecture représentent par leurs lignes un triangle isocèle.

THÉORÈME.

261. *Si deux côtés d'un triangle sont inégaux, l'angle opposé au plus grand côté est plus grand que l'angle opposé à l'autre côté* (fig. 154).

Soit le triangle ABC ; si le côté BC est plus grand que le côté AB, l'angle A doit être plus grand que l'angle C. En effet,

prenons sur le côté BC une longueur BD = AB, et tirons AD ;
le triangle ABD étant isocèle, l'angle BDA est égal à l'angle

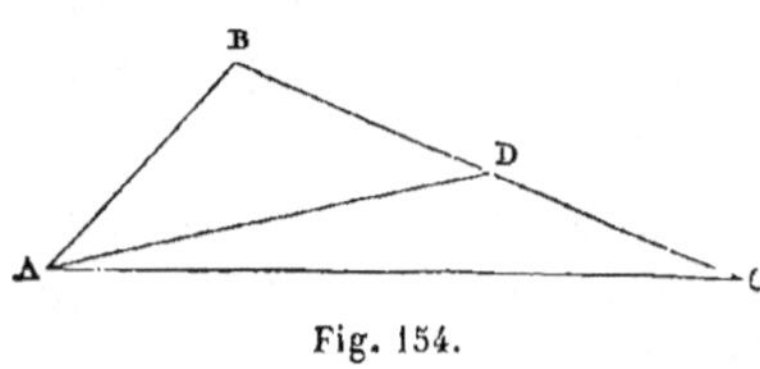

Fig. 154.

BAD. Or l'angle BDA extérieur au triangle ADC est
égal à la somme des angles
intérieurs non adjacents
C + DAC ; donc l'angle C
est moindre que l'angle
BDA ou son égal BAD, et, *à fortiori*, que l'angle A, puisque
BAD n'est qu'une portion de A.

262. RÉCIPROQUES. — 1° *Si un triangle a deux angles égaux,
les côtés opposés à ces angles sont égaux et le triangle est isocèle* (59).

D'où il résulte qu'*un triangle équiangle est en même temps
équilatéral.*

2° *Si deux angles d'un triangle sont inégaux, au plus grand
angle est opposé le plus grand côté.*

THÉORÈME.

263. *Deux triangles rectangles sont égaux, lorsqu'ils ont l'hypoténuse égale et un côté égal* (fig. 155).

Soient les deux triangles ABC, A'B'C' rectangles en A et
en A' ; BC = B'C' et AB =
A'B'.

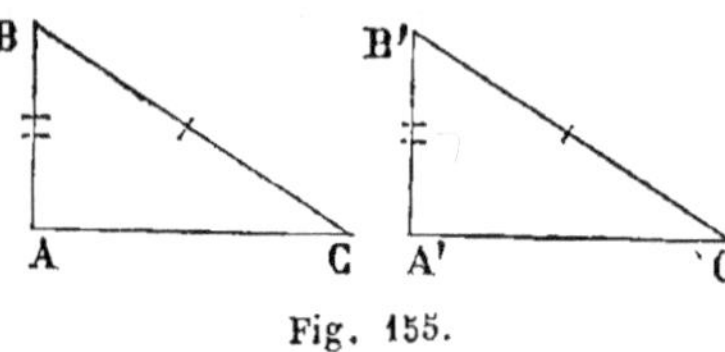

Fig. 155.

Portons le triangle A'B'C'
sur le triangle ABC, plaçons A' en A, B' en B, et
faisons tomber le triangle
A'B'C' du même côté de AB que le triangle ABC. Les angles
A et A' étant droits, A'C' prend la direction de AC, et comme
les obliques BC, B'C' sont égales, elles doivent s'écarter également du pied A de la perpendiculaire. Donc le point C'
tombe en C et les deux triangles sont égaux.

THÉORÈME.

264. *Deux triangles rectangles sont égaux, lorsqu'ils ont l'hypoténuse égale et un angle aigu égal* (fig. 156).

Soient les triangles ABC, A'B'C' rectangles en A et A'; BC = B'C' et C = C'.

Les triangles ayant deux angles égaux chacun à chacun sont équiangles. Donc

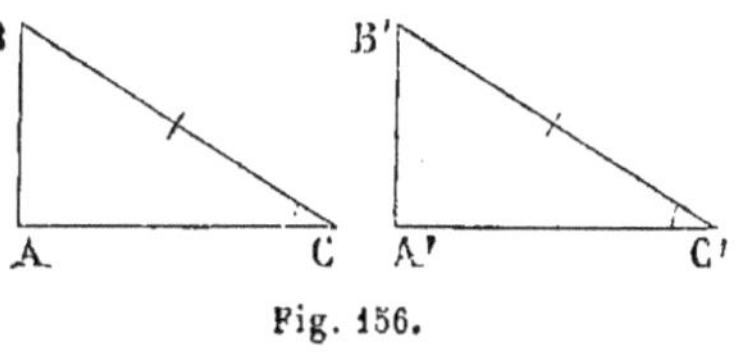

Fig. 156.

les triangles sont égaux comme ayant un côté égal, adjacent à deux angles égaux, savoir : BC = B'C', B = B', C=C'.

PROBLÈME.

265. *Étant donnés un côté d'un triangle et les deux angles adjacents à ce côté, construire le triangle* (fig. 157).

Soient a le côté et B, C les angles adjacents donnés. On trace une droite BC égale à a; par le point B, on mène une droite BA faisant avec BC un angle CBA égal à B, et par le point C une droite CA faisant avec BC un angle BCA égal à C. Le point de rencontre A de ces deux droites est le troisième sommet du triangle demandé (247).

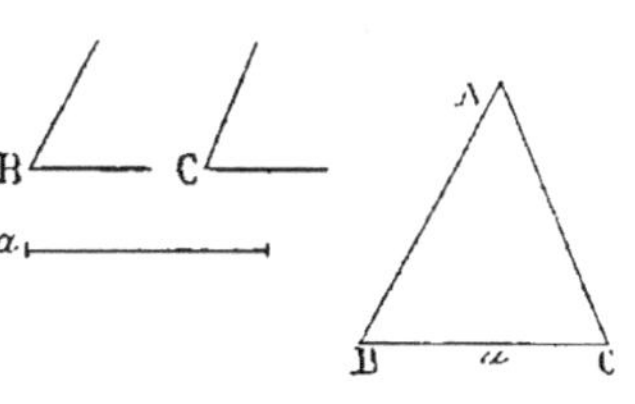

Fig. 157.

266. Scolie I. — Pour que le problème soit possible, il faut et il suffit que la somme des deux angles B et C soit moindre que deux angles droits ; car c'est la condition nécessaire et suffisante pour que les droites BA et CA se rencontrent.

267. Scolie II. — Si l'on donnait un côté, l'un des angles adjacents et l'angle opposé, on ramènerait le problème au précédent, en construisant le troisième angle du triangle (237).

PROBLÈME.

268. *Étant donnés deux côtés d'un triangle et l'angle compris entre ces côtés, construire le triangle* (fig. 158).

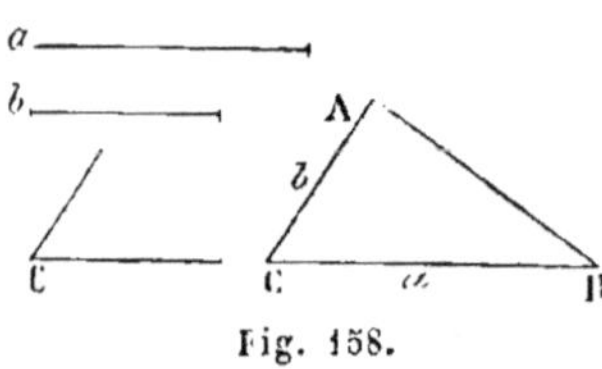

Fig. 158.

Soient a, b les côtés et C l'angle donnés. On trace une droite CB égale à l'un des côtés, a par exemple. A l'une des extrémités C on fait sur CB un angle ACB égal à l'angle C, et on prend CA égale à b.

On tire ensuite la droite AB, et le triangle ABC est égal au triangle demandé **(249)**.

PROBLÈME.

269. *Connaissant les trois côtés d'un triangle, construire le triangle* (fig. 159).

Soient a, b, c, les trois côtés donnés. On trace une droite BC d'une longueur égale au plus grand des côtés donnés a.

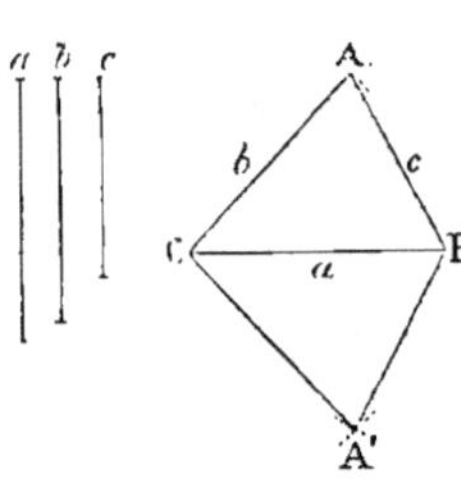

Fig. 159.

Du point C comme centre, avec une ouverture de compas égale à b, on décrit au-dessus de BC un arc de circonférence ; du point B comme centre, avec une ouverture de compas égale à c, on décrit au-dessus de BC un second arc de circonférence. Le point de rencontre A de ces deux arcs est le troisième sommet du triangle demandé, car en tirant les droites CA, CB, on forme un triangle égal au triangle demandé **(253)**.

270. Scolie. — Pour que le problème soit possible, il faut et il suffit que les deux arcs de circonférence décrits des points C et B comme centres avec des rayons égaux à b et à c se coupent ; c'est-à-dire, que la distance des centres soit moindre que la somme des rayons, et le plus grand rayon moindre que la somme de la distance des centres et de l'autre rayon. On est ainsi ramené aux conditions (124).

Ces conditions étant remplies, les deux arcs prolongés se coupent en un second point A' symétrique de A par rapport à BC, et qui est le troisième sommet d'un triangle égal à ABC.

PROBLÈME.

271. *Connaissant deux côtés d'un triangle et l'angle opposé à l'un d'eux, construire le triangle.*

Soient a et b les côtés et B l'angle donnés, a le côté adjacent à l'angle donné (fig. 160).

Traçons une droite BC égale à a, faisons au point B sur BC un angle CBX égal à B. Le troisième sommet du triangle demandé doit se trouver sur BX à une distance du point C égale à b; par conséquent il sera le point d'intersection de la droite BX et de l'arc de circonférence décrit du point C comme centre, avec une ouverture de compas égale à b.

Supposons que l'arc décrit rencontre BX en un point A, le triangle ABC satisfera aux conditions énoncées.

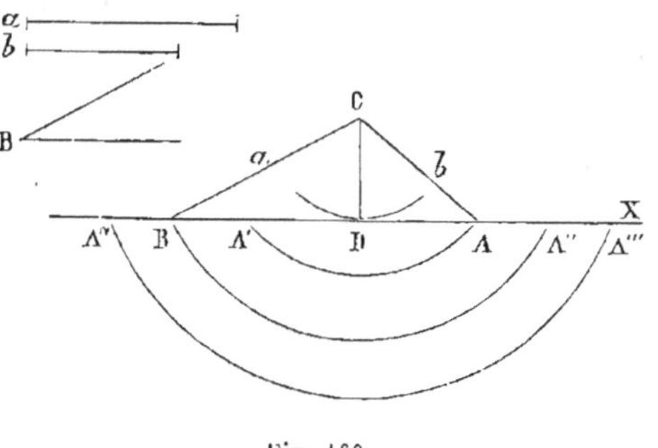

Fig. 160.

272. DISCUSSION.— Discuter un problème, c'est déterminer les résultats correspondant aux diverses hypothèses qui peuvent être faites sur les données.

1° Supposons que l'angle B soit *aigu*, et le côté opposé $b < a$.

Dans cette hypothèse, le côté b peut être inférieur, égal ou supérieur à la perpendiculaire CD abaissée du point C sur BX.

Si l'on a $b <$ CD, l'arc de circonférence ne rencontre pas BX, et le problème n'admet pas de solution.

Si l'on a $b =$ CD, l'arc de circonférence est tangent en D à BX, et le triangle rectangle CDB satisfait seul aux conditions énoncées.

Si l'on a $b >$ CD, l'arc de circonférence rencontre BX en deux points A et A′ situés d'un même côté de B, et les deux triangles ABC, A′BC représentent deux solutions distinctes du problème.

2° Si l'angle B est *aigu* et $b = a$, l'arc de circonférence rencontre BX en deux points B et A″ également éloignés de D; le problème n'a qu'une seule solution qui est le triangle A″BC.

3° Si l'angle B est *aigu* et $b > a$; l'arc de circonférence rencontre BX en un point A‴ et le prolongement de BX en un point A‴, puisque l'oblique CA‴ est plus grande que l'oblique CB. Il y a une seule solution : c'est le triangle A‴BC; mais le triangle A‴BC n'est pas une solution, car il n'a pas pour angle opposé à b l'angle B donné, mais son supplément.

4° Si l'angle donné B est droit, on voit facilement que le problème n'est possible que si l'on a $b > a$; et, dans ce dernier cas, on trouve deux triangles rectangles égaux qui représentent une seule solution.

5° Si l'angle donné B est obtus (fig. 161), le problème n'est possible que si l'on a $b > a$; car si l'on a $a > b$ ou $a = b$, l'arc de circonférence ne rencontre pas BX, mais son prolongement, et les triangles correspondants ont pour angle opposé à b le supplément de l'angle donné B.

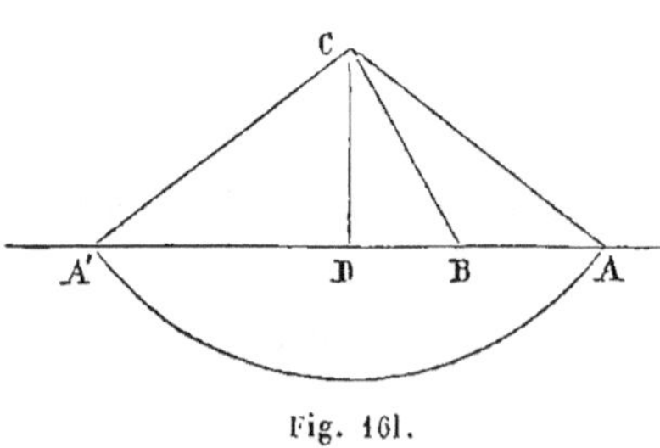

Fig. 161.

Si l'on a $b > a$, l'arc rencontre BX en un point A et son

prolongement en A′ ; et il y a une seule solution, c'est le triangle ABC ; l'angle opposé à *b* dans le triangle A′BC étant le supplément de l'angle donné B.

§ 3. — **Quadrilatères.**

DÉFINITIONS.

273. On distingue parmi les quadrilatères :

1° Le *parallélogramme*, dont les côtés opposés sont parallèles ;

2° Le *losange*, dont les quatre côtés sont égaux ;

3° Le *rectangle*, dont les angles sont droits.

4° Le *carré*, dont les angles sont droits et les côtés égaux.

5° Le *trapèze*, dont deux côtés opposés sont parallèles. On nomme *bases* du trapèze les deux côtés parallèles, et *hauteur* du trapèze la distance des deux bases.

THÉORÈME.

274. *Dans tout parallélogramme :*

1° *Les côtés opposés sont égaux ;*

2° *Les angles opposés sont égaux.*

Soit un parallélogramme quelconque ABCD (fig. 162). 1° Les côtés opposés AB et CD sont égaux, comme portions de parallèles interceptées par deux parallèles ; les côtés opposés AD et BC sont égaux pour la même raison.

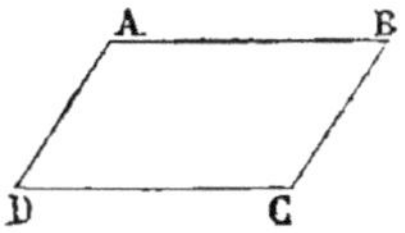

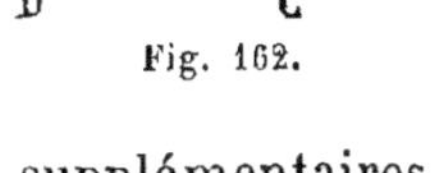

Fig. 162.

2° Les angles opposés A et C sont égaux comme supplémentaires d'un même angle D. Les angles B et D sont égaux comme supplémentaires d'un même angle A.

275. SCHOLIE. -— On nomme *hauteur* d'un parallélogramme la distance de deux côtés opposés, et *base* correspondante

l'un de ces côtés. Un parallélogramme a deux hauteurs, à chacune desquelles correspond une base.

THÉORÈME.

276. *Tout quadrilatère dont les côtés opposés sont égaux entre eux est un parallélogramme* (fig. 163).

Supposons dans le quadrilatère ABCD, les côtés opposés AB, CD égaux entre eux, ainsi que les côtés opposés CB et AD. Si

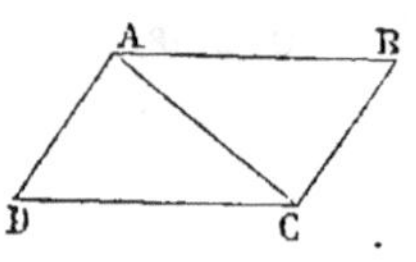
Fig. 163.

l'on tire la diagonale AC, on forme deux triangles ABC, ADC égaux comme ayant les trois côtés égaux, savoir : $AB = CD$, $CB = AD$, par hypothèse ; et AC commun. Or il résulte de l'égalité de ces triangles (254), que l'angle ACB opposé au côté AB est égal à l'angle DAC opposé au côté égal DC ; ces angles sont alternes-internes ; donc les droites CB, AD sont parallèles. Il résulte pareillement de l'égalité des angles CAB et ACD que les droites AB, CD sont parallèles. Donc le quadrilatère ABCD est un parallélogramme.

THÉORÈME.

277. *Tout quadrilatère dont les angles opposés sont égaux entre eux est un parallélogramme* (fig. 164).

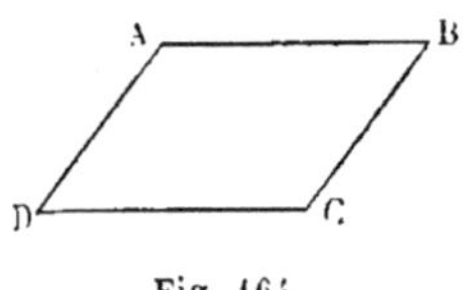
Fig. 164.

Supposons dans le quadrilatère ABCD :

$$A = C,$$
$$B = D.$$

La somme des angles d'un quadrilatère étant égale à quatre angles droits (242), on a :

$$A + B + C + D = 4 \text{ droits} ;$$

et en remplaçant C par A et D par B :

$$2\,A + 2\,B = 4 \text{ droits} ;$$

par suite

$$(1) \qquad A + B = 2 \text{ droits} ;$$

d'où l'on conclut que les côtés CB, AD sont parallèles (78).

Remplaçant ensuite, dans (1), B par D, il vient :

$$A + D = 2 \text{ droits} ;$$

d'où l'on conclut que AB et CD sont parallèles.

Donc le quadrilatère ABCD est un parallélogramme.

278. SCOLIE. — Ce théorème et le précédent sont les réciproques des deux théorèmes (274).

THÉORÈME.

279. *Les diagonales d'un parallélogramme se coupent mutuellement en deux parties égales* (fig. 165).

Soit O le point de concours des diagonales AC, BD du parallélogramme ABCD,

$$AO = OC$$
$$\text{et} \quad BO = OD.$$

En effet, les deux triangles AOB, DOC sont égaux comme ayant un côté égal adjacent à deux angles égaux, savoir : AB = DC comme côtés opposés du parallélogramme ; les angles OBA, ODC égaux comme alternes-internes, formés par les parallèles AB, DC et la sécante BD ; et les angles OAB, OCD égaux comme alternes-internes, formés par les mêmes parallèles et la sé-

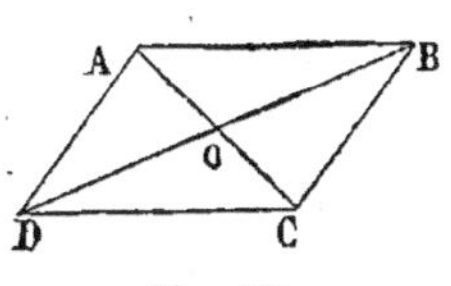
Fig. 165.

cante AC. Par conséquent, le côté AO opposé à l'angle OBA est égal au côté OC opposé à l'angle égal ODC ; et le côté BO opposé à l'angle OAB est égal au côté OD opposé à l'angle égal OCD.

280. Corollaire I. — *Les diagonales d'un losange sont perpen-diculaires l'une sur l'autre* (fig. 166).

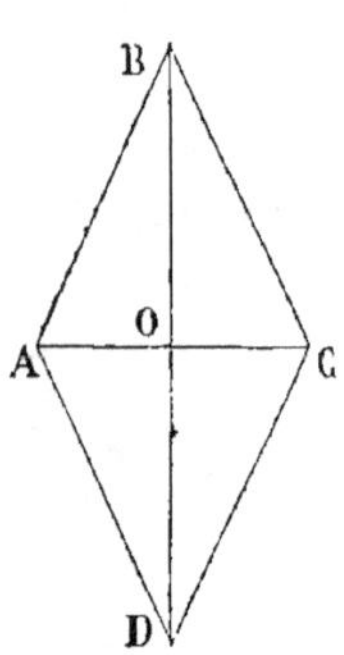

Fig. 166.

En effet, un losange est un parallélo-gramme, puisque les côtés opposés sont égaux ; par conséquent les diagonales se coupent en un point qui est le milieu de chacune d'elles, et la diagonale BD, unissant le sommet B du triangle isocèle ABC au milieu O de la base AC, est perpendiculaire sur AC.

281. Corollaire II. — *Le point de concours des diagonales d'un parallélogramme divise en deux parties égales toute droite menée par ce point et terminée au contour de la figure* (fig. 167).

Soient le parallélogramme ABCD, O le point de concours des diagonales. Tirons par le point O la droite EG terminée en E et G aux côtés opposés AB, DC ; la droite EO est égale à la droite OG. En effet, si l'on tire la diagonale BD, on forme deux triangles BOE, DOG égaux comme ayant un côté égal adjacent à deux angles égaux,

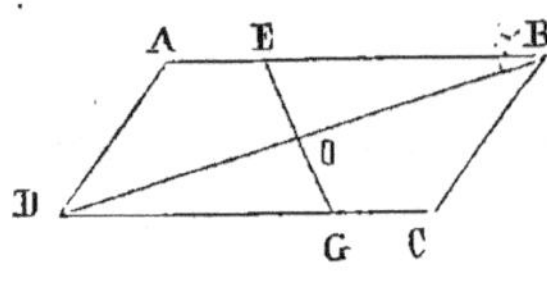

Fig. 167.

savoir : BO = OD, puisque le point O est le milieu de BD ; les angles EBO, ODG égaux comme alternes-internes formés par les parallèles AB, DC et la sécante BD ; et les angles BOE, DOG égaux comme opposés par le sommet. Donc le côté EO opposé à l'angle EBO est égal au côté OG opposé à l'angle égal ODG.

282 Scolie. — Cette propriété a fait donner le nom de *centre de figure du parallélogramme* au point de concours de ses diagonales.

THÉORÈME.

283. *Tout quadrilatère dont deux côtés opposés sont parallèles et égaux est un parallélogramme* (fig. 168).

Soit le quadrilatère ABCD dont les deux côtés opposés AB, DC sont parallèles et égaux. Menons la diagonale AC ; les triangles ABC, ADC sont égaux comme ayant un angle égal compris entre deux côtés égaux, savoir : les angles BAC, ACD égaux, comme alternes-internes formés par les parallèles AB, DC et la sécante AC ;

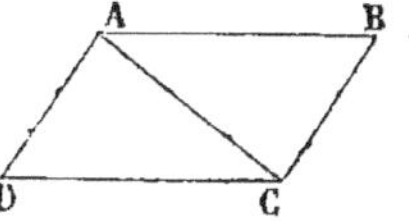

Fig. 168.

le côté AB égal au côté DC par hypothèse et le côté AC commun. Donc l'angle DAC opposé au côté DC est égal à l'angle ACB opposé au côté AB. Or ces angles sont alternes-internes, et formés par les droites AD, BC et la sécante AC ; par conséquent les droites AD, BC sont parallèles, et le quadrilatère ABCD est un parallélogramme.

284. Corollaire I. — *La droite qui unit les milieux de deux côtés opposés d'un parallélogramme est parallèle aux deux autres côtés, égale à chacun d'eux et passe par le point de concours des diagonales* (fig. 169).

Soient le parallélogramme ABCD, EF une droite qui unit les milieux E et F des côtés opposés AD, BC. Le quadrilatère ABFE est un parallélogramme, puisque deux côtés opposés AE, BF sont parallèles et égaux. Donc EF est parallèle à AB et lui est égale.

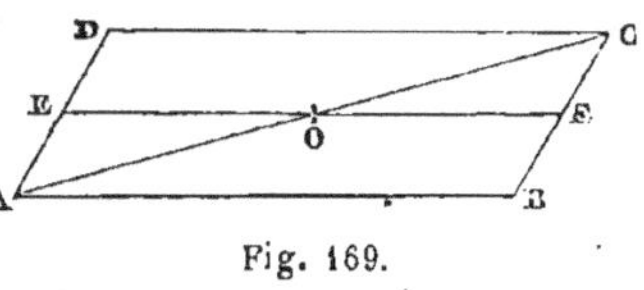

Fig. 169.

En outre, le point O où EF rencontre la diagonale AC est le milieu de celle-ci, car les triangles AOE, COF sont égaux (247), donc AO = OC.

285. Corollaire II. — *La droite qui unit les milieux de deux côtés d'un triangle est parallèle au troisième côté, et elle est égale à la moitié de ce côté* (fig. 169).

Soient ABC le triangle donné, O et F les milieux des côtés AC, BC. Par les points A et C menons les parallèles aux côtés BC et AB. La figure ABCD est un parallélogramme dont AC est une diagonale. Or, la droite qui unit les milieux E et F, des côtés opposés BC, AD du parallélogramme, passe par le milieu O de la diagonale AC, et elle est parallèle à AB (284) ; donc la droite OF est parallèle à AB. En outre, elle est égale à la moitié de AB, car les triangles COF, AOE étant égaux, OF et OE sont égales, et, par suite, OF est la moitié de EF, ou de son égale AB.

THÉORÈME.

286. *Les diagonales d'un rectangle sont égales* (fig. 170).

Soit le rectangle ABCD. Les diagonales AC, BD sont égales, car elles sont les hypoténuses des deux triangles rectangles ABC, BAD égaux comme ayant un angle égal compris entre deux côtés égaux ; savoir : l'angle droit ABC égal à l'angle droit BAD, le côté AB commun, et BC = AD.

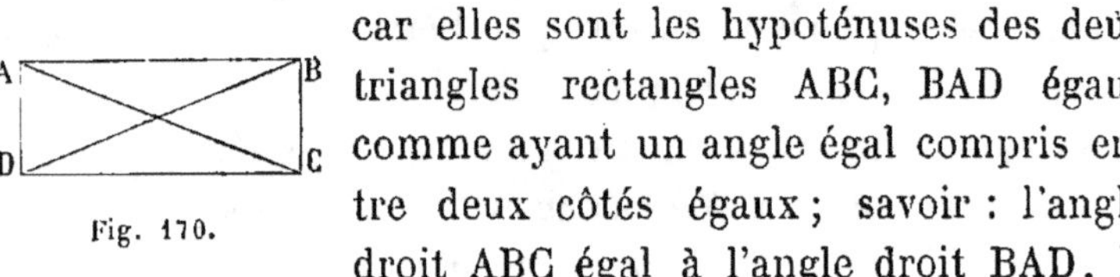

Fig. 170.

PROBLÈME.

287. *Construire un parallélogramme, connaissant deux côtés adjacents et l'angle compris* (fig. 171).

Soient *a*, *b* les côtés et K l'angle donnés. Traçons une droite AB égale à *a ;* au point B faisons sur cette droite un angle ABC égal à K, et prenons BC égal à *b*. Décrivons ensuite du point C comme centre, avec un rayon égal à *a*, un arc de circonférence, et du point A comme centre, avec un rayon égal à *b*, un autre arc de circonférence. Le point de rencontre D de ces deux arcs est le quatrième sommet du parallélogramme

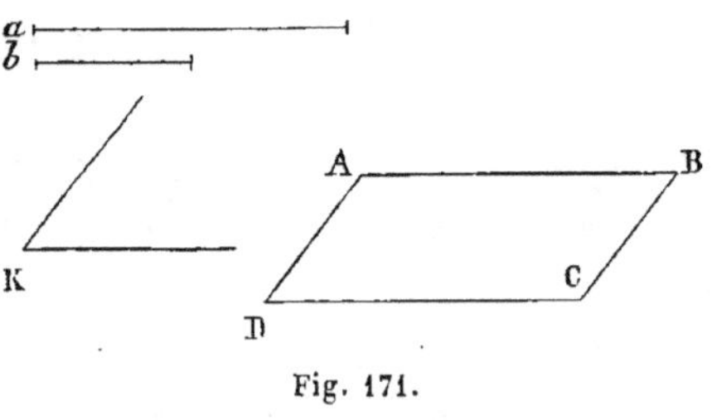

Fig. 171.

demandé ; en effet, si l'on tire les droites CD, AD, le quadrilatère ABCD est un parallélogramme (276), dont les côtés opposés sont égaux à *a* et *b* et dont un angle est égal à K.

APPLICATIONS.

288. *Le parallélogramme joue un grand rôle dans la mécanique.*

a. Parallélogramme des forces (fig. 172). — On démontre en mécanique que si deux forces quelconques et de directions différentes P et Q sont appliquées à un point A, ces deux forces produisent le même effet qu'une force unique R appliquée au même point A. Et, si l'on prend sur les directions des forces P et Q des longueurs AB, AD proportionnelles aux intensités de ces forces, les forces P, Q et R seront proportionnelles aux longueurs AB, AD, et à celle de la diagonale AC du parallélogramme dont les côtés sont AB, AD, et l'angle compris celui des directions des forces P et Q.

Supposons que l'on ait construit un triangle ABC, dont les côtés sont AB = 3 mètres, BC = 5 mètres, AC = 7 mètres ; et qu'ensuite on construise le parallélogramme ABCD, double du triangle ABC. Si l'on applique au point A suivant AB, une force P capable de faire équilibre à un poids de 3 kilogrammes ; suivant AD, une force Q capable de faire équilibre à un poids de 5 kilogrammes ; la force R, capable de faire équilibre à un poids de 8 kilogrammes, et dirigée suivant AC, produira, sur le point A, le même effet que les deux forces P et Q agissant simultanément.

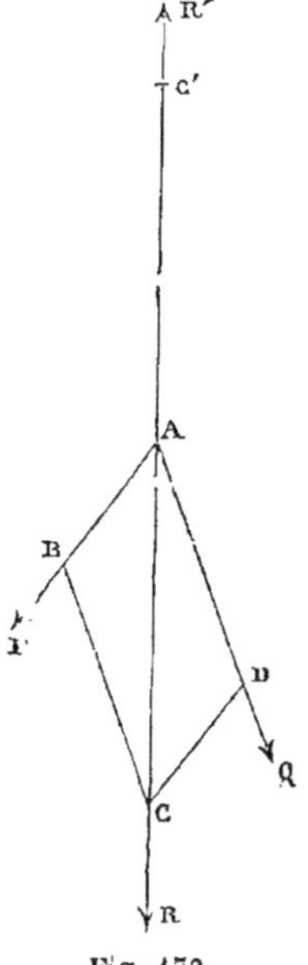

Fig. 172.

Il résulte de là que si, après avoir appliqué au point A les forces P et Q, dirigées suivant AB et AD, on appliquait au même point A la force R' = R dirigée suivant AC' (prolongement de AC), c'est-à-dire en sens contraire, elle ferait équilibre aux forces P et Q, en d'autres termes le point A resterait en repos, parce que les actions réunies des forces P et Q seraient détruites par la force R', qui ne produirait pas d'autre effet que celui-là.

La force R est dite la *résultante* des forces P et Q, dirigées suivant AB, AD ; et celles-ci sont les *composantes* de la force R, dirigée suivant AC.

b. Parallélogramme articulé de Watt (fig. 173). — Bien que cet organe mécanique ne donne qu'une solution approximative de la transformation du mouvement circulaire alternatif en rectiligne alternatif, elle n'en est pas moins une des plus brillantes découvertes du célèbre *Watt*. Une pièce solide MN, à laquelle on donne le nom de *balancier*, est mobile autour de l'axe fixe M. A est un autre axe fixe. Les tiges rigides NP, PQ, QR, QA sont toutes mobiles autour des articulations N, P, Q, R, A. Les trois premières tiges forment avec NR les quatre côtés d'un parallélogramme. Lorsque le balancier reçoit un mouvement alternatif de rotation autour de son axe M, le parallélogramme prend diverses formes, et le point P tend à décrire une courbe dont la figure, indiquée par un pointillé, ressemble au chiffre 8. Mais cette courbe s'écarte très-peu de la verticale PB dans les limites du mouvement du balancier, de sorte que la tige rigide PB recevra un mouvement alternatif sensiblement vertical. Le point placé au milieu de l'intervalle QR décrit une courbe semblable à celle que décrit le point P, et qui est aussi sensiblement une droite verticale.

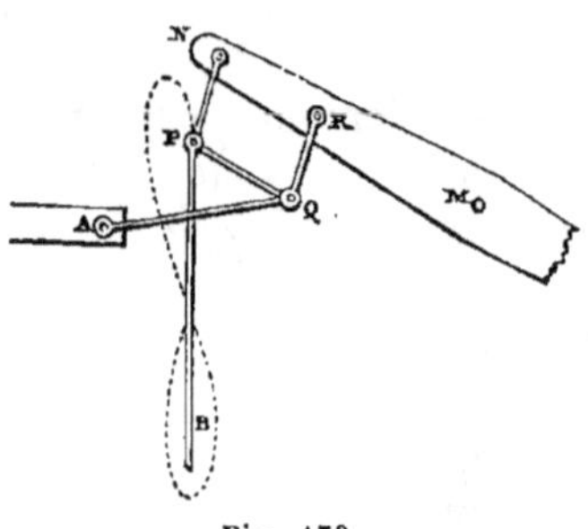

Fig. 173.

L'action de la vapeur donne, dans les machines à vapeur, un mouvement de va-et-vient à un piston. *Watt*, célèbre mécanicien anglais, imagina de relier la tige du piston, qui serait représentée ici par PB, au balancier par le parallélogramme articulé (fig. 173). Lorsqu'on fait tourner le balancier autour de l'axe M de manière que le point P parcoure la droite PB, le point Q décrit une courbe qui diffère peu d'une circonférence dont le centre est A ; et de cette manière *un mouvement de va-et-vient suivant une ligne droite se trouve transformé en un mouvement de va-et-vient circulaire, et réciproquement.*

289. *a.* Le losange était fréquemment employé autrefois dans le vitrage des fenêtres, qui étaient formées de losanges réunis par des lames de plomb. On rencontre la forme du losange dans un grand nombre de placages, dans les treillis des jardins, dans les grilles en fer. Les Romains donnaient quelquefois aux pierres et aux briques des maisons la forme du losange et ils désignaient sous le nom d'*ouvrage en filet* les murs construits avec ces matériaux. Le losange, dont la petite diagonale est égale au côté, est souvent employé dans le carrelage ou les parquets.

b. On se sert du losange, en mécanique, pour changer un mouvement rectiligne de va-et-vient en un mouvement pareil suivant une direction perpendiculaire à celle du premier. Le jouet d'enfant (fig. 174) présente cette application. Supposons une articulation ou charnière à chacun des quatre sommets A, B, C, D du losange (fig. 175). Soit MN une perpendiculaire à la diagonale AC; M, N et P les points de rencontre de MN avec les prolongements des côtés DC, BC et de la diagonale AC. MP doit être égale à PN. Si l'on rapproche également les points M et N de P, de manière que PM′ = PN′ ; le point de concours C′ des obliques M′C′ et N′C′ qui font avec MN

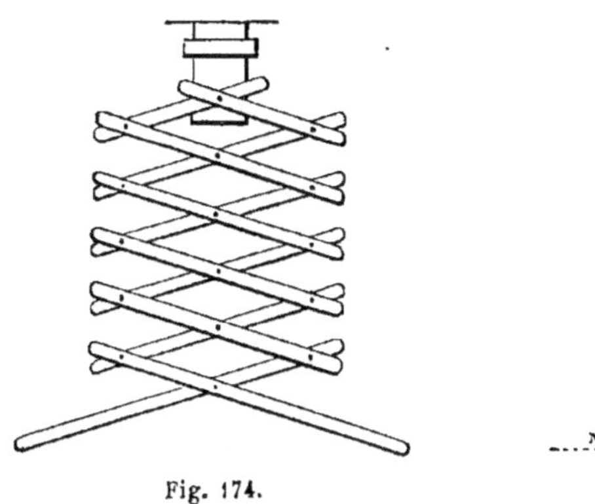

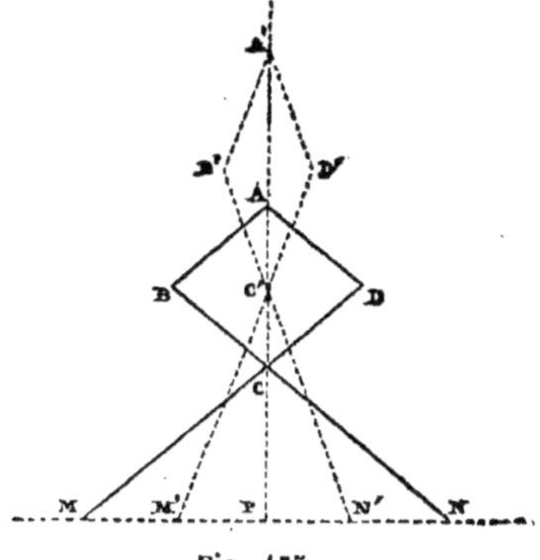

Fig. 174.   Fig. 175.

des angles égaux sera sur la perpendiculaire AC, et comme celle-ci partage en deux parties égales l'angle des obliques, elle se confondra avec la diagonale A′C′ du losange A′B′C′D′. Par conséquent A et C parcourront la perpendiculaire à la direction MN des mouvements qu'on imprime aux points M et N.

La figure 174 qui représente le jouet d'enfant est composée de plusieurs losanges, de sorte qu'un petit déplacement dans un sens peut produire un déplacement considérable dans le sens perpendiculaire.

Cette transformation de mouvement au moyen des losanges n'est pas seulement employée dans le jouet d'enfant, elle l'est aussi dans les pinces ou tenailles qui servent à retirer des corps trèspesants du fond de la mer.

290. On donne ordinairement la figure du rectangle aux faces des pierres taillées, des briques, des pièces de charpente, d'une foule de produits en fer, en bois, en verre, en carton, en tissu, etc.

Si l'on rase une maison régulière, à sa base, ou à chacune de ses parties principales, on trouve la figure d'un rectangle (qui est, comme nous le verrons plus tard, sa projection horizontale). Une route droite, une portion rectiligne de canal, le cadre de certaines portes, de certains châssis sont des rectangles.

291. Le carré est constamment employé dans les arts. Les petites faces des règles qu'on nomme *carrelets* et qui servent à tracer des droites parallèles et équidistantes sont des carrés.

Les dés à jouer présentent un carré sur chaque face.

Les cases d'un damier ou d'un échiquier sont des carrés égaux placés à côté les uns des autres entre des droites parallèles.

On plante souvent les arbres d'une promenade en échiquier, c'est-à-dire qu'après avoir tracé sur le terrain la figure de l'échiquier, on plante un arbre au sommet de chaque carré.

Les dents d'une herse sont plantées en échiquier.

DÉFINITION.

292. On nomme *trapèze isocèle* ou *symétrique*, le trapèze dont les côtés sont égaux.

THÉORÈME.

293. *Dans un trapèze isocèle chacune des deux bases fait des angles égaux avec les deux côtés du trapèze* (fig. 176).

Soit le trapèze isocèle ABDE dont les côtés sont AB et ED.

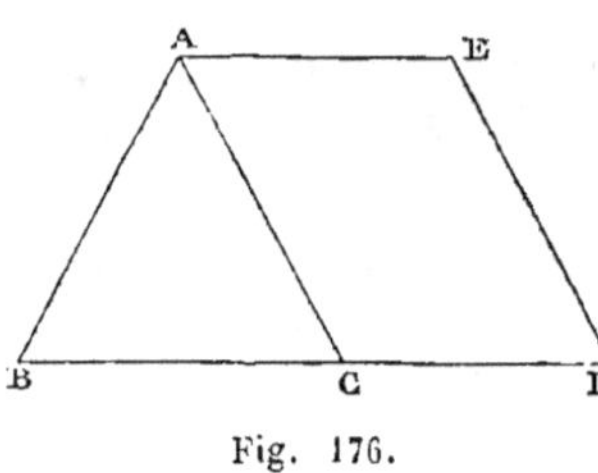

Fig. 176.

Ces côtés étant égaux, les angles B et D sont égaux ainsi que les angles A et E. En effet, si l'on tire la droite AC parallèlement à ED, on formera un triangle isocèle ABC, puisque la droite AC est égale à ED et par suite à AB.

Les angles B et ACB sont donc égaux, et comme l'angle D est égal à l'angle ACB (75), les angles B et D sont égaux. Par suite, les angles A et E sont égaux aussi comme étant respectivement supplémentaires d'angles égaux.

APPLICATIONS.

294. *a.* Les mansardes présentent du côté de la croupe un trapèze symétrique, surmonté d'un triangle équilatéral. Sur la façade principale, un trapèze symétrique surmonté d'un autre trapèze symétrique.

b. Les tenons et les mortaises en queue d'hironde sont taillés selon le contour d'un trapèze symétrique.

c. Les claveaux d'une plate-bande en pierre de taille (fig. 177) ont des trapèzes pour parement de tête et pour parement de queue, afin que ces claveaux fassent *coins* et qu'ils ne puissent glisser les uns sur les autres. Les deux claveaux extrêmes ou *coussinets* ont des trapèzes rectangulaires pour leurs parements X, N, le claveau du milieu M, qu'on nomme la clef, a pour parement un

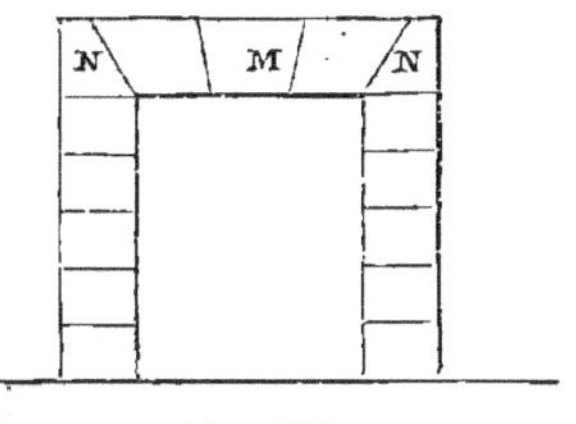

Fig. 177.

trapèze symétrique. Les trapèzes des autres claveaux n'ont rien de particulier.

d. **Savart**, auquel on doit des travaux remarquables sur l'acoustique, avait imaginé une forme nouvelle pour les deux tables d'un violon ; c'était celle du trapèze symétrique. Mais cette forme n'a pas été adoptée.

PROBLÈMES.

295. Les applications qu'on peut faire du trapèze symétrique conduisent à résoudre les problèmes suivants dont nous nous bornerons à donner les énoncés :

Construire un trapèze symétrique, connaissant :

1° *Les deux bases et la hauteur ;*

2° *Une base, les longueurs des deux côtés et la hauteur ;*

3° *Les deux bases et les longueurs des côtés.*

DÉFINITIONS.

296. On nomme :

Polygone inscrit dans une circonférence, un polygone dont tous les sommets sont placés sur la circonférence (fig. 178).

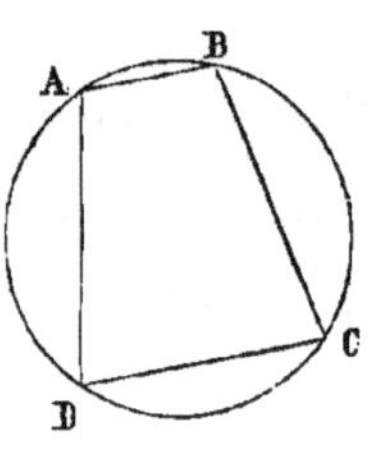

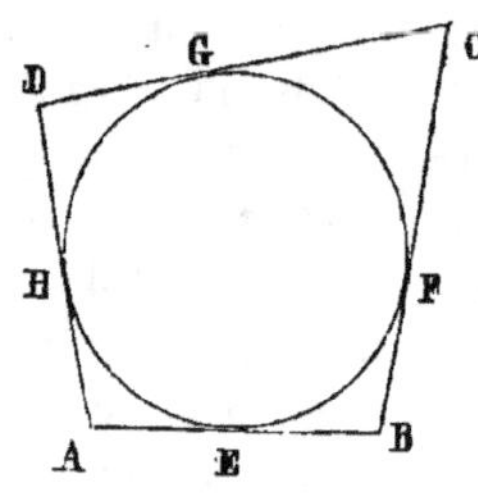

Fig. 178.   Fig. 179.

Polygone circonscrit à une circonférence, un polygone dont tous les côtés sont tangents à la circonférence (fig. 179).

THÉORÈME.

297. *Les angles opposés d'un quadrilatère convexe inscrit dans une circonférence sont supplémentaires* (fig. 178).

Soit le quadrilatère convexe inscrit ABCD. L'angle inscrit A a pour mesure la moitié de l'arc BCD, et l'angle inscrit C la moitié du reste de la circonférence, savoir l'arc BAD ; la somme de ces deux angles ayant pour mesure une demi-circonférence est donc égale à deux angles droits.

298. *Réciproquement, si deux angles opposés d'un quadrilatère convexe sont supplémentaires, le quadrilatère est inscriptible.*

Supposons les deux angles A et C du quadrilatère ABCD supplémentaires, la circonférence déterminée par les trois points A, B, D passe par le quatrième point C ; car la corde BD partage la circonférence en deux parties dont l'une est le lieu des sommets des angles supplémentaires des angles inscrits dans le segment correspondant à l'autre partie (199).

§ 9. — Égalité des polygones.

THÉORÈME.

299. *Deux polygones sont égaux lorsqu'ils ont les angles égaux et les côtés homologues égaux.*

Il faut entendre ici par égalité des angles : que si l'on part des sommets A et A′ de deux angles égaux pour parcourir les contours des deux polygones dans le même sens ou dans des sens inverses, le premier angle de l'un est égal au premier angle de l'autre, le deuxième angle de l'un au deuxième angle de l'autre, et ainsi de suite.

Par côtés homologues on entend dire deux côtés adjacents à des angles égaux.

Or il est évident que si deux polygones ont les angles égaux et les côtés homologues égaux, on pourra toujours faire coïncider les périmètres de ces polygones par la superposition.

PROBLÈME.

300. *Construire au moyen de triangles un polygone qui soit égal à un polygone donné.*

On décompose le polygone donné en triangles, ce qui peut se faire, soit en menant d'un sommet des diagonales ; soit en joignant un point intérieur du polygone à tous les sommets ; ou enfin, en joignant un point pris sur un côté à tous les sommets non situés sur ce côté.

Ensuite on construit des triangles respectivement égaux aux triangles dans lesquels a été décomposé le polygone, et on les assemble de la même manière que ceux-ci. Le nouveau polygone a évidemment les angles et les côtés respectivement égaux aux angles et aux côtés homologues du premier polygone. Ces deux polygones sont donc égaux,

DÉFINITIONS.

301. On nomme *projection* d'un point sur une droite (fig. 180) le pied de la perpendiculaire abaissée du point sur la droite. Ainsi, le pied A′ de la perpendiculaire abaissée du point A sur X′X est la projection du point A sur cette dernière droite, et aussi celle de tous les points appartenant à la perpendiculaire AA′.

302. On nomme *projection* d'une droite AB sur une droite X′X, (fig. 180) la portion de celle-ci comprise entre les pieds A′ et B′ des perpendiculaires abaissées de A et B sur X′X.

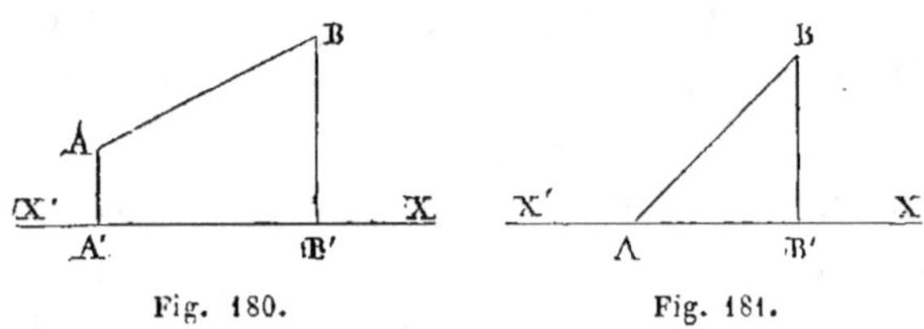

Fig. 180.   Fig. 181.

Si l'une des extrémités de AB se trouvait sur X′X, A par exemple, la projection de AB serait la portion AB′ de X′X, comprise entre A et la projection B′ de B (fig. 181).

PROBLÈME.

303. *Construire un polygone égal à un autre au moyen de projections sur une diagonale* (fig. 182 et fig. 183).

On tire la plus grande diagonale AC du polygone et on projette sur celle-ci en b, d, e les sommets non situés sur cette diagonale.

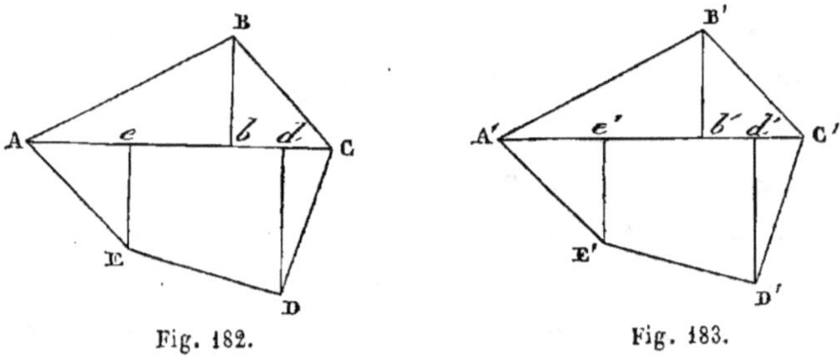

Fig. 182.   Fig. 183.

On trace ensuite une droite A′C′ égale à AC, sur laquelle on prend les distances A′e′ = Ae, e′b′ = eb, b′d′ = bd, d′C′ = dC ; et, par les

points e', b', d', on élève les perpendiculaires $e'E'$, $b'B'$, $d'D'$ respectivement égales à Ee, bB, dD. Le polygone $A'B'C'D'E'$ est égal au
polygone $ABCDE$; car on peut faire coïncider les périmètres de ces
polygones par la superposition.

PROBLÈME.

304. *Construire un polygone égal à un autre au moyen de projections
sur les côtés d'un triangle* (fig. 184),

On choisit trois sommets A, B, C du polygone tels qu'en les
joignant on obtienne un des triangles les plus grands et les moins
irréguliers qu'on puisse former; et des sommets qui avoisinent
chaque côté du triangle ABC, on abaisse des perpendiculaires sur

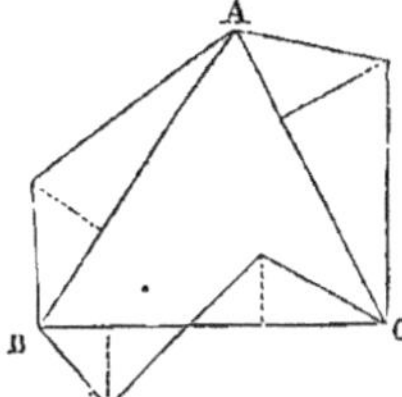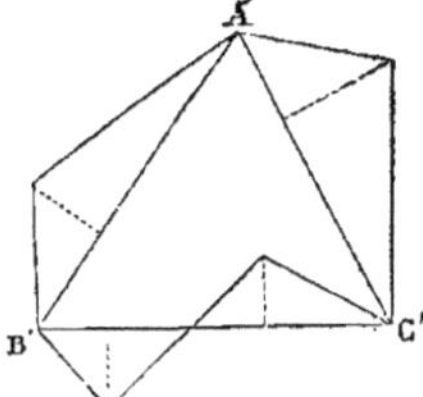

Fig. 184.

ce côté. On construit ensuite un triangle $A'B'C'$ égal à ABC. On
porte sur chaque côté les projections déterminées sur les côtés
du premier, et par ces points on élève des perpendiculaires égales
aux perpendiculaires correspondantes. Le polygone, formé en
joignant les extrémités de ces perpendiculaires est égal au polygone donné, car si l'on fait coïncider les triangles égaux ABC,
$A'B'C'$, les deux polygones coïncideront en même temps.

On doit faire en sorte que le triangle ne renferme pas d'angles
très-aigus, afin de pouvoir apporter plus de précision dans la
construction.

PROBLÈME.

305. *Construire un polygone égal à un autre au moyen de projections
sur les côtés d'un rectangle.*

On trace un rectangle ou un carré qui renferme le polygone
donné et on projette sur chaque côté du rectangle les sommets qui
avoisinent ce côté; on construit ensuite un rectangle égal au premier, et sur les côtés duquel on reporte les projections, pour élever par ces points des perpendiculaires égales aux perpendiculaires

correspondantes. Les extrémités de ces perpendiculaires sont les sommets d'un polygone égal au premier, comme on peut le voir par la superposition.

PROBLÈME.

306. *Construire un polygone égal à un autre ABCDE au moyen du tricage.*

On trace par les sommets du polygone des droites parallèles entre elles et dirigées dans le même sens ; on porte sur toutes une même longueur AA′ et on joint ensuite les points dont les correspondants sont unis par un côté du polygone. A′B′C′D′E′ est égal au polygone ABCDE, car les droites qui joignent les extrémités de deux parallèles égales sont parallèles et égales ; donc les polygones, ayant les angles égaux et les côtés homologues égaux, sont égaux entre eux.

APPLICATIONS.

307. *a. Méthode des carreaux.* Les dessinateurs emploient souvent les projections de la manière suivante pour construire un polygone égal à un polygone donné :

Ils tracent un rectangle dans lequel se trouve contenu le polygone donné (fig. 185) ; ensuite ils divisent les deux côtés du rectangle en parties égales, et par les points de division ils mènent des

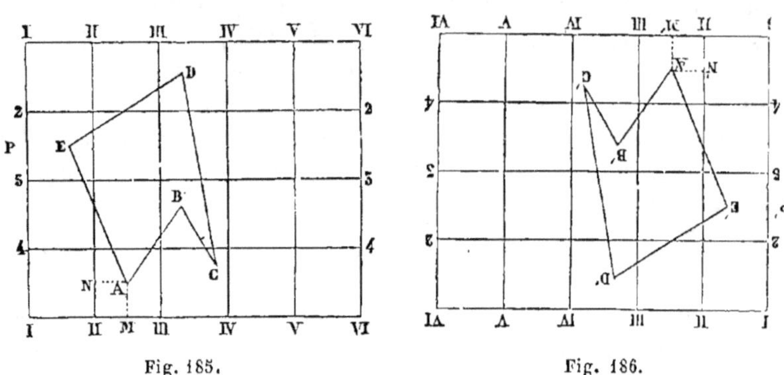

Fig. 185.   Fig. 186.

parallèles aux côtés du rectangle. Ordinairement ils font en sorte que les parties égales de l'un des côtés soient égales aux parties égales de l'autre. Alors le rectangle se trouve divisé en carrés. Cette opération, désignée sous le nom de *carréiage*, est employée aussi dans d'autres circonstances, telles que les levers à la boussole, où l'on emploie souvent des feuilles de papier *carréié*.

Après avoir construit le rectangle P, on construit un rectangle égal P′ (fig. 186); on détermine les projections M et N du sommet A, par exemple, sur les droites (ɪ, vɪ), (ɪɪ, ɪɪ), et les points correspondants M′, N′ sur les droites (ɪ, ɪ, vɪ), (ɪɪ, ɪɪ) du rectangle P′. Par les points M′ et N′ on mène des perpendiculaires à ces deux droites et le point de concours A′ est le sommet homologue du sommet A. On détermine de la même manière les sommets B′, C′,..... homologues de B, C,..... Et le polygone A′B′C′D′E′ est égal au polygone ABCDE, car on peut faire coïncider leurs périmètres par la superposition.

b. Dans certains métiers, on obtient la copie d'une figure par des procédés qui se rattachent plus directement au principe de l'égalité par superposition.

Ainsi les tailleurs, les couturières, les chaudronniers, les ferblantiers, les tailleurs de pierre, les charpentiers, les serruriers, etc., posent un patron sur le tissu, sur la tôle, sur la pierre, sur le bois, sur le fer, etc., et abattent tout ce qui dépasse ce patron après en avoir tracé la figure.

Égalité par symétrie.

DÉFINITION.

308. Deux polygones sont dits *symétriques* par rapport à une droite XY (fig. 187) lorsque chaque sommet de l'un des polygones est symétrique d'un des sommets de l'autre polygone. Ainsi les sommets A et A′, B et B′, etc., des polygones ABCDE, A′B′C′D′E′ sont symétriques par rapport à XY.

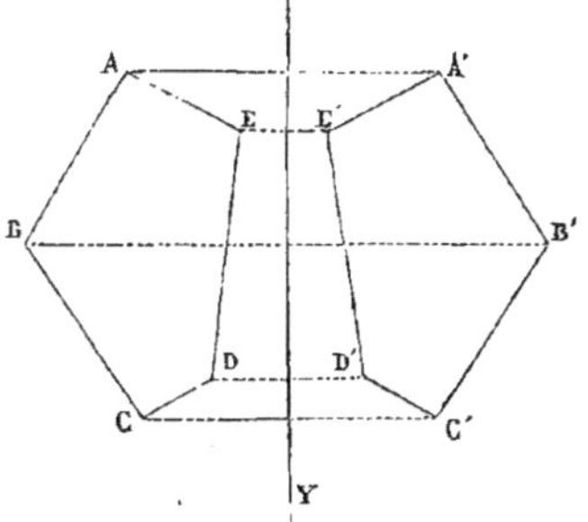

Fig. 187.

THÉORÈME.

309. *Deux polygones symétriques par rapport à une droite sont égaux* (fig. 187).

En effet, si l'on replie l'un des polygones autour de XY pour l'appliquer sur l'autre, on fera évidemment coïncider les périmètres des deux figures.

PROBLÈME.

310. *Tracer un polygone qui soit égal par symétrie au polygone donné* (fig. 187).

Soit ABCDE le polygone donné. Il suffit de tracer en dehors du polygone une droite quelconque XY, et d'abaisser de chaque sommet sur XY une perpendiculaire qu'on prolonge d'une longueur égale. L'extrémité de chaque prolongement est le sommet d'un polygone symétrique de ABCDE. En joignant donc ces points deux à deux, on aura le polygone demandé.

APPLICATIONS.

311. *a.* Dans plusieurs métiers on est obligé de former des figures égales par symétrie; tels sont ceux, par exemple, qui ont pour objet la confection des vêtements, parce que le corps humain est composé de parties égales et symétriquement placées. Ainsi, lorsque le tailleur veut couper les deux manches d'un habit, il plie l'étoffe de manière que l'endroit se trouve en dessus et en dessous, ensuite il trace un seul dessus de manche et coupe, selon ce tracé, les deux morceaux de drap placés l'un sur l'autre.

Le cordonnier coupe de la même manière les deux semelles d'une paire de souliers; le gantier, les dessous et les dessus d'une paire de gants, etc.

b. Les figures qu'on obtient par impression sont égales par symétrie à celles que présentent les planches, les caractères, les cachets, etc., car elles sont des empreintes des figures renversées. On doit donc écrire de droite à gauche sur une planche pour que les mots soient reproduits par l'impression de gauche à droite ; c'est de cette manière que les graveurs écrivent sur le cuivre, l'acier, le bois, et les lithographes sur la pierre.

c. Les miroirs plans représentent pour image d'une figure plane qu'on a placée devant le miroir une autre figure égale à la première par symétrie.

LIVRE III

Notions préliminaires.

312. Considérons une droite indéfinie XY (fig. 188), deux points fixes A et B sur cette droite et un point mobile qui parcourt cette droite dans le sens XY.

Nous allons reconnaître quelles sont les valeurs que prend

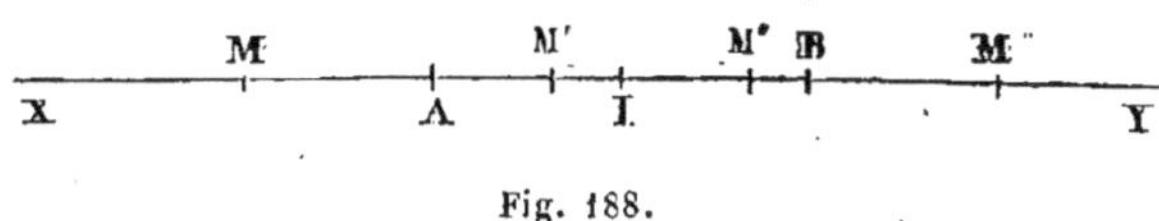

Fig. 188.

le rapport des distances du point mobile aux deux points A et B, suivant les positions du point mobile.

1° Supposons d'abord le point mobile placé à gauche de A. Pour une position M, quelconque, le rapport $\dfrac{AM}{MB}$ est moindre que 1, car

$$\frac{AM}{MB} = 1 - \frac{AB}{MB}.$$

A mesure que le point M se rapproche du point A, la fraction $\dfrac{AB}{MB}$ tend vers 1, et, par suite, le rapport $\dfrac{AM}{MB}$ vers zéro ; et il prend cette dernière valeur lorsque le point M est en A.

D'autre part, si l'on place successivement le point M à des distances de plus en plus grandes de A, la fraction $\dfrac{AB}{MB}$ tend vers zéro et, par suite, le rapport $\dfrac{AM}{MB}$ tend vers 1.

Par conséquent, *lorsque le point M parcourt la droite XA, le rapport des distances du point* M *aux deux points* A *et* B *décroît d'une manière continue de* 1 *à* 0.

2° Lorsque le point se meut de A vers B, le rapport des distances AM′, BM′, pour une position quelconque M′, entre le point A et le milieu I de AB, est moindre que 1 et croît d'une manière continue de 0 à 1, lorsque le point va de A en I.

De I en B le rapport des distances, pour une position quelconque M″, est plus grand que 1, et croît d'une manière continue à partir de 1, car le numérateur AM″ tend vers AB, tandis que le dénominateur tend vers zéro ; le rapport des distances prend donc des valeurs de plus en plus grandes et finit par surpasser tout nombre donné. On exprime ce dernier état, en disant que le rapport devient infini et on le représente par le signe ∞ .

Par conséquent de I à B le rapport croît d'une manière continue de 1 à l'infini.

Le rapport des distances, lorsque le point se meut de A *vers* B, *croît donc d'une manière continue de* 0 *à l'infini.*

3° Lorsque le point mobile a dépassé le point B, le rapport des distances AM‴, BM‴ pour une position quelconque M‴ du point mobile sur BY, est plus grand que 1 et comme

$$\frac{AM'''}{BM'''} = 1 + \frac{AB}{BM'''},$$

on voit que si l'on fait croître BM‴ indéfiniment, la fraction $\dfrac{AB}{BM'''}$ tend vers zéro, et, par suite, la valeur du rapport $\dfrac{AM'''}{BM'''}$ converge vers 1.

Par conséquent, *lorsque le point mobile, parti du point* B, *parcourt la droite* BY, *le rapport des distances du point mobile aux points* A *et* B *décroît d'une manière continue de l'infini à* 1.

313. Corollaire. — Il résulte de ce qui précède que, si l'on

prend sur une droite indéfinie XY deux points A et B, on trouvera toujours entre A et B un point et un seul dont le rapport des distances aux points A et B soit égal à un nombre donné. En outre, si ce rapport est moindre que 1, on trouvera sur XY, à gauche de A, un point et un seul dont le rapport des distances aux points A et B soit égal au premier. Si, au contraire, il est plus grand que 1, on trouvera à droite de B sur XY un point et un seul dont le rapport des distances aux points A et B soit égal au premier.

Les deux points, situés l'un entre A et B, l'autre au delà de AB, dont les distances aux points A et B sont dans le même rapport, sont dits *deux points conjugués* par rapport à la droite AB.

Si l'on a, par exemple,

$$(1) \qquad \frac{AM''}{BM''} = \frac{AM'''}{BM'''},$$

les deux points M″, M‴ sont dits *deux points conjugués* par rapport à AB. D'autre part, les deux points A et B sont eux-mêmes conjugués par rapport à la droite M″M‴ ; car on déduit de (1) :

$$\frac{AM''}{AM'''} = \frac{BM''}{BM'''}.$$

§ 1. — **Lignes proportionnelles.**

THÉORÈME.

314. *Toute droite parallèle à l'un des côtés d'un triangle divise les deux autres côtés en segments proportionnels* (fig. 189).
Soient le triangle ABC et la droite DE parallèle au côté BC ; les segments AD, DB de AB sont proportionnels aux segments AE, EC de AC ; *ce qui signifie* que le rapport de AD à DB est égal au rapport de AE à EC.

Supposons le rapport de AD à DB égal à $\frac{3}{2}$. Alors AD et DB

ont une commune mesure contenue trois fois dans AD et 2 fois dans DB. Par conséquent, si l'on partage AD en 3 parties

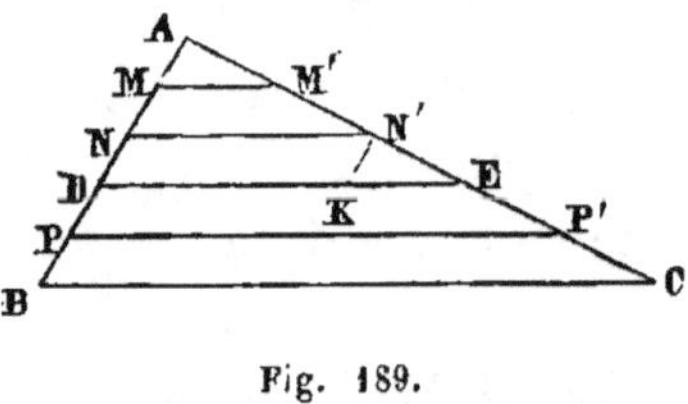

Fig. 189.

égales et DB en 2 parties égales, ces 5 divisions seront égales. Par chaque point de division de AB, menons des droites MN', NN', PP' parallèles à BC; ces parallèles et DE divisent AC en 5 parties égales

dont 3 sont contenues dans AE et 2 dans EC. En effet, considérons 2 quelconques de ces divisions AM' et N'E. Menons, par le point N', N'K parallèle à AB. Les triangles AMM', N'KE sont égaux comme ayant le côté AM égal à N'K, puisque AM = ND par hypothèse, et ND = N'K comme portions de parallèles interceptées par deux droites parallèles; les angles MAM' et KN'E égaux comme correspondants, et les angles AMM' et N'KE égaux comme ayant les côtés parallèles et dirigés dans le même sens. Il résulte de l'égalité des triangles AMM', N'KE, que AM' = N'E comme côtés opposés à des angles égaux dans deux triangles égaux.

AE et EC ont donc une commune mesure contenue 3 fois dans AE et 2 fois dans EC ; par conséquent le rapport de AE à EC est égal au nombre $\frac{3}{2}$, qui est aussi le rapport de AD à DB.

Donc :

$$\frac{AD}{AB} = \frac{AE}{AC}.$$

315. Si le rapport $\frac{AD}{DB}$ était incommensurable, on emploierait le même raisonnement que (173).

316. Scolie. — Si la droite DE parallèle à BC rencontrait les prolongements des côtés AB, AC, soit au delà du point A (fig. 190), soit au delà des points B et C (fig. 191), on ferait le même raisonnement que plus haut.

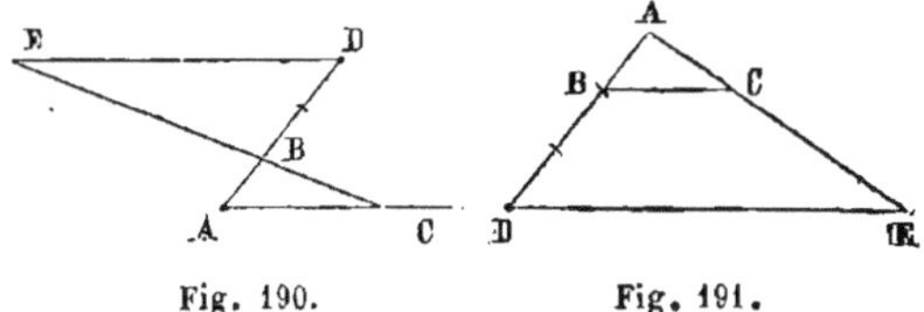

Fig. 190.   Fig. 191.

317. Réciproquement. — *Toute droite qui divise deux côtés d'un triangle en parties proportionnelles est parallèle au troisième côté* (fig. 192).

Soient le triangle ABC et DE une droite qui coupe les côtés AB, AC ou leur prolongement en deux points D, E tels que $\dfrac{AD}{DB} = \dfrac{AE}{EC}$; la droite DE est parallèle à BC ; car si l'on mène par le point D une parallèle à BC, elle doit rencontrer AC en un point qui divise AC en deux segments proportionnels à AD et DB ; or, le point E est le seul point qui satisfasse à cette condition (313), par conséquent DE est parallèle à BC.

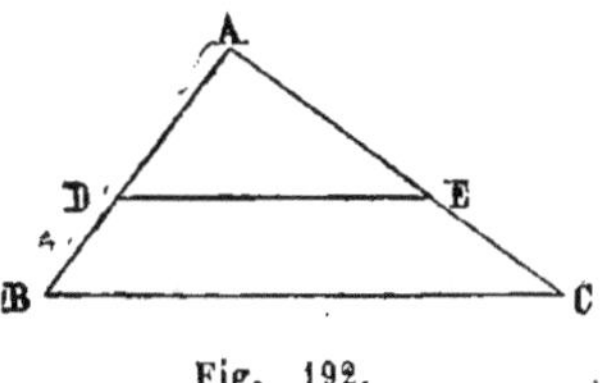

Fig. 192.

318. Corollaire (fig. 189). — 1° La droite AB contenant 5 divisions et la droite AD, 3, le rapport de AD à AB est $\dfrac{3}{5}$. Pareillement AC contenant 5 divisions et AE 3, le rapport de AE à AC est $\dfrac{3}{5}$; donc :

$$\frac{AD}{AB} = \frac{AE}{AC}.$$

2° AB contenant 5 divisions et DB 2, le rapport de AB à DB est $\dfrac{5}{2}$; et le rapport de AC à EC est aussi $\dfrac{5}{2}$, puisque AC contient 5 divisions et EC, 2. Donc :

$$\frac{AB}{DB} = \frac{AC}{EC}.$$

3° Enfin on peut déduire de l'égalité de rapports

$$\frac{AD}{DB} = \frac{AE}{EC}$$

l'égalité de rapports :

$$\frac{AD}{AE} = \frac{DB}{EC}$$

en multipliant les deux membres de la première égalité par le rapport $\dfrac{DB}{AE}$, car on trouve alors :

$$\frac{AD}{DB} \times \frac{DB}{AE} = \frac{AE}{EC} \times \frac{DB}{AE}$$

et, en supprimant les facteurs communs :

$$\frac{AD}{AE} = \frac{DB}{EC}.$$

On déduira, par un raisonnement semblable, des égalités de rapports 1° et 2° les nouvelles égalités :

$$\frac{AD}{AE} = \frac{AB}{AC}$$

et

$$\frac{AB}{AC} = \frac{DB}{EC}.$$

319. Corollaire II. — *Si l'on coupe deux droites par plusieurs parallèles, les portions de droites interceptées par ces parallèles sont proportionnelles* (fig. 193).

Soient AB et CD deux droites quelconques coupées par les droites MM′, NN′, PP′, QQ′ parallèles entre elles ; on doit avoir :

$$\frac{MN}{M'N'} = \frac{NP}{N'P'} = \frac{PQ}{P'Q'}.$$

Menons par le point M, MQ″ parallèle à CD ; les droites MN″,
M′N′, sont égales comme portions de
parallèles interceptées par des parallèles ; il en est de même des droites
N″P″, N′P′. Or (corollaire I),

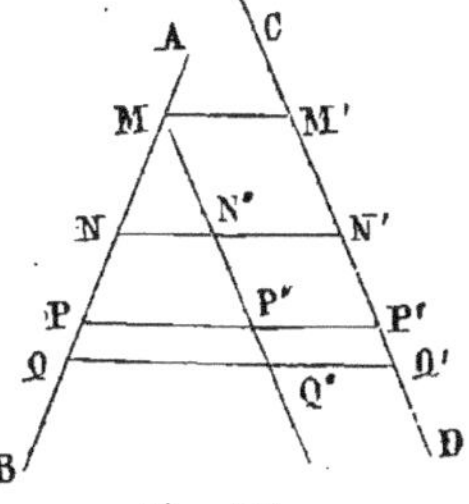

Fig. 193.

$$\frac{MN}{MN''} = \frac{NP}{N''P''} \text{ ou } \frac{MN}{M'N'} = \frac{NP}{N'P'}.$$

Si l'on mène ensuite par le point N
une parallèle à CD, on trouvera de même

$$\frac{NP}{N'P'} = \frac{PQ}{P'Q'} ;$$

par conséquent :

$$\frac{MN}{M'N'} = \frac{NP}{N'P'} = \frac{PQ}{P'Q'}.$$

THÉORÈME.

320. 1° *La bissectrice de l'angle intérieur d'un triangle rencontre le côté opposé en un point dont les distances aux sommets
placés sur ce côté sont proportionnelles aux côtés adjacents.*

2° *La même propriété appartient à la bissectrice de l'angle extérieur* (fig. 194).

1° Soit AD la bissectrice de l'angle A du triangle ABC, on
doit avoir l'égalité de rap-
ports :

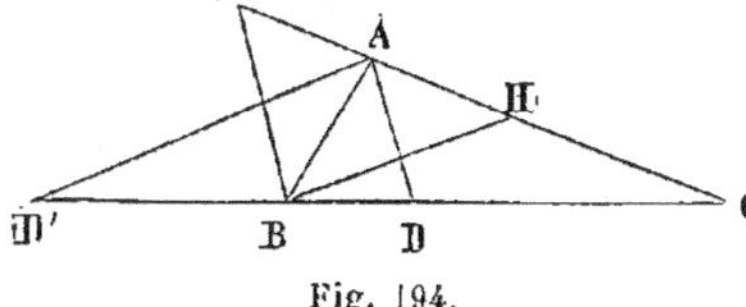

Fig. 194.

$$\frac{DB}{DC} = \frac{AB}{AC} ; \quad (1)$$

en effet menons BF paral-
lèlement à AD et soit F le point où BF rencontre le prolongement du côté AC. Dans le triangle FBC (314) :

$$\frac{DB}{DC} = \frac{AF}{AC}. \quad (2)$$

Or AB = AF, car les angles ABF et BAD sont égaux comme

alternes-internes, et les angles AFB et CAD sont égaux comme correspondants; mais les angles BAD et CAD sont égaux, donc le triangle ABF est isocèle et AB = AF ; donc enfin, en remplaçant AF par AB dans (2) :

$$\frac{DB}{DC} = \frac{AB}{AC}.$$

321. Réciproquement. — Si

$$\frac{DB}{DC} = \frac{AB}{AC},$$

la droite AD est bissectrice de l'angle A ; car il ne peut se trouver sur BC qu'un seul point qui divise BC dans un rapport donné (313). Donc la bissectrice passe par le point D.

322. 2° Soit AD′ la bissectrice de l'angle extérieur BAF du triangle ABC, on doit avoir l'égalité de rapports :

$$\frac{D'B}{D'C} = \frac{AB}{AC} \; ; \;\; (3)$$

en effet menons BH parallèlement à AD′ et soit H le point de rencontre de BH avec le côté AC. Dans le triangle AD′C

$$\frac{D'B}{D'C} = \frac{AH}{AC}. \;\; (4)$$

Or AB = AH, car les angles D′AB et ABH sont égaux comme alternes-internes et les angles D′AF et AHB sont égaux comme correspondants. Mais les angles D′AB et D′AF sont égaux; donc le triangle ABH est isocèle et AB = AH ; donc enfin, en remplaçant AH par AB dans (4) :

$$\frac{D'B}{D'C} = \frac{AB}{AC}.$$

323. Réciproquement. — Si

$$\frac{D'B}{D'C} = \frac{AB}{AC},$$

la droite AD′ est bissectrice de l'angle extérieur BAF ; en effet, il ne peut se trouver sur le prolongement de BC qu'un seul point dont les distances aux points B et C soient dans un rapport donné. Donc la bissectrice de l'angle BAF passe par le point D′.

324. Corollaire. — Les points D, D′ (fig. 194) où les bissectrices des angles intérieur et extérieur A du triangle ABC rencontrent BC et son prolongement sont conjugués par rapport à BC, car on a :

$$\frac{DB}{DC} = \frac{AB}{AC} \text{ et } \frac{D'B}{D'C} = \frac{AB}{AC} \; ;$$

par conséquent :

$$\frac{DB}{DC} = \frac{D'B}{D'C} \cdot$$

§ 2. — Similitude. Triangles semblables.

DÉFINITION.

325. Deux polygones d'un même nombre de côtés sont dits *semblables*, lorsqu'ils ont les *angles égaux* et les côtés *homologues proportionnels* (fig. 195).

On suppose essentiellement que les angles égaux soient placés de telle sorte dans les deux polygones que, partant des sommets de deux angles égaux, A et A′, des deux polygones semblables et parcourant les contours dans le même sens ou dans des sens inverses, le deuxième B de l'un soit égal au deuxième B′ de l'autre, le troisième C au troisième C′,... et ainsi de suite.

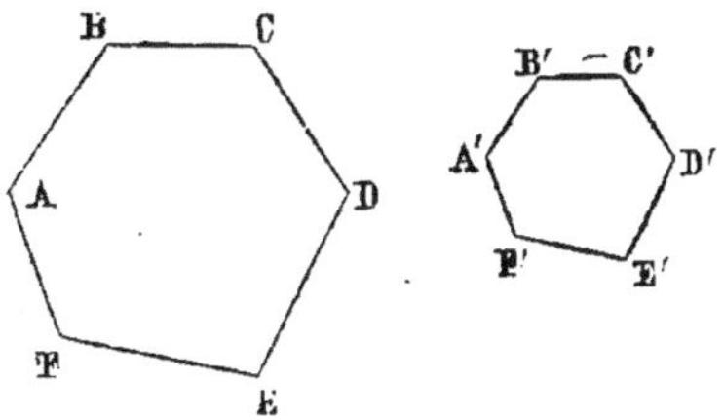

Fig. 195.

On nomme *côtés homologues* de deux polygones semblables,

deux côtés adjacents à des angles égaux. Ainsi les deux polygones ABCDEF, A'B'C'D'E'F' (fig. 195), sont semblables, si l'on a :

$$A = A', \; B = B', \; C = C', \; D = D', \; E = E', \; F = F';$$

et

$$\frac{AB}{A'B'} = \frac{BC}{B'C'} = \frac{CD}{C'D'} = \frac{DE}{D'E'} = \frac{EF}{E'F'} = \frac{FA}{F'A'} \cdot$$

326. Scolie. — Dans deux triangles semblables, les côtés homologues sont en même temps opposés à des angles égaux.

327. On désigne sous le nom de *rapport de similitude* de deux polygones semblables, le rapport de deux côtés homologues.

THÉORÈME.

328. *Le rapport des périmètres de deux polygones semblables est le même que le rapport de similitude des deux polygones ;* en effet, il résulte de la définition du rapport que le premier terme (l'antécédent) est égal au produit du second terme (le conséquent) multiplié par le rapport ; par suite, si K est la valeur de chacun des rapports égaux (fig. 195) de la suite

$$\frac{AB}{A'B'} = \frac{BC}{B'C'} = \frac{CD}{C'D'} = \frac{DE}{D'E'} = \frac{EF}{E'F'} = \frac{FA}{F'A'},$$

on aura :

$$AB = A'B' \times K$$
$$BC = B'C' \times K$$
$$CD = C'D' \times K$$
$$DE = D'E' \times K$$
$$EF = E'F' \times K$$
$$FA = F'A' \times K$$

et en ajoutant par ordre

$$AB + BC + CD + DE + EF + FA$$
$$= (A'B' + B'C' + C'D' + D'E' + E'F' + F'A') \times K;$$

divisant ensuite par A′B′ + B′C′ +......, on trouvera :

$$\frac{AB + BC + CD + DE + EF + FA}{A'B' + B'C' + C'D' + D'E' + E'F' + F'A'} = K,$$

ce qui démontre le théorème énoncé ; puisque

$$K = \frac{AB}{A'B'} = \frac{BC}{B'C'} = \cdots\cdots$$

THÉORÈME.

329. *Lorsqu'on coupe deux côtés d'un triangle par une paral-*
lèle au troisième côté, on forme un nouveau triangle semblable au
premier (fig. 196).

Soient le triangle ABC et DE une droite parallèle au côté
BC. Le triangle ADE est semblable au trian-
gle ABC. D'abord ces triangles ont les angles
égaux chacun à chacun, car l'angle A est
commun et les angles B et D sont égaux
comme correspondants.

En second lieu, les côtés homologues des
deux triangles sont proportionnels, car, DE
étant parallèle à BC, on a :

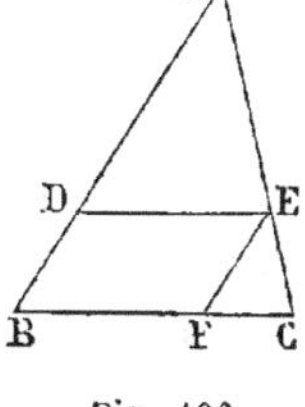
Fig. 196.

$$\frac{AD}{AB} = \frac{AE}{AC} ;$$

et, si l'on mène EF parallèle à AB :

$$\frac{AE}{AC} = \frac{BF}{BC} ;$$

mais la figure BDEF étant un parallélogramme, BF = DE ;
on a donc :

$$\frac{AE}{AC} = \frac{DE}{BC} ;$$

et, par suite,

$$\frac{AD}{AB} = \frac{AE}{AC} = \frac{DE}{BC}.$$

Les deux triangles ABC, ADE, ayant les angles égaux et les côtés homologues proportionnels, sont donc semblables.

THÉORÈME.

330. *Deux triangles sont semblables, lorsqu'ils ont deux angles égaux chacun à chacun* (fig. 197).

Soient les deux triangles ABC, A'B'C' ; et A = A', B = B'.

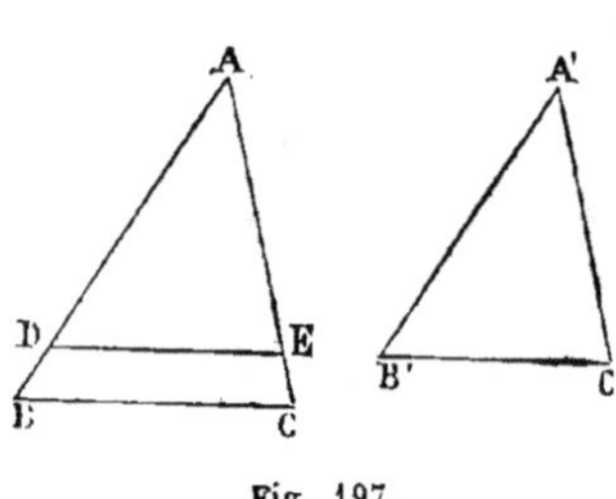

Fig. 197.

Prenons sur AB, homologue de A'B', une longueur AD égale à A'B', et menons DE parallèle à BC. Le triangle ADE est semblable au triangle ABC (329). Or, le triangle A'B'C' est égal au triangle ADE, car ces triangles ont un côté égal adjacent à deux angles égaux, savoir : AD = A'B', A = A' et ADE = B = B'. Donc le triangle A'B'C' est semblable au triangle ABC.

331. Corollaire. — *Deux triangles qui ont leurs côtés parallèles ou perpendiculaires chacun à chacun sont semblables.*

En effet, deux angles dont les côtés sont parallèles ou perpendiculaires étant égaux ou supplémentaires, les deux triangles doivent avoir leurs angles égaux chacun à chacun, puisque, s'ils n'avaient aucun angle, ou s'ils avaient un seul angle égal, la somme des angles des deux triangles serait plus grande que quatre angles droits.

THÉORÈME.

332. *Deux triangles sont semblables lorsqu'ils ont un angle égal compris entre deux côtés proportionnels* (fig. 198).

Soient les triangles ABC, A'B'C' ; A = A' et

$$\frac{AB}{A'B'} = \frac{AC}{A'C'}.$$

Prenons sur le côté AB homologue de A'B' une longueur AD
égale à A'B' et menons DE paral-
lèle à BC. Le triangle ADE est
semblable au triangle ABC (329).
Or, le triangle A'B'C' est égal au
triangle ADE, car ces triangles
ont l'angle A' égal à l'angle A,
le côté A'B' égal au côté AD ; en

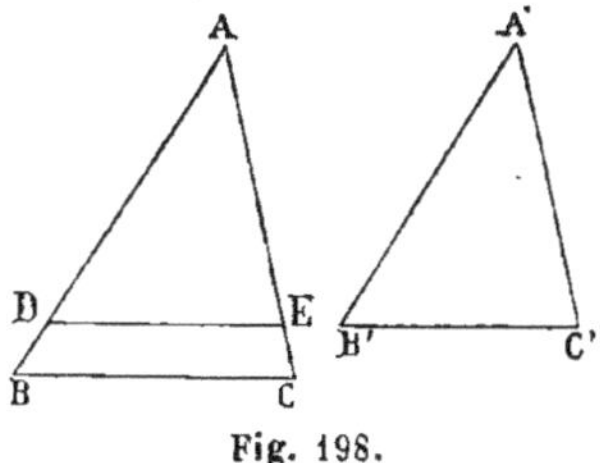

Fig. 198.

outre on déduit de la similitude des triangles ABC, ADE :

$$\frac{AB}{AD} = \frac{AC}{AE}.$$

Or AD étant égal à A'B', le rapport $\frac{AB}{A'B'}$ est égal au rapport
$\frac{AB}{AD}$ et par suite les rapports $\frac{AC}{A'C'}$ et $\frac{AC}{AE}$ sont égaux. Comme
ils ont les mêmes numérateurs, leurs dénominateurs doivent
être égaux ; donc AE = A'C'. Les deux triangles A'B'C' et ADE
ayant un angle égal compris entre deux côtés égaux sont donc
égaux. Par conséquent le triangle A'B'C' est semblable au
triangle ABC.

THÉORÈME.

333. *Deux triangles sont semblables, lorsqu'ils ont les côtés
proportionnels* (fig. 199).

Soient les triangles ABC, A'B'C' et

$$\frac{AB}{A'B'} = \frac{AC}{A'C'} = \frac{BC}{B'C'}. \tag{1}$$

Prenons sur AB une longueur AD égale à A'B' et menons DE
parallèle à BC. Le triangle ADE est semblable au triangle
ABC (329), et on a par suite :

$$\frac{AB}{AD} = \frac{AC}{AE} = \frac{BC}{DE}. \tag{2}$$

Comme on a par construction $AD = A'B'$, il s'ensuit que le rapport $\dfrac{AB}{AD}$ est égal au rapport $\dfrac{AB}{A'B'}$. Par conséquent les deux autres rapports des suites (1) et (2) sont égaux ; or, de de l'égalité de rapports $\dfrac{AC}{A'C'} = \dfrac{AC}{AE}$, on déduit que $A'C' = AE$, puisque ces rapports égaux ayant les mêmes numérateurs doivent avoir des dénominateurs égaux. Pour la même raison B'C' doit être égal à DE. Donc les triangles A'B'C' et ADE, ayant les trois côtés égaux chacun à chacun, sont égaux. Par conséquent le triangle A'B'C' est semblable au triangle ABC.

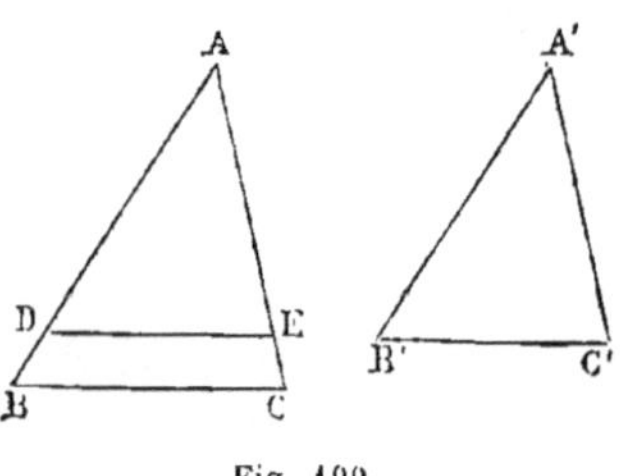

Fig. 199.

PROBLÈME.

334. *Construire un triangle semblable à un triangle donné* ABC, *et qui ait pour côté homologue du côté* BC *une droite de longueur donnée* B'C' (fig. 200).

A l'une des extrémités B' de B'C', on fait avec B'C' un angle égal à l'un des deux angles adjacents au côté BC, B par exemple, et à l'autre extrémité C' un angle égal à l'angle C. Le point A' où se rencontrent les droites qui font avec B'C' les angles B' et C' est le troisième sommet d'un triangle A'B'C' semblable au triangle ABC et dont le côté B'C' est l'homologue de BC (330).

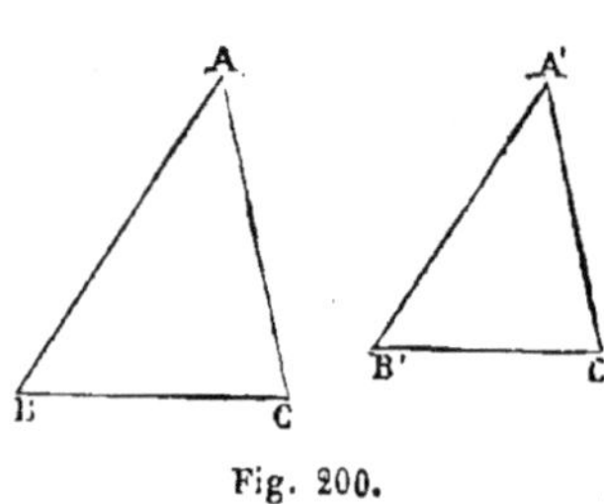

Fig. 200.

THÉORÈME.

335. *Si, par un point donné, on mène des droites qui coupent* *deux parallèles données, les segments interceptés sur ces parallèles sont proportionnels* (fig. 201).

(Le point donné peut être situé dans l'intervalle compris entre les parallèles ou bien hors de cet intervalle. La figure 201 représente les deux positions du point donné.)

Soient AB, A'B' les parallèles et O le point donnés. Si l'on tire les droites OD, OE, OF, OG, qui coupent A'B' aux points D', E', F', G', on forme des triangles semblables ODE et OD'E', OEF et OE'F', OFG et OF'G'.

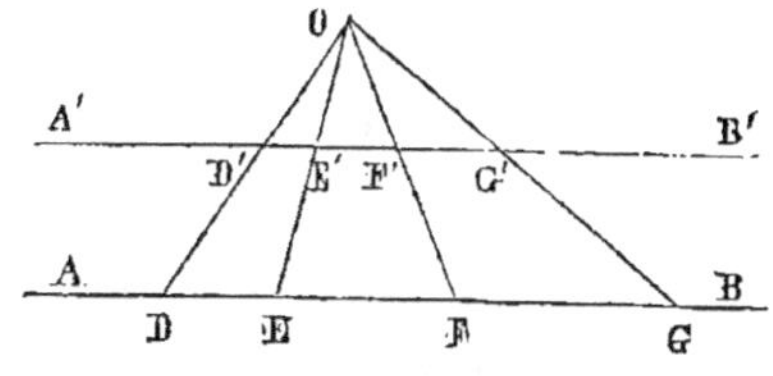
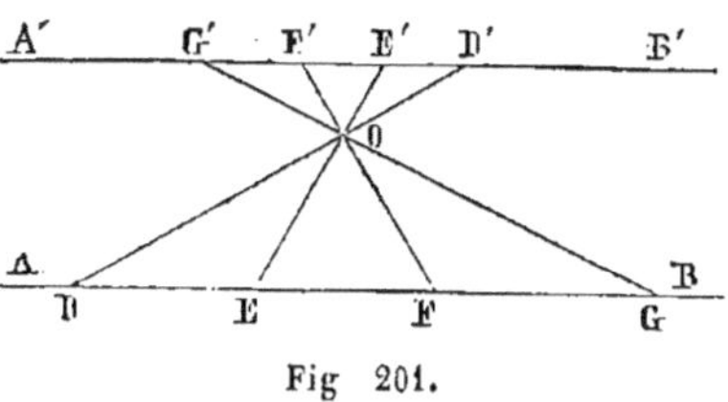

Fig 201.

Or, il résulte de la similitude des triangles ODE et OD'E' :

$$\frac{OD}{OD'} = \frac{DE}{D'E'} = \frac{OE}{OE'};$$

de la similitude des triangles OEF, OE'F' :

$$\frac{OE}{OE'} = \frac{EF}{E'F'} = \frac{OF}{OF'};$$

et enfin de la similitude des triangles OFG, OF'G' :

$$\frac{OF}{OF'} = \frac{FG}{F'G'} = \frac{OG}{OG'}.$$

Comme ces trois suites de rapports égaux ont deux à deux un rapport commun, on en conclut :

$$\frac{DE}{D'E'} = \frac{EF}{E'F'} = \frac{FG}{F'G'}.$$

336. Réciproquement. — *Si plusieurs droites DD', EE', FF', GG' coupent deux parallèles AB, A'B' en parties proportionnelles, ces droites concourent au même point* (fig. 201).

Supposons qu'on ait :

$$\frac{DE}{D'E'} = \frac{EF}{E'F'} = \frac{FG}{F'G'}$$

(et ces rapports différents de l'unité ; car s'ils étaient égaux à l'unité, les droites DD', EE', FF', GG' seraient parallèles).

Soit O le point de rencontre de DD' et EE' ; la droite FF' doit passer par le point O, car si l'on tire la droite OF, elle coupera A'B' en un point F″ tel que l'on ait

$$\frac{DE}{D'E'} = \frac{EF}{E'F''} ;$$

or, on a par hypothèse :

$$\frac{DE}{D'E'} = \frac{EF}{E'F'} ;$$

donc le point F″ doit se confondre avec le point F' ; et, par suite, FF' doit passer par le point O.

On démontrera de la même manière que GG' doit passer par le point O.

PROBLÈME.

337. *Construire la quatrième proportionnelle à trois longueurs données.*

Soient m, n, p les longueurs données ; il s'agit de trouver une quatrième longueur x, telle que l'on ait

$$\frac{m}{n} = \frac{p}{x}.$$

On trace un angle YAX (fig. 202) ; sur AX on prend une longueur AB $= m$, et à la suite une longueur BC $= n$; on prend sur l'autre droite AY une longueur AD $= p$. On tire ensuite la droite BD, et l'on mène par

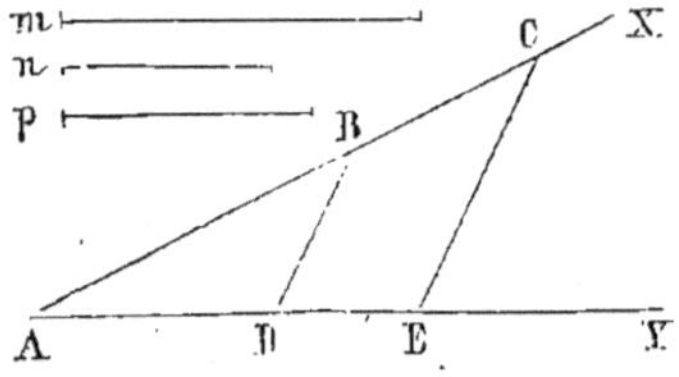

Fig. 202.

le point C une parallèle CE à BD. La droite DE est la

quatrième proportionnelle demandée ; car on a (314) :

$$\frac{AB}{BC} = \frac{AD}{DE}, \quad ou \quad \frac{m}{n} = \frac{p}{DE};$$

donc $DE = x$.

338. SCOLIE. — On peut aussi obtenir la quatrième proportionnelle à trois droites par d'autres constructions.

1° Si l'on prend (fig. 203) sur les droites AX, AY : AB = m, AC = n et AD = p et qu'on tire la droite BD et sa parallèle CE, on a (318) :

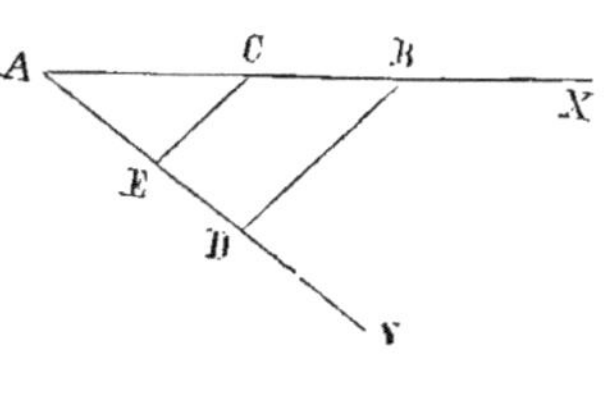

Fig. 203.

$$\frac{m}{n} = \frac{p}{AE}; \quad donc. \quad AE = x.$$

2° Sur une droite indéfinie AX (fig. 204) prenons à partir du point A deux longueurs AB = m, AC = n ; menons par le point B une droite indéfinie BY et prenons une longueur BD = p sur cette droite. Si l'on tire la droite AD et par le point C la parallèle CE à BD, la droite CE sera la quatrième proportionnelle demandée, car on a (329) :

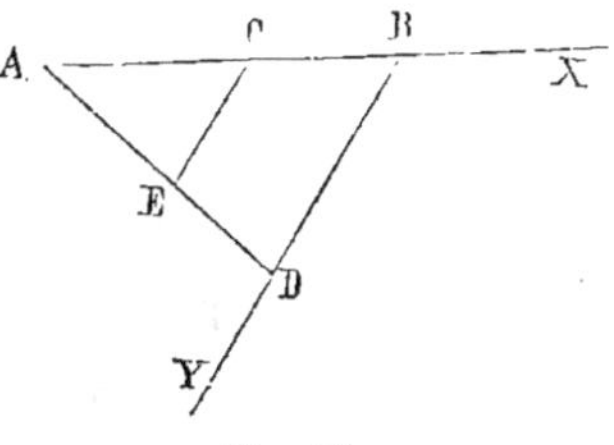

Fig. 204.

$$\frac{m}{n} = \frac{p}{CE}; \quad ou \quad CE = x.$$

3° On trace deux droites parallèles XY, UV (fig. 205). Sur

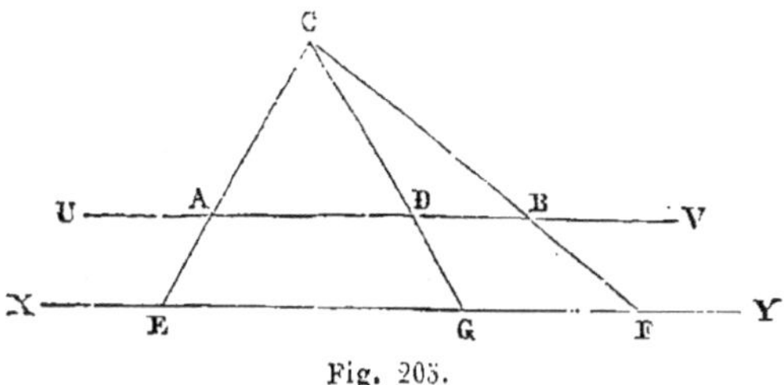

Fig. 205.

l'une d'elles on prend une longueur EG = m, et à la suite

une longueur $GF = n$. On prend sur l'autre droite une longueur $AD = p$. On tire les droites AE, DG qui se coupent au point C; et on tire la droite CF qui rencontre en B la parallèle à EF ; DB est la quatrième proportionnelle demandée ; car on a (335) :

$$\frac{EG}{GF} = \frac{AD}{DB}, \quad \text{ou} \quad \frac{m}{n} = \frac{p}{DB} ; \quad \text{donc} \quad DB = x.$$

PROBLÈME.

339. *Construire la troisième proportionnelle à deux longueurs données.*

Construire la troisième proportionnelle à deux droites données m et n, par exemple, c'est déterminer le quatrième terme x de l'égalité de rapports (ou proportion)

$$\frac{m}{n} = \frac{n}{x}.$$

Ce problème ne diffère donc pas du problème précédent et on appliquera, pour le résoudre, les méthodes indiquées pour construire la quatrième proportionnelle aux longueurs m, n, p.

PROBLÈME.

340. *Mener par un point donné une droite qui passe par le point de concours de deux droites données, lorsque ce point n'est pas désigné* (fig. 206).

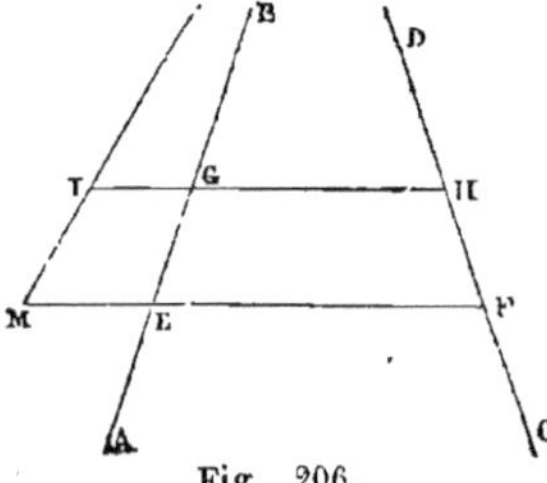

Fig. 206.

Soient AB et CD deux droites concourantes et M un point donné ; pour mener par ce point une droite qui passe par le point de concours des deux droites données AB, CD, on tire par le point M une droite qui rencontre AB et CD ; ensuite une seconde droite parallèle à celle-ci. Soient E et F les points de rencontre de la première droite, et G et H les points de rencontre de la seconde avec AB et CD ; on prend sur GH prolongé un point I tel qu'on ait

$$\frac{IG}{GH} = \frac{ME}{EF};$$

et on tire MI qui est la droite demandée (336).

PROBLÈME.

341. *Inscrire dans un angle donné une droite qui passe par un point donné situé dans l'intérieur de l'angle, et soit divisée en ce point en deux segments proportionnels à deux nombres donnés.*

Soient XAY l'angle donné, M le point donné. Pour mener par le point M une droite terminée aux côtés de l'angle et divisée par le point M en deux segments proportionnels aux nombres 2 et 3, par exemple, on mène par le point M une parallèle MN à l'un des côtés AY de l'angle XAY, laquelle rencontre en N l'autre côté. On divise AN en 2 parties égales et on prend sur NX une longueur NP égale à 3 fois l'une de ces divisions. La droite menée par les points M et P, et qui rencontre AY au point Q, est la droite demandée, car on a (314) :

$$\frac{MQ}{MP} = \frac{AN}{NP} = \frac{2}{3}.$$

PROBLÈME.

342. *Trouver sur la droite qui passe par deux points donnés A et B deux autres points, tels que le rapport des distances de chacun de ceux-ci aux deux premiers soit égal à un nombre donné $\frac{m}{n}$ (fig. 207).*

Menons par les points A et B deux droites parallèles dans

une direction quelconque autre que AB. Prenons sur la première à partir du point A une lon-
gueur AM et sur la seconde à partir
du point B, de part et d'autre, deux
longueurs égales BN, BN′, telles que

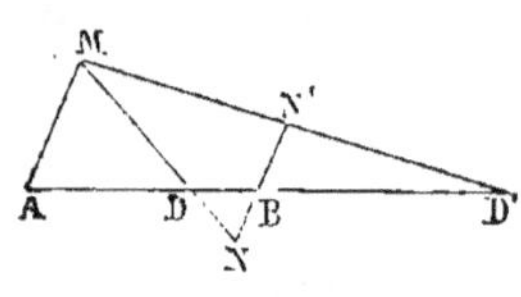

Fig. 207.

$\dfrac{AM}{BN} = \dfrac{m}{n}$. Tirons les droites MN, MN′.

Elles rencontrent la droite AB aux points D et D′ qui sont
les points demandés ; car on a (330) :

$$\frac{AD}{DB} = \frac{AM}{BN} = \frac{m}{n} \, ;$$

et

$$\frac{AD'}{D'B} = \frac{AM}{BN'} = \frac{m}{n} .$$

PROBLÈME.

343. *Diviser une droite de longueur donnée en plusieurs parties
égales* (fig. 208).

Supposons qu'on ait à partager la droite AB en trois parties égales. Par le point A
tirons une droite indéfinie AX
faisant avec AB un angle quelconque ; et portons sur AX et
à la suite l'une de l'autre trois
longueurs quelconques égales
entre elles AC, CD, DE. Joi-

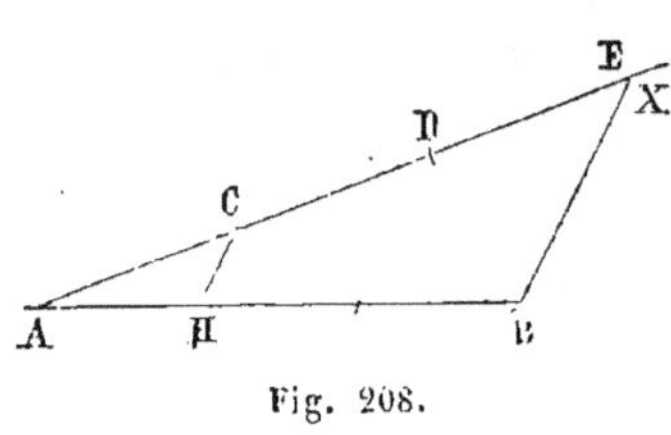

Fig. 208.

gnons le point E au point B et par le point C menons CH par-
rallèle à BE, la longueur AH sera le tiers de AB (318).

PROBLÈME.

344. *Diviser une droite de longueur donnée en parties proportionnelles à des longueurs données* (fig. 209).

Première solution. — Supposons qu'on ait à diviser une droite AB dont la longueur est l en parties proportionnelles aux longueurs m, n, p, ce qui signifie que x, y, z désignant les trois parties de AB, on doit avoir :

$$\frac{x}{m} = \frac{y}{n} = \frac{z}{p}.$$

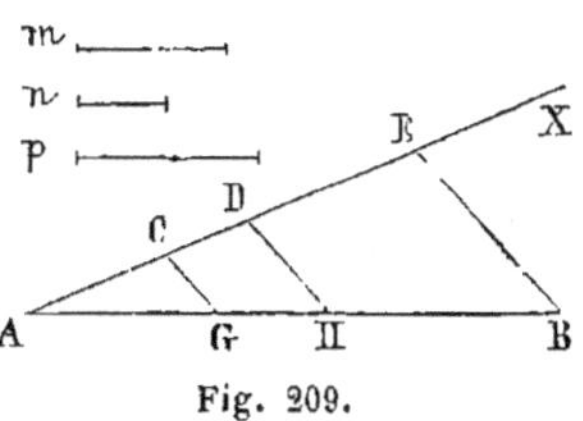
Fig. 209.

On tire par l'une des extrémités A de AB une droite indéfinie AX, et on porte à la suite l'une de l'autre sur AX, à partir du point A, les longueurs AC $= m$, CD $= n$, DE $= p$. On joint le point B au point E, et on mène par les points C et D des parallèles à BE. Celles-ci rencontrent AB aux points G et H ; et AG, GH, HB sont les longueurs demandées, car on a (319) :

$$\frac{AG}{m} = \frac{GH}{n} = \frac{HB}{p}.$$

Seconde solution. — Pour diviser une longueur donnée l proportionnellement à trois longueurs données m, n, p, on trace deux droites parallèles AB, A′B′ (fig. 210) ; on prend sur l'une d'elles, AB, une longueur DG $= l$; et sur A′B′ les longueurs

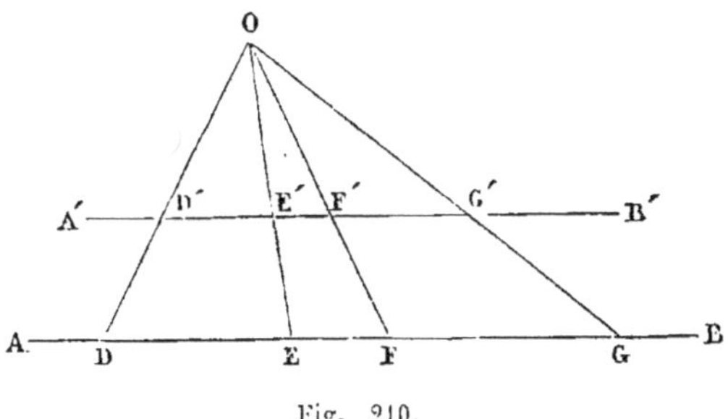
Fig. 210.

DE′ $= m$, E′F′ $= n$, F′G′ $= p$. On tire ensuite les droites DD′, GG′ et on joint le point de concours O de ces droites aux points E′, F′ ; les droites OE′, OF′ rencontrent la droite DG en des points qui la divisent proportionnellement aux trois longueurs m, n, p ; car on a (335) :

$$\frac{DE}{m} = \frac{EF}{n} = \frac{FG}{p}.$$

345. Scolie I. — Cette dernière construction pourrait servir aussi à partager une longueur donnée en plusieurs parties égales.

346. Scolie II. — Pour diviser une droite en parties proportionnelles à des nombres donnés, on appliquera l'une des constructions précédentes, en prenant des longueurs représentées par les nombres donnés, l'unité étant tout à fait arbitraire.

THÉORÈME.

347. *Lorsqu'une transversale rencontre les trois côtés d'un triangle (regardés comme indéfinis), elle détermine sur chaque côté deux segments; et le produit de trois segments non consécutifs est égal au produit des trois autres (fig. 211).*

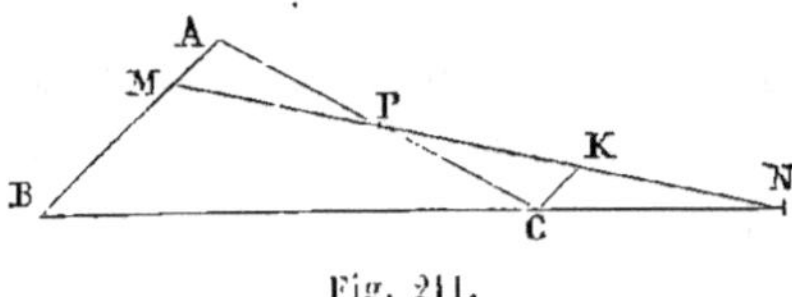

Fig. 211.

Soient le triangle ABC, et une transversale MN qui détermine sur les côtés les segments AM, MB ; BN, CN; CP, PA.

Par le sommet C menons CK parallèle à AB. On déduit de la similitude des triangles AMP, KCP :

$$\frac{AM}{CK} = \frac{AP}{CP},$$

et de la similitude des triangles BMN, CKN :

$$\frac{BN}{CN} = \frac{BM}{CK}.$$

Multipliant par ordre ces deux égalités et supprimant le facteur commun CK, on trouve

$$AM \times BN \times CP = AP \times CN \times BM.$$

348. Réciproquement. — *Si l'on prend sur les trois côtés d'un*

triangle ABC *trois points* M, N, P, *tels que l'on ait* (fig. 211) :

$$AM \times BN \times CP = AP \times CN \times BM,$$

les trois points M, N, P *sont en ligne droite.*

En effet, soit N' le point où la droite MP rencontre BC, on a :

$$AM \times BN' \times CP = AP \times CN' \times BM ;$$

mais, par hypothèse,

$$AM \times BN \times CP = AP \times CN \times BM ;$$

on en conclut,

$$\frac{BN'}{BN} = \frac{CN'}{CN}; \text{ d'où } \frac{BN'}{CN'} = \frac{BN}{CN};$$

donc, le point N' doit se confondre avec le point N (313).

THÉORÈME.

349. *Lorsque trois droites, passant respectivement par les sommets d'un triangle, vont concourir en un même point, elles déterminent sur les côtés six segments, tels que le produit de trois segments non consécutifs est égal au produit des trois autres* (fig. 212).

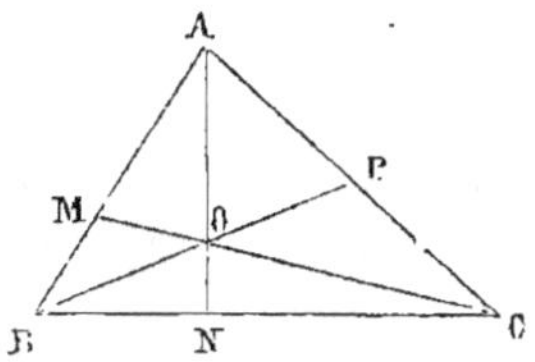

Soient le triangle ABC et O le point de concours des droites AN, BP, CM.

On a entre les segments déterminés par la transversale MC sur les côtés du triangle ABN la relation (347) :

$$AM \times BC \times NO = AO \times CN \times BM ;$$

et entre les segments déterminés par la transversale BP sur les côtés du triangle ANC :

$$AO \times BN \times CP = AP \times CB \times NO.$$

Multipliant par ordre ces deux égalités et supprimant les facteurs communs, on trouve :

$$AM \times BN \times CP = AP \times CN \times BM.$$

350. SCOLIE. — Le raisonnement serait le même si le point O était extérieur au triangle ABC.

Fig. 212.

351. Réciproquement. — *Si par les sommets d'un triangle on mène trois droites qui déterminent sur les côtés opposés six segments tels que le produit de trois segments non consécutifs soit égal au produit des trois autres, ces trois droites passent par un même point* (fig. 212).

Soient ABC le triangle et AN, BP, CM les droites données. Si l'on a (fig. 212) :

$$(1) \qquad AM \times BN \times CP = AP \times CN \times BM,$$

la droite AO qui passe par le point de concours des droites BP, CM doit rencontrer BC en un point N′ tel que l'on ait :

$$(2) \qquad AM \times BN' \times CP = AP \times BM \times CN';$$

divisant par ordre (1) et (2), on trouve :

$$\frac{BN'}{BN} = \frac{CN'}{CN};$$

d'où

$$\frac{BN'}{CN'} = \frac{BN}{CN};$$

ce qui montre (313) que le point N′ doit se confondre avec le point N.

352. Corollaire I. — *Les droites qui joignent les sommets d'un triangle au milieu des côtés opposés* (on donne à ces droites le nom de médianes du triangle) *passent par un même point.*

En effet, il y a évidemment égalité entre les deux produits des segments déterminés par les médianes.

353. Corollaire II. — *Dans tout trapèze les milieux des bases, le point de concours des diagonales et le point de concours des côtés opposés non parallèles sont en ligne droite* (fig. 213).

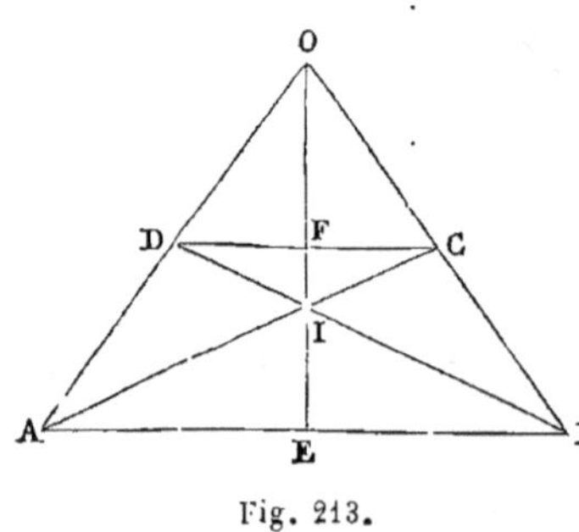

Fig. 213.

Soient ABCD le trapèze donné, ABO le triangle formé en prolongeant les côtés opposés non parallèles, OE la médiane menée du sommet O. Elle passe par les milieux des bases du trapèze. On a :

$$\frac{BC}{OC} = \frac{AD}{OD};$$

d'où

$$BC \times OD = AD \times OC,$$

et, par suite :

$$BC \times OD \times AE = OC \times BE \times AD.$$

Donc les droites OE, BD, AC passent par un même point.

354. Corollaire III. — *Les bissectrices des angles intérieurs d'un triangle passent par un même point.*

En effet, désignons par Aa, Bb, Cc les trois bissectrices. On a :

$$\frac{Ac}{cB} = \frac{AC}{CB}; \quad \frac{Ba}{aC} = \frac{BA}{AC}; \quad \frac{Cb}{bA} = \frac{CB}{BA}.$$

En multipliant par ordre ces égalités, on trouve :

$$\frac{Ac \times Ba \times Cb}{cB \times aC \times bA} = 1.$$

355. Corollaire IV. — *Les trois hauteurs d'un triangle passent par un même point* (fig. 214).

Soient AA', BB', CC' les trois hauteurs. On déduit de la similitude des triangles BAB', CAC' :

$$\frac{AC'}{AB'} = \frac{AC}{AB};$$

de la similitude des triangles ABA', CBC' :

$$\frac{BA'}{BC'} = \frac{BA}{BC};$$

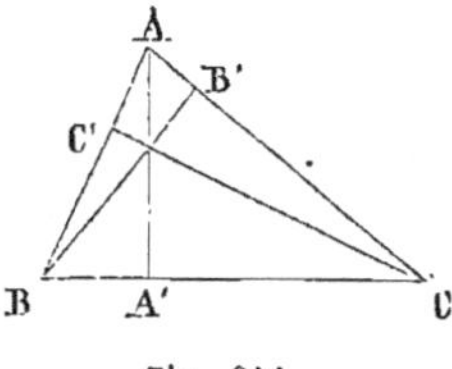

Fig. 214.

et de la similitude des triangles ACA', CBB' :

$$\frac{CB'}{CA'} = \frac{CB}{CA};$$

et en multipliant ces égalités par ordre :

$$\frac{AC' \times BA' \times CB'}{AB' \times CA' \times BC'} = 1.$$

THÉORÈME.

356. *Deux polygones semblables peuvent être décomposés en un même nombre de triangles semblables chacun à chacun et semblablement disposés* (fig. 215).

Soient les deux polygones semblables ABCDEF, A'B'C'D'EF'.

Des sommets homologues A et A' menons toutes les diagonales qui partent de ces sommets ; ces diagonales décomposent les polygones en un même nombre de triangles.

Les triangles ABC, A'B'C' sont semblables comme ayant un angle égal compris entre des côtés proportionnels. En effet,

$$B = B' \text{ et } \frac{AB}{A'B'} = \frac{BC}{B'C'}.$$

Les triangles ACD, A'C'D' sont semblables aussi, comme ayant un angle égal com-pris entre des côtés pro-portionnels. En effet, l'an-gle ACD est la différence des angles BCD, ACB, et l'angle A'C'D' la différence des angles B'C'D', A'C'B',

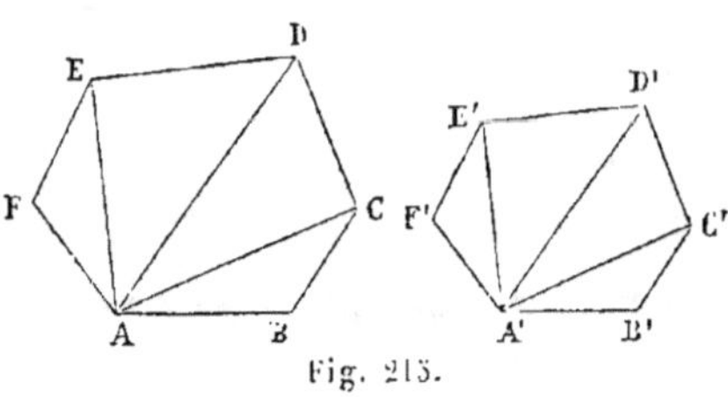

Fig. 215.

or, BCD = B'C'D' et ACB = A'C'B', par suite de la simili-tude des triangles ABC, A'B'C'; donc l'angle ACD est égal à l'angle A'C'D'. En outre, il résulte de la similitude des triangles ABC, A'B'C' que le rapport de AC à A'C' est le même que celui de AB à A'B' et par suite de CD à C'D'.

On démontrera de la même manière que les autres triangles homologues sont semblables.

357. Corollaire I. — Le rapport de deux diagonales homolo-gues dans deux polygones semblables est le même que le rapport de similitude des polygones.

358. Corollaire II. — Si l'on joint deux sommets quelcon-ques F et B du polygone ABCDEF à un sommet quelconque D et les sommets homologues F' et B' du polygone semblable A'B'C'D'E'F' au sommet D' homologue de D, les triangles FBD, F'B'D' seront semblables, car ils auront les côtés propor-tionnels.

359. Réciproquement. — *Deux polygones composés d'un même nombre de triangles semblables chacun à chacun et semblablement disposés sont semblables* (fig. 216).

Soient le polygone ABCDEF formé des triangles ABC, ACD, ADE, AEF; et le polygone A'B'C'D'E'F' formé des triangles respectivement semblables et semblablement disposés A'B'C', A'C'D', A'D'E', A'E'F'.

Ces deux polygones ont les angles égaux chacun à chacun ;
en effet, il résulte de la similitude des triangles ABC, A′B′C′

que les angles B et B′
des deux polygones sont
égaux ; pour la même rai-
son les angles ACB, A′C′B′
sont égaux ainsi que les
angles BAC, B′A′C′. Or, de
la similitude des triangles

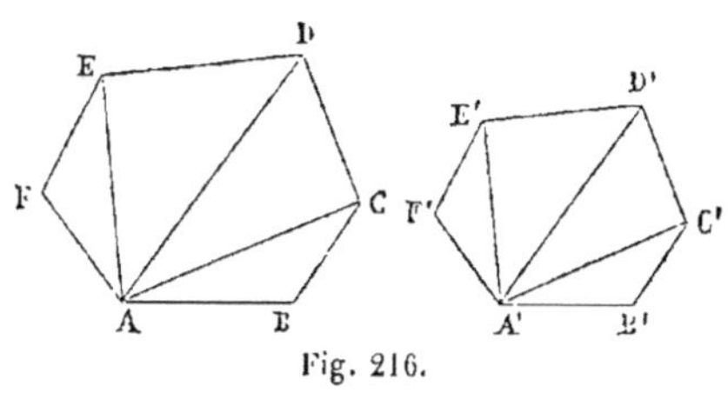

Fig. 216.

ADC, A′D′C′ il résulte que les angles ACD, A′C′D′ sont égaux ;
par conséquent, les angles C et C′ des deux polygones sont
égaux. On démontrera de la même manière que D = D′, E = E′,
F = F′ ; enfin A = A′, car le premier est composé de quatre
angles égaux chacun à chacun aux quatre angles dont est
formé le second.

En outre, les côtés homologues sont proportionnels, car on
déduit de la similitude des triangles ABC, A′B′C′ :

$$\frac{AB}{A'B'} = \frac{BC}{B'C'} = \frac{AC}{A'C'} ;$$

des triangles ACD, A′C′D′ :

$$\frac{AC}{A'C'} = \frac{CD}{C'D'} = \frac{AD}{A'D'} ;$$

des triangles ADE, A′D′E′ :

$$\frac{AD}{A'D'} = \frac{DE}{D'E'} = \frac{AE}{A'E'} ;$$

enfin, de la similitude des triangles AEF, A′E′F′ :

$$\frac{AE}{A'E'} = \frac{EF}{E'F'} = \frac{FA}{F'A'} ;$$

or toutes ces suites de rapports égaux, ayant deux à deux un
rapport commun, on en conclut :

$$\frac{AB}{A'B'} = \frac{BC}{B'C'} = \frac{CD}{C'D'} = \frac{DE}{D'E'} = \frac{EF}{E'F'} = \frac{FA}{F'A'} .$$

THÉORÈME.

360. *Lorsque les triangles, formés en joignant aux extrémités* A *et* B *du côté* AB *tous les autres sommets d'un polygone* ABCDEF, *sont semblables aux triangles formés en joignant aux extrémités* A' *et* B' *du côté* A'B' *tous les autres sommets d'un second polygone* A'B'C'D'E'F', *et semblablement disposés, les deux polygones* ABCDEF, A'B'C'D'E'F' *sont semblables* (fig. 217).

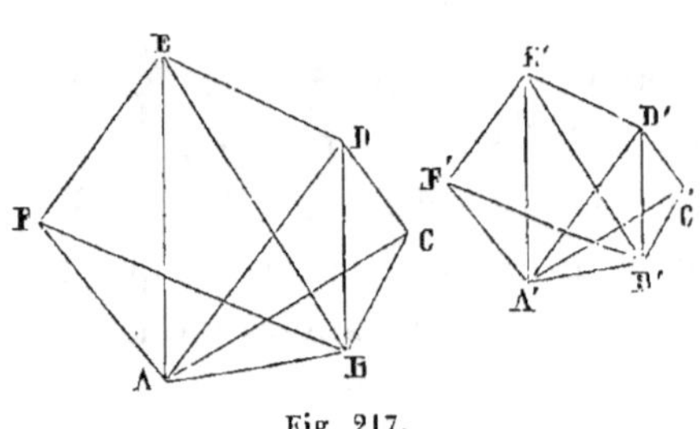

Fig. 217.

Supposons les triangles ABC, ABD, ABE, ABF semblables respectivement aux triangles A'B'C', A'B'D', A'B'E', A'B'F'. Les triangles ACD, A'C'D' sont, par suite, semblables comme ayant un angle égal, DAC = D'A'C', compris entre deux côtés proportionnels. Les triangles ADE, A'D'E' et AEF, A'E'F' sont aussi semblables pour la même raison ; par conséquent (359) les deux polygones ABCDEF, A'B'C'D'E'F' sont semblables.

PROBLÈME.

361. *Construire un polygone semblable à un polygone donné* ABCDEF *et dont le côté* A'B', *homologue du côté* AB, *est donné.*

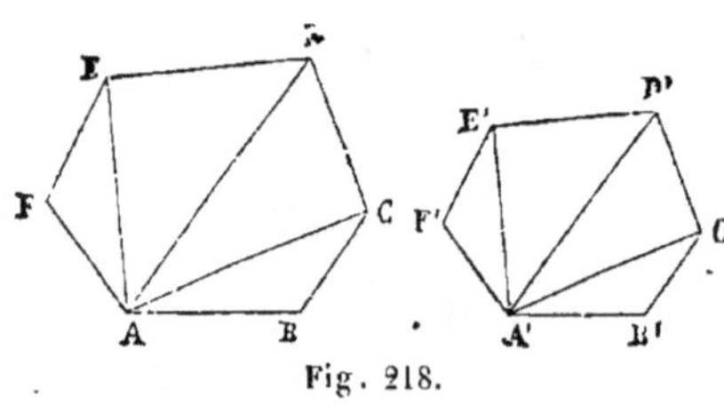

Fig. 218.

Première solution (fig. 218).—Décomposons le polygone ABCDEF en triangles par les diagonales qui partent du sommet A. Sur A'B' construisons un triangle A'B'C' semblable au triangle ABC ; sur A'C', un triangle A'C'D' semblable au triangle ACD ; sur A'D', un triangle A'D'E' semblable au trian-

gle ADE ; enfin, sur A'E', un triangle A'E'F' semblable au
triangle AEF. Les polygones ABCDEF, A'B'C'D'E'F', composés d'un même nombre de triangles semblables chacun à
chacun et semblablement disposés, sont semblables (359).

Deuxième solution (fig. 219). — Joignons par des droites les
sommets A et B du poly-
gone ABCDEF à tous les
autres sommets; on for-
me par cette construc-
tion les triangles ABC,
ABD, ABE, ABF. On con-
struit ensuite sur A'B',

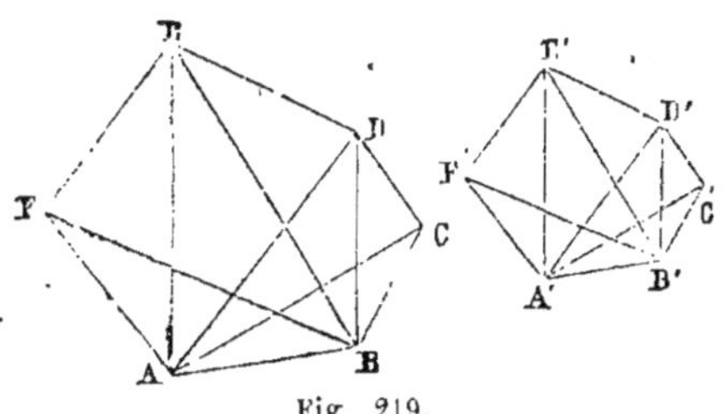
Fig. 219.

côté homologue de AB, les triangles A'B'C', A'B'D, A'B'E',
A'B'F' semblables respectivement à ces triangles. Le polygone
A'B'C'D'E'F' est semblable au polygone ABCDEF (360).

362. COROLLAIRE. — Pour construire un polygone semblable
à un polygone donné, connaissant le rapport de similitude,
il suffit de déterminer une droite dont la longueur soit à celle
de l'un des côtés du polygone compris dans ce même rapport,
et de prendre cette droite comme côté homologue de celui-ci
pour exécuter l'une des constructions (361).

PROBLÈME.

363. *Tracer une ligne brisée ou polygonale semblable à une
ligne brisée ou polygonale donnée.*

On définit deux lignes brisées ou polygonales semblables :
*deux lignes qui ont les angles égaux et les côtés homologues pro-
portionnels* (en donnant à l'égalité des angles la signification
indiquée (325).

Soit ABCDE la ligne polygonale donnée (fig. 220). Par les
sommets A, B, C, D, E tirons des droites indéfinies qui passent
par un même point O. Prenons à partir de ce point, sur ces

droites, des longueurs OA', OB', OC', OD', OE', telles que l'on ait :

$$\frac{OA'}{OA} = \frac{OB'}{OB} = \frac{OC'}{OC} = \frac{OD'}{OD} = \frac{OE'}{OE} \qquad (1)$$

et traçons les droites A'B', B'C', C'D', D'E'; celles-ci (317) sont respectivement parallèles aux droites AB, BC, CD, DE. Les

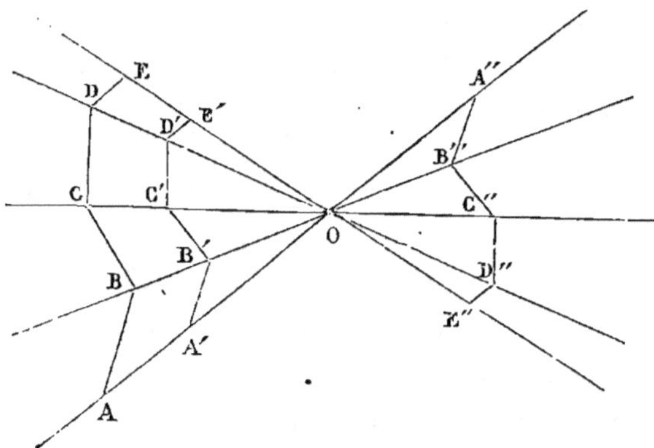

Fig. 220.

angles dont les sommets sont situés sur une même droite tels que B et B', C et C',.. etc., sont égaux comme ayant les côtés parallèles et dirigés dans le même sens ; enfin il résulte de la relation (1) que les côtés homologues tels que AB, A'B', etc., sont proportionnels. Les deux lignes ABCDE, A'B'C'D'E' sont donc semblables ; et le *rapport de similitude* est égal à $\dfrac{OA'}{OA}$.

Si l'on prend de l'autre côté du point O sur les prolongements de OA, OB,.... des longueurs OA'', OB'',.... telles que l'on ait :

$$\frac{OA''}{OA} = \frac{OB''}{OB} = \frac{OC''}{OC} = \frac{OD''}{OD} = \frac{OE''}{OE},$$

on formera une seconde ligne polygonale A''B''C''D''E'' sem-blable à ABCDE; et le rapport de similitude sera $\dfrac{OA''}{OA}$. On fera, pour le démontrer, le même raisonnement que plus haut.

Les lignes polygonales A′B′C′D′E′, ABCDE placées du même côté du point O sont dites *directement semblables;* et les lignes A″B″C″D″E″, ABCDE, *inversement semblables.* Ou bien encore, on dit dans le premier cas qu'il y a *similitude directe,* et dans le second *similitude inverse.* Le point O est appelé le *centre de similitude.*

364. COURBES SEMBLABLES. — Si l'on substitue à la ligne

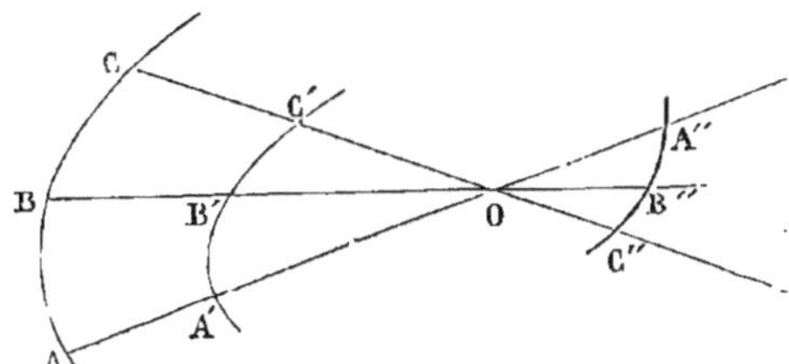

Fig. 221.

polygonale ABCDE une ligne courbe, le lieu des points A′ tels que $\dfrac{OA′}{OA} = K$, ou $\dfrac{OA″}{OA} = K′$ (fig. 221), est une seconde courbe que l'on définit une *courbe semblable* à la première, et le rapport de similitude de deux rayons homologues, tels que OA′, OA″, est dit le *rapport de similitude* des deux courbes.

Dans le premier cas, il y a *similitude directe,* et dans le second, *similitude inverse.*

APPLICATION.

365. PANTOGRAPHE. — Le pantographe est un instrument à l'aide duquel on peut tracer une figure semblable à une figure donnée par un mouvement continu. Il est formé de deux grandes règles dont les arêtes intérieures AB, AD forment deux côtés adjacents d'un parallélogramme, et de deux règles plus petites dont les arêtes intérieures DC, CB forment les deux autres côtés. Les quatre sommets du parallélogramme sont articulés, de sorte que les deux règles terminées à un sommet, peuvent tourner l'une sur l'autre autour de ce sommet (fig. 222).

On prend sur l'une des grandes règles AD un point O que l'on fixe sur le tableau, de manière que l'instrument puisse tourner autour de ce point. Soient H un point situé sur AB, G le point de rencontre de la droite OH avec le côté DC, on a :

$$\frac{OG}{OH} = \frac{OD}{OA}.$$

Supposons qu'on fasse ensuite tourner l'instrument autour du point O de manière à amener A en A'; les côtés opposés du quadrilatère ne cessent pas d'être égaux, et, par suite, la figure A'B'C'D' est aussi un parallélogramme. Le point H vient en H' à une distance de A'

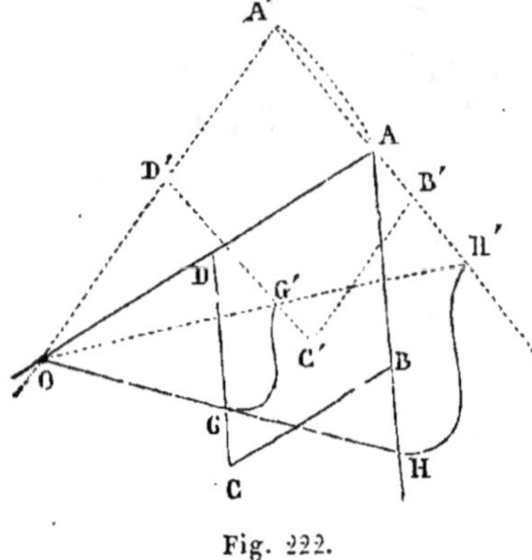

Fig. 222.

égale à AH, et alors le point G se place en G' sur D'C' à une distance de D' égale à DG, car on a :

$$\frac{D'G'}{A'H'} = \frac{OD'}{OA'} \text{ et } \frac{DG}{AH} = \frac{OD}{OA}.$$

Par conséquent, si l'on fixe le pivot O, au moyen d'une pointe implantée dans le bois du tableau ; qu'on place en H une pointe qui suive le trait du modèle, une pointe fixée au point G, intersection des droites OH et DC, tracera une figure semblable au modèle lorsqu'on fera tourner l'instrument autour du pivot O.

Le rapport de similitude des deux figures étant égal au rapport de OD à OA, il suffira de placer le point O sur la règle AD de manière que le rapport de OD à OA soit égal au rapport donné.

THÉORÈME.

366. *Si l'on mène par un point O des sécantes à un cercle donné A, et qu'on prenne sur chacune d'elles, OB par exemple, un point B' tel que le rapport* $\dfrac{OB'}{OB}$ *soit un nombre constant* m, *le lieu des points B' est une circonférence* (fig. 223).

Supposons qu'on prenne d'abord sur OB, et du même côté

de O que le point B, un point B′, tel que $\dfrac{OB'}{OB} = m$, et qu'on

prenne aussi sur OA, du même côté de O que le point A, un

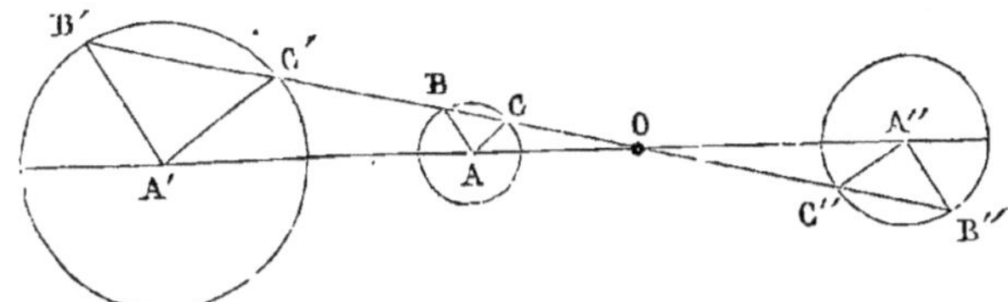

Fig. 223.

point A′ tel que $\dfrac{OA'}{OA} = m$; qu'on tire les droites A′B′, AB; elles

seront parallèles, et on aura : $\dfrac{A'B'}{AB} = \dfrac{OB'}{OB} = m$; or comme la

distance AB est constante, la distance A′B′ est aussi constante;
par conséquent le lieu du point B′ est une circonférence dont
le centre est A′ et le rayon A′B′.

Si l'on prend sur le prolongement de OB un point B″, tel

que $\dfrac{OB''}{OB} = m'$, et sur le prolongement de OA un point A″, tel

que $\dfrac{OA''}{OA} = m'$; qu'on tire les droites AB, A″B″, elles seront

parallèles, et on aura $\dfrac{A''B''}{AB} = \dfrac{OA''}{OA} = m'$. Or, comme la dis-

tance AB est constante, la distance A″B″ est aussi constante;
par conséquent le lieu du point B″ est une circonférence dont
le centre est A″ et le rayon A″B″.

367. COROLLAIRE I. — Soit C (fig. 223) le second point où la
sécante OB rencontre la circonférence A. Si l'on prend sur OB

un point C′, tel que $\dfrac{OC'}{OC} = m$, le point C′ appartiendra à la

circonférence A′; et si l'on fait tourner la sécante OB autour
du point O jusqu'à ce que les deux points B et C se réunissent
en un seul, on aura, dans toutes les positions de la sécante,
$\dfrac{OB'}{OB} = \dfrac{OC'}{OC}$; par conséquent lorsque les deux points B et C se

réuniront en un seul, il en sera de même des points B′ et C′ ; de sorte que la droite OB deviendra la tangente commune aux deux circonférences ; d'où il résulte que la tangente commune extérieure à deux circonférences passe par le point O, *centre de similitude directe*. On démontrera de la même manière que la tangente commune intérieure à deux circonférences passe par leur *centre de similitude inverse*.

368. Corollaire II. — Pour déterminer les centres de similitude de deux circonférences extérieures, il suffit de tracer deux rayons parallèles et de même sens, et deux autres rayons parallèles et de sens contraires ; la droite qui unit les extrémités des premiers rencontre la ligne des centres, au point qui est le centre de similitude directe ; et celle qui unit les extrémités des seconds, au point qui est le centre de similitude inverse.

369. Corollaire III. — On peut tracer la tangente commune extérieure à deux circonférences, en menant par le centre de similitude directe une tangente à l'une des circonférences ; et la tangente commune intérieure, en menant par le centre de similitude inverse une tangente à l'une des circonférences.

APPLICATIONS.

370. Si l'on conçoit les centres O et O′ (fig. 224) remplacés par deux axes parallèles, les rayons OB, O′B′ par deux manivelles

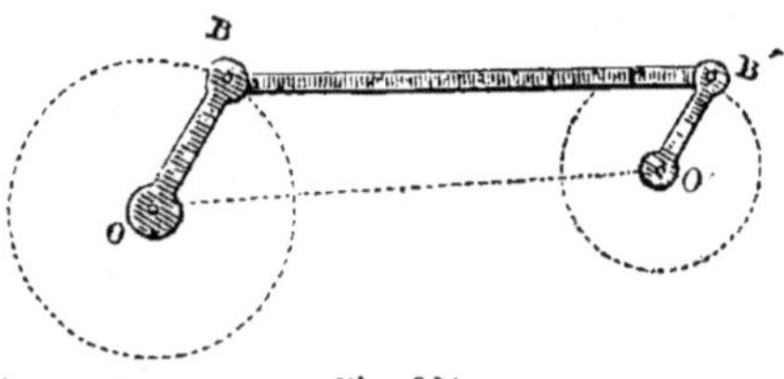

Fig. 224.

OB, O′B′ tournant autour des deux axes O et O′ ; et une tige rigide BB′ articulée à ses deux extrémités avec les deux manivelles OB, O′B′ ; la tige BB′ servira à communiquer le mouvement à la manivelle O′B′, lorsqu'on fera tourner la manivelle OB, de sorte que le point B et le point B′ décriront alors chacun une circonférence. On désigne en mécanique la tige rigide BB′ sous le nom de *bielle*; et on voit que la bielle peut être employée pour transformer un mouvement circulaire en un autre mouvement circulaire.

La bielle peut aussi servir à transformer un mouvement circulaire en un mouvement rectiligne ou réciproquement. Il suffit pour

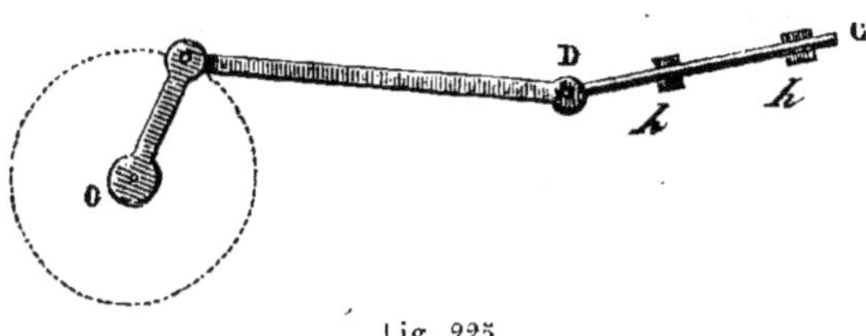

Fig. 225.

cela de remplacer la seconde manivelle O′B′ (fig. 225) par une barre rectiligne CD glissant entre des guides *h, h*.

371. Note sur l'homothétie. — M. Chasles a donné le nom d'*homothétie* à la similitude de forme et de position indiquée (363). Les expressions *similitude directe* et *similitude inverse* sont remplacées par les expressions *homothétie directe* et *homothétie inverse*. Le *centre de similitude* prend le nom de *centre d'homothétie*; et le rapport de similitude, celui de *rapport d'homothétie*.

Le rapport de deux rayons homologues OA, OA′ (fig. 220), de même sens, est ordinairement représenté par un nombre positif; et le rapport de deux rayons homologues de sens inverse OA, OA″ est représenté par un nombre négatif.

Les points A, B, C, D, E et les points A′, B′, C′, D′, E′ forment deux *systèmes homothétiques directs*, tandis que les points A, B, C, D, E et les points A″, B″, C″, D″, E″ forment deux *systèmes homothétiques inverses*. Les points A, A′ ou A, A″ situés sur un même rayon sont dits *points homologues*, et il résulte de (363) que les droites telles que AB, A′B′ qui joignent deux points homologues sont parallèles et que leur rapport est égal au rapport d'homothétie.

THÉORÈME.

372. *Dans deux systèmes homothétiques l'angle de deux droites est égal à l'angle des deux droites homologues.*

Car ces deux angles ont les côtés parallèles et dirigés dans le même sens ou dans des sens contraires.

373. Corollaire. — *Si trois points sont en ligne droite, les trois points homologues sont aussi en ligne droite.*

THÉORÈME.

374. *Si l'on joint un point* I *aux différents points d'un système* A, B, C,.... *et que par un point* I' *on mène des rayons respectivement parallèles et proportionnels aux premiers, leurs extrémités* A', B', C',.... *formeront un système homothétique au système* A, B, C...

En effet, supposons d'abord les rayons homologues parallèles et de même sens; deux droites telles que AA' et II' se couperont en un point O (fig. 226) tel que :

$$\frac{OA'}{OA} = \frac{OI'}{OI} = \frac{I'A'}{IA} = m.$$

Par conséquent on trouvera le même point O, quels que soient les

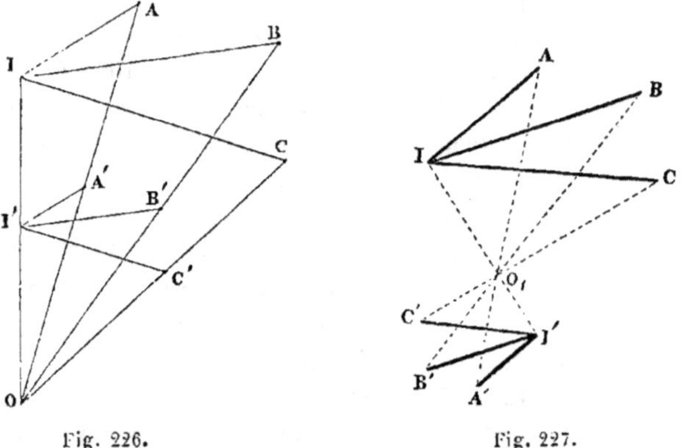

Fig. 226.   Fig. 227.

deux points homologues considérés ; les deux systèmes sont donc homothétiques. Ils ont pour centre d'homothétie le point O et le nombre *m* pour rapport d'homothétie.

Si les rayons homologues étaient de sens inverses (fig. 227), les deux systèmes seraient homothétiques inverses.

375. Corollaire. — *Deux polygones semblables dont les côtés homologues sont parallèles sont homothétiques.*

THÉORÈME.

376. *Deux systèmes* H', H", *homothétiques à un troisième* H, *sont homothétiques entre eux.*

Soient O, O', les centres d'homothétie des systèmes H, H' et

H, H″ ; A′ et A″ les points des systèmes H′, H″ homologues du point A du système H ; si l'on joint le point A à un point B du système H, et les points A′ et A″ aux points B′ et B″ homologues de B, on a, en désignant par m, m' les rapports d'homothétie des deux systèmes :

$$\frac{OA'}{OA} = \frac{A'B'}{AB} = m, \quad \frac{O'A''}{O'A} = \frac{A''B''}{AB} = m'.$$

On déduit de là :

$$\frac{A'B'}{A''B''} = \frac{m}{m'}.$$

En outre les droites AB, A′B′, A″B″ sont parallèles ; par conséquent les systèmes H′ et H″ sont homothétiques.

§ 3. LEVER DES PLANS A LA PLANCHETTE.

377. *a.* La planchette est un instrument formé d'une espèce de *table*, supportée par un *pied* à trois branches et sur lequel elle est fixée à l'aide d'un appareil nommé *genou* (fig. 228), autour duquel elle peut tourner en tous sens.

La planchette peut être carrée ou rectangulaire. Les planchettes carrées (fig. 228) ont ordinairement $0^m,60$ de largeur sur $0^m,015$ d'épaisseur. Elles sont formées d'un encadrement en bois de chêne rempli par du sapin ou du peuplier. On fixe sur la planchette une feuille de papier destinée à recevoir le dessin.

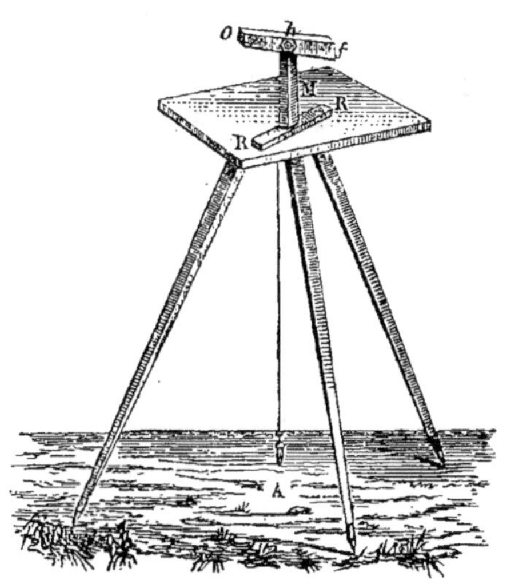

Fig. 228.

L'*alidade* est le complément nécessaire de la planchette. C'est un instrument (fig. 229), composé ordinairement d'une *règle*, d'un *montant* vertical et d'un *viseur* ou d'une lunette. On trace le long de la règle les directions observées à l'aide du viseur. Le viseur est un tube creux en bois, terminé à ses deux extrémités par deux plaques métalliques percées, celle du côté de l'œil d'un petit trou

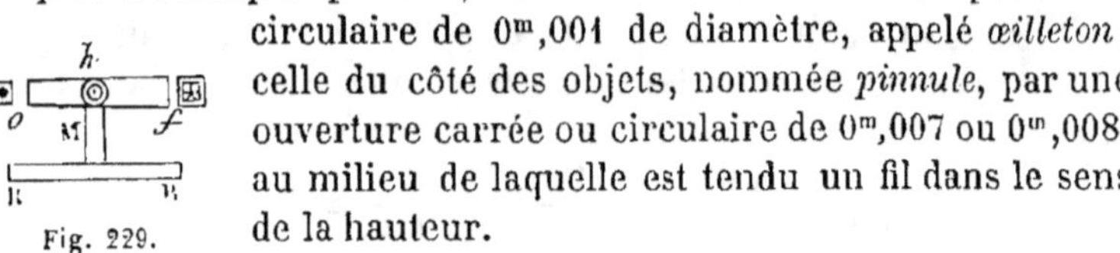

Fig. 229.

circulaire de 0^m,001 de diamètre, appelé *œilleton* ; celle du côté des objets, nommée *pinnule*, par une ouverture carrée ou circulaire de 0^m,007 ou 0^m,008, au milieu de laquelle est tendu un fil dans le sens de la hauteur.

 b. Lever d'un terrain. — Soient A, B, C, D, E des points désignés d'un terrain. A chacun de ces points on doit planter un jalon et pratiquer ensuite les trois opérations suivantes :

 1° *Se mettre de niveau.* — On commence par mettre la planchette dans une position telle qu'en plaçant un niveau à bulle d'air dans deux directions concourantes, la bulle se trouve au milieu du tube. (Il est toujours possible de remplir cette condition, comme nous le verrons plus tard, et on dit alors que le plan de la planchette est horizontal.)

 2° *Se mettre au point.* — On détermine ensuite sur la planchette du point qui se trouve sur la même verticale qu'un point désigné un terrain ; et, pour cela, on se sert du fil à plomb qu'on place successivement dans deux positions différentes et telles que, dans chacune, il recouvre le point. Nous supposerons qu'on ait choisi un des points du terrain que nous désignerons par A, et qu'on ait marqué le point correspondant a sur la planchette (fig. 230).

 3° *S'orienter.* — Après avoir planté verticalement une aiguille au point a, on place l'alidade en contact avec l'aiguille, de sorte que

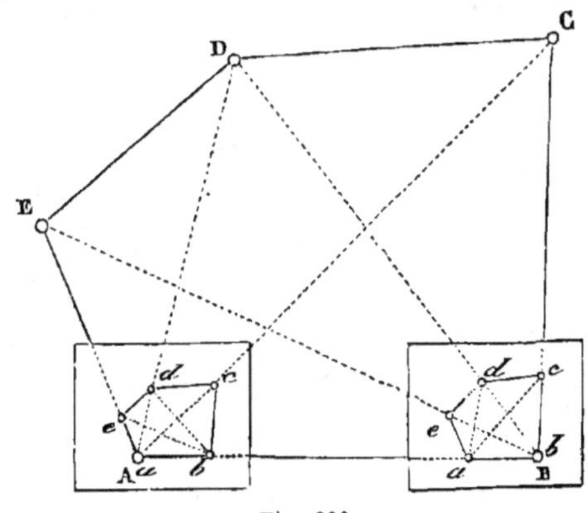

Fig. 230.

le bord de la règle soit dans la direction du point a à un point B désigné par un jalon ; et pour cela on imprime à la planchette un mouvement de rotation horizontal autour de son boulon, sans toucher à l'alidade, jusqu'à ce que le viseur soit pointé sur le jalon qui est planté en B. On trace alors, sur la planchette, une droite le long de la règle à partir de a.

c. Concevons dans le plan de la planchette, indéfiniment prolongé, des points correspondants aux points A, B, C, D, E, c'est-à-dire placés sur une même verticale, et désignons-les par ces mêmes lettres. En joignant ces points deux à deux, on forme un polygone ABCDE (fig. 230), et si l'on construit un polygone *abcde* semblable à celui-ci, *abcde* sera le plan du polygone qui a pour sommets les points du terrain A, B, C, D, E.

d. On nomme *échelle du plan* le rapport de similitude des deux polygones (fig. 230).

Si l'on veut construire à l'*échelle du millième*, par exemple, le plan du polygone ABCDE à chacun des sommets duquel se trouve placé un jalon, on prendra d'abord sur la droite qu'on a tracée par le point a le long de la règle une longueur ab, égale au 0,001 de la longueur AB désignée dans le plan de la planchette.

e. Pour obtenir la longueur de cette droite AB située dans le plan de la planchette et qui, en réalité, n'est pas tracée, on mesure sur le terrain la distance du jalon A au jalon B, en tenant toujours la chaîne ou le mètre dans une direction perpendiculaire à celle du fil à plomb, c'est-à-dire *horizontale*.

f. Après avoir tracé sur la feuille de dessin la droite ab, on maintient l'alidade (fig. 230) constamment en contact avec l'aiguille piquée au point a, et on la dirige successivement sur les points C, D, E. Après chaque visée, on trace au crayon le long de la règle une droite qui marque la direction indiquée par le jalon, et les droites ainsi obtenues, ab, ac, ad, ae, forment entre elles des angles égaux à ceux des directions correspondantes situées dans le plan horizontal de la planchette.

Fig. 231.

On se transporte ensuite au point B ; et b étant le point de la feuille de dessin correspondant au point B, on plante l'aiguille en b.

On appuie légèrement la règle de l'alidade contre l'aiguille, et on vise successivement le point A et tous les points déjà visés de la station précédente, A. Le polygone *abcde* obtenu par ces deux

constructions est semblable au polygone ABCDE, situé dans le plan
de la planchette (360). Ce dernier est dit la projection horizontale
du polygone ABCDE tracé sur le terrain.

Si, parmi les lignes du contour de la figure dont on fait le lever,
il se trouvait des lignes courbes, on diviserait celles-ci en parties
assez petites pour qu'on pût, sans erreur sensible, regarder ces
parties comme rectilignes, et alors on substituerait un contour
polygonal à chaque ligne courbe.

378. On donne par extension le nom d'*échelle de réduction* d'un
plan à une figure formée de deux traits rectilignes parallèles
(fig. 231) et divisés en plusieurs parties égales dont le nombre est
déterminé par les conditions mêmes de l'échelle.

Supposons par exemple que l'échelle d'un plan soit 0,0001, ce
qui veut dire que les lignes du terrain seront réduites au dix millième de leur longueur sur le plan. Une longueur de 100 mètres
sera représentée alors par 0,01 de mètre. On porte à la suite l'une
de l'autre, sur deux traits parallèles, 11 divisions égales à 0^m,01. On
divise la première en 10 parties égales et on place ensuite à l'extrémité de celle-ci 0, et des suivantes les nombres 10, 20, 30.... 100.

On conçoit facilement qu'on pourrait encore faire servir cette
échelle, si l'on réduisait à une unité décimale autre que 0,0001.

379. On donne encore le nom d'échelle de réduction à la figure
232. Elle est construite de la manière suivante : on trace onze lignes parallèles et équidistantes (leur écartement est arbitraire). On
divise l'une d'elles en onze parties égales, et par les points de di-

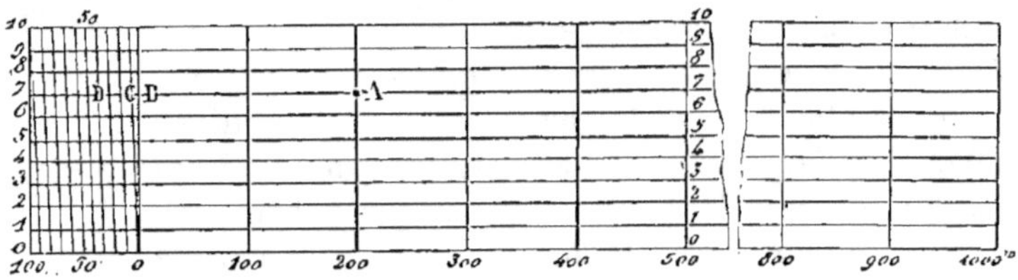

Fig. 232.

vision l'on mène des perpendiculaires à ces parallèles. On partage
la première division en 10 parties égales. On joint les points 1, 2,
3,.... de la ligne supérieure aux points 2, 3, 4,.... de la ligne inférieure. Ces transversales forment une suite de triangles semblables dans lesquels les côtés homologues horizontaux représentent
1, 2, 3, 4,.... centièmes de chacune des 10 grandes divisions.

Supposons chacune des grandes divisions égale à 0^m,01 et l'é-
chelle au 0,0001, chaque division représentera 100 mètres ; et si

l'on veut prendre la longueur 237 mètres, par exemple, on placera les deux pointes du compas en A et B sur la ligne horizontale à la gauche de laquelle est écrit le chiffre 7. La distance AD se trouvera alors composée de AB qui représente 200 mètres, de DC qui représente 30 mètres et de CB qui représente 7 mètres.

LIVRE IV.

§ 1. — Relations métriques.

THÉORÈME.

380. *Si du sommet de l'angle droit d'un triangle rectangle on abaisse une perpendiculaire sur l'hypoténuse :*

1° On divise le triangle en deux triangles rectangles semblables au triangle donné et semblables entre eux.

2° Chaque côté de l'angle droit est moyen proportionnel entre l'hypoténuse et sa projection sur l'hypoténuse.

3° La perpendiculaire est moyenne proportionnelle entre les deux segments de l'hypoténuse (fig. 233).

Soient le triangle rectangle ABC, A l'angle droit et AD la perpendiculaire abaissée du sommet A sur l'hypoténuse.

1° Les triangles rectangles ABD, ABC ayant l'angle aigu B commun sont semblables.

Les triangles rectangles ADC, ABC ayant l'angle aigu C commun sont aussi semblables.

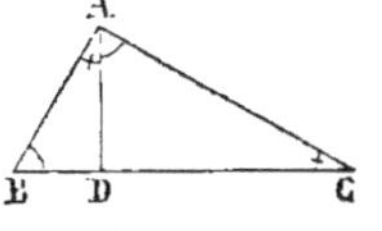

Fig. 233.

Les triangles ABD, ADC, semblables au triangle ABC, sont semblables entre eux.
On peut le démontrer du reste aussi, en faisant remarquer qu'ils sont équiangles, les angles aigus BAD et ACD étant égaux comme complémentaires d'un même angle.

2° On déduit de la similitude des triangles ABD, ABC :

$$(1) \qquad \frac{BD}{AB} = \frac{AB}{BC};$$

et de la similitude des triangles ADC, ABC :

$$(2) \qquad \frac{DC}{AC} = \frac{AC}{BC}.$$

3° On déduit de la similitude des triangles ABD, ACD :

$$(3) \qquad \frac{BD}{AD} = \frac{AD}{DC}.$$

381. Corollaire I. — Les égalités [(1) et (2) 2°] donnent les relations :

$$(4) \qquad \overline{AB}^2 = BD \times BC,$$
$$(5) \qquad \overline{AC}^2 = DC \times BC,$$

desquelles on déduit :

$$\overline{AB}^2 + \overline{AC}^2 = \overline{BC}^2.$$

Le carré du nombre qui représente la longueur de l'hypoténuse est égal à la somme des carrés des nombres qui représentent les longueurs des côtés de l'angle droit. On énonce ordinairement ce théorème en disant : *Le carré de l'hypoténuse est égal à la somme des carrés des côtés de l'angle droit.*

382. Corollaire II. — Des relations [(4) et (5) coroll. I], on déduit, en divisant chacune d'elles par $\overline{BC}^2$:

$$\frac{\overline{AB}^2}{\overline{BC}^2} = \frac{BD}{BC},$$
$$\frac{\overline{AC}^2}{\overline{BC}^2} = \frac{DC}{BC}.$$

Le rapport du carré d'un côté de l'angle droit au carré de l'hypoténuse est égal au rapport de la projection de ce côté, sur l'hypoténuse, à l'hypoténuse.

383. Corollaire III. — Si l'on divise par ordre les relations [(4) et (5) coroll. I], on trouve :

$$\frac{\overline{AB}^2}{\overline{AC}^2} = \frac{BD}{DC}.$$

Le rapport des carrés des côtés de l'angle droit est égal au rapport des projections de ces côtés sur l'hypoténuse.

384. Corollaire IV. — La diagonale AC d'un carré ABCD est l'hypoténuse d'un triangle rectangle et isocèle ABC dont les côtés de l'angle droit sont égaux au côté du carré. On a donc (fig. 234) :

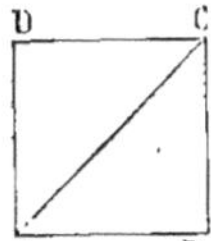

Fig. 234.

$$\overline{AC}^2 = 2\overline{AB}^2 ;$$

d'où l'on déduit :

$$AC = AB\sqrt{2} ;$$

et

$$\frac{AC}{AB} = \sqrt{2}.$$

Le rapport de la diagonale d'un carré au côté de ce carré est égal à $\sqrt{2}$. Par conséquent, la diagonale d'un carré est incommensurable avec le côté du carré.

THÉORÈME.

385. *Le carré d'un côté, opposé à un angle aigu dans un triangle, est égal à la somme des carrés des deux autres côtés, diminuée de deux fois le produit de l'un de ces côtés par la projection de l'autre sur celui-ci.*

Soient ABC un triangle et AB le côté opposé à l'angle aigu C.

La perpendiculaire abaissée du sommet A sur BC, peut tomber dans l'intérieur du triangle (fig. 235) ou à l'extérieur (fig. 236).

1° Considérons le premier cas (fig. 235). Le triangle ABD étant rectangle :

$$\overline{AB}^2 = \overline{AD}^2 + \overline{BD}^2 ;$$

or

$$BD = BC - DC ;$$

et, d'après le théorème d'arithmétique : *Le carré de la diffé-*

rence de deux nombres est égal à la somme de leurs carrés, dimi-nuée du double produit des deux nombres $[(a - b)^2 = a^2 + b^2 - 2ab]$:

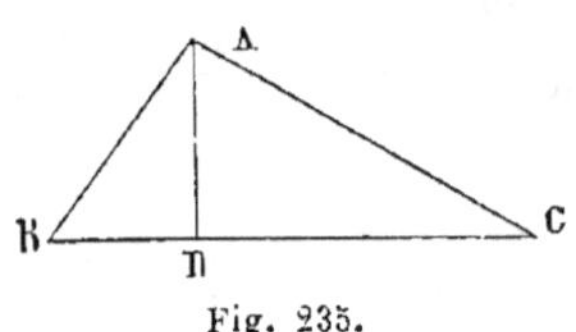
Fig. 235.

$$\overline{BD}^2 = \overline{BC}^2 + \overline{DC}^2 - 2BC \times DC ;$$

on a donc :

$$\overline{AB}^2 = \overline{AD}^2 + \overline{BC}^2 + \overline{DC}^2 - 2BC \times DC ;$$

et, comme le triangle ADC est rectangle ;

$$\overline{AD}^2 + \overline{DC}^2 = \overline{AC}^2 ;$$

par suite

$$\overline{AB}^2 = \overline{BC}^2 + \overline{AC}^2 - 2BC \times DC.$$

2° Lorsque la perpendiculaire tombe à l'extérieur du triangle (fig. 236), on a :

$$BD = DC - BC;$$

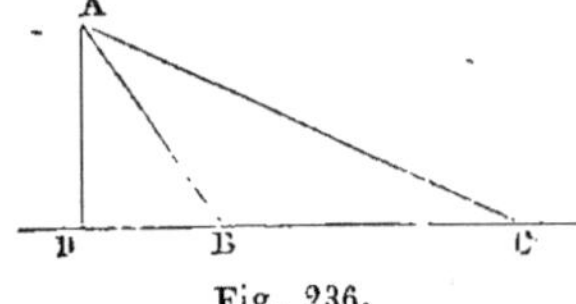
Fig. 236.

et, par suite :

$$\overline{BD}^2 = \overline{BC}^2 + \overline{DC}^2 - 2BC \times DC.$$

Par conséquent, d'après le même raisonnement,

$$\overline{AB}^2 = \overline{BC}^2 + \overline{AC}^2 - 2BC \times DC.$$

THÉORÈME.

386. *Le carré d'un côté, opposé à un angle obtus dans un triangle, est égal à la somme des carrés des deux autres côtés, augmentée de deux fois le produit de l'un de ces côtés par la projection de l'autre sur celui-ci* (fig. 237).

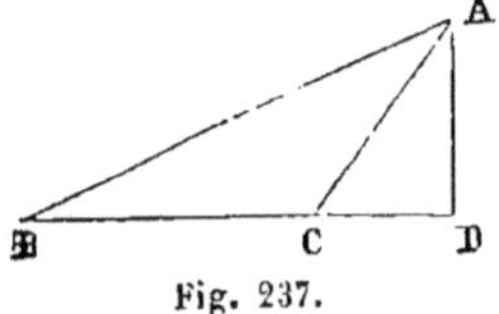
Fig. 237.

Soient ABC un triangle et AB le côté opposé à l'angle obtus C. La perpendiculaire AD abaissée du sommet A sur BC tombe à l'extérieur du triangle ; et dans le triangle rectangle ABD :

$$\overline{AB}^2 = \overline{AD}^2 + \overline{BD}^2 \; ;$$

or,

$$BD = BC + CD \; ;$$

et, d'après le théorème d'arithmétique : *Le carré de la somme de deux nombres est égal à la somme de leurs carrés augmentée du double produit des deux nombres* $[(a + b)^2 = a^2 + b^2 + 2ab]$:

$$\overline{BD}^2 = \overline{BC}^2 + \overline{CD}^2 + 2BC \times CD \; ;$$

on a donc :

$$\overline{AB}^2 = \overline{AD}^2 + \overline{BC}^2 + \overline{CD}^2 + 2BC \times CD \; ;$$

et, comme le triangle ADC est rectangle :

$$\overline{AD}^2 + \overline{DC}^2 = \overline{AC}^2 .$$

Donc :

$$\overline{AB}^2 = \overline{BC}^2 + \overline{AC}^2 + 2BC \times DC .$$

387. Corollaire. — Il résulte des théorèmes 381, 385, 386, que, selon qu'un côté d'un triangle est opposé à un angle droit, aigu, ou obtus, le carré de ce côté est égal, inférieur, ou supérieur à la somme des carrés des deux autres côtés.

Les réciproques sont vraies (59).

THÉORÈME.

388. *La somme des carrés de deux côtés d'un triangle est égale au carré de la médiane du troisième côté, plus deux fois le carré de la moitié de ce dernier côté* (fig. 235).

Soient le triangle ABC, AD la médiane de BC et AE la perpendiculaire abaissée du sommet A sur BC.

Le côté AB étant opposé à un angle aigu dans le triangle ABD :

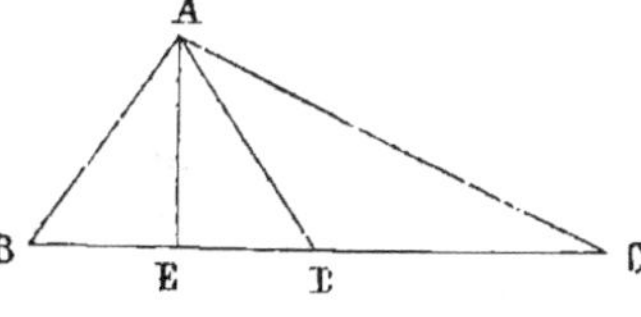

Fig. 238.

$$\overline{AB}^2 = \overline{AD}^2 + \overline{BD}^2 - 2BD \times ED ; \quad (1)$$

le côté AC étant opposé à un angle obtus dans le triangle ADC :

$$\overline{AC}^2 = \overline{AD}^2 + \overline{DC}^2 + 2DC \times ED. \quad (2)$$

Ajoutant (1) et (2), on trouve, puisque BD = DC :

$$\overline{AB}^2 + \overline{AC}^2 = \overline{2AD}^2 + \overline{2BD}^2.$$

THÉORÈME.

389. *La somme des carrés des quatre côtés d'un quadrilatère est égale à la somme des carrés des diagonales, plus quatre fois le carré de la droite qui joint les milieux des diagonales* (fig. 239).

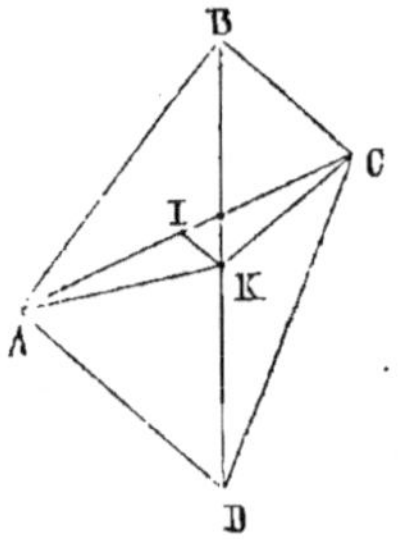

Soient le quadrilatère ABCD, KI la droite qui joint les milieux des diagonales.

Si l'on tire la droite AK, on a dans le triangle ABD :

$$(1) \quad \overline{AB}^2 + \overline{AD}^2 = \overline{2AK}^2 + \overline{2BK}^2 ;$$

et, si l'on tire la droite CK, on a dans le triangle BCD :

$$(2) \qquad \overline{BC}^2 + \overline{CD}^2 = \overline{2CK}^2 + \overline{2BK}^2.$$

Fig. 239.

On trouve, en ajoutant (1) et (2) :

$$\overline{AB}^2 + \overline{BC}^2 + \overline{CD}^2 + \overline{AD}^2 = 2(\overline{AK}^2 + \overline{CK}^2) + 4\overline{BK}^2.$$

Or, on a dans le triangle ACK :

$$\overline{AK}^2 + \overline{CK}^2 = \overline{2AI}^2 + \overline{2KI}^2 ;$$

par conséquent :

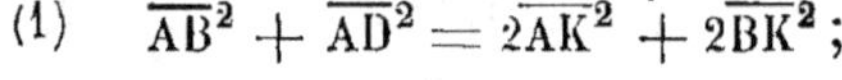

$$\overline{AB}^2 + \overline{BC}^2 + \overline{CD}^2 + \overline{DA}^2 = 4\overline{AI}^2 + 4\overline{BK}^2 + 4\overline{KI}^2 = \overline{AC}^2 + \overline{BD}^2 + 4\overline{KI}^2.$$

390. CorOLLAIRE. — Si le quadrilatère est un parallélogramme, la distance KI est nulle ; par conséquent *la somme des carrés des quatre côtés d'un parallélogramme est égale à la somme des carrés des diagonales.*

THÉORÈME.

391. *Le produit de deux côtés d'un triangle est égal au produit du diamètre de la circonférence circonscrite, par la hauteur correspondante au troisième côté* (fig. 240).

Soient ABC le triangle donné et O le centre de la circonférence circonscrite; tirons le diamètre CE et la corde AE; menons la hauteur AD. Les triangles rectangles ADB, ACE sont équiangles, car ils ont un angle aigu égal, ABC = AEC. On a donc :

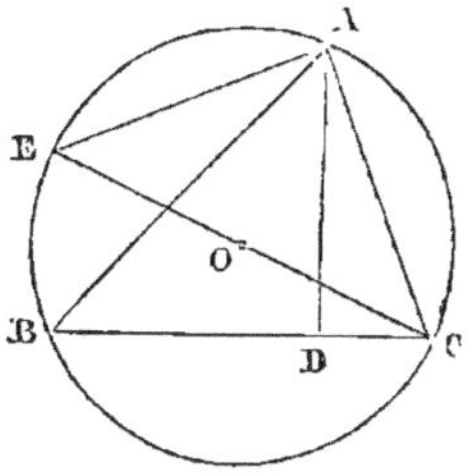

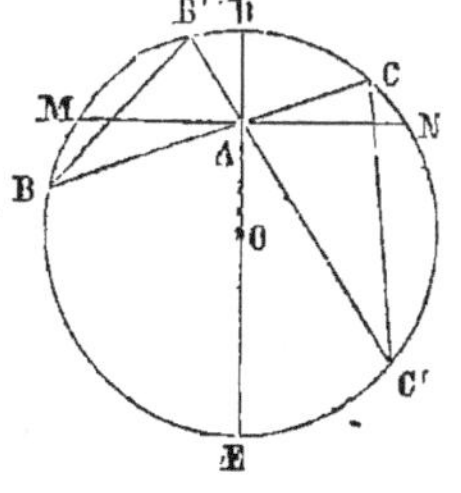
Fig. 240.

$$\frac{AB}{CE} = \frac{AD}{AC};$$

d'où :

$$(1) \qquad AB \times AC = CE \times AD.$$

392. CoROLLAIRE. — Si l'on multiplie par le troisième côté BC les deux membres de l'égalité (1), on trouve :

$$AB \times AC \times BC = BC \times AD \times CE;$$

c'est-à-dire que *le produit des trois côtés d'un triangle est égal au produit de l'un des côtés par la hauteur correspondante, multiplié par le diamètre de la circonférence circonscrite.*

THÉORÈME.

393. *Si, par un point pris à l'intérieur d'une circonférence, on trace une corde quelconque, le produit des deux segments compris entre le point et les deux extrémités de la corde est constant* (fig. 241).

Soient O la circonférence et A le point donné, BC une corde quelconque menée par le point A. Menons par ce point une seconde corde B'C' et joignons les points B, B' et les points C, C'. Les triangles ABB', ACC' sont équiangles; par conséquent

Fig. 241.

$$\frac{AB}{AC'} = \frac{AB'}{AC};$$

on déduit de là :

$$AB \times AC = AB' \times AC'.$$

394. Corollaire. — Tirons la corde MN perpendiculaire au diamètre qui passe au point A, on aura (fig. 241) :

$$AB \times AC = AM \times AN = \frac{\overline{MN}^2}{4}.$$

Le produit constant AB $\times$ AC est donc égal au carré de la moitié de la corde perpendiculaire au diamètre qui passe par le point A.

395. Réciproquement. — *Si quatre points* B, B', C, C' *(fig. 241), sont distribués sur deux droites qui se coupent en* A *de telle sorte que* AB $\times$ AC = AB' $\times$ AC', *les quatre points* B, B', C, C' *sont sur une même circonférence.*

Car la circonférence, qui passe par les trois points B, B', C, doit rencontrer le prolongement de B'A en un point dont la distance au point A, multipliée par AB', donne un produit égal à AB $\times$ AC. Donc, cette distance est AC'.

THÉORÈME.

396. *Si l'on mène une sécante à une circonférence par un point extérieur, le produit des distances de ce point aux deux points d'intersection de la sécante et de la cir-*

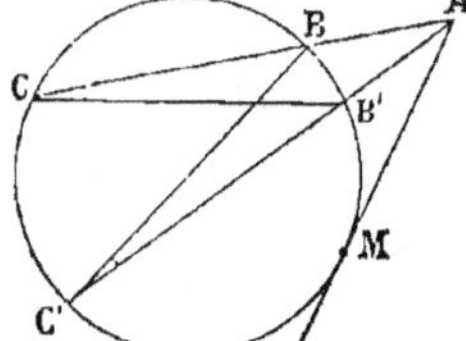

Fig. 242.

conférence est constant (fig. 242).

Soient A le point donné hors de la circonférence, BC une sécante menée par le point A. Menons par ce point une seconde sécante B'C', et tirons les cordes BC' et B'C. Les triangles ACB', AC'B sont équiangles ; par conséquent

$$\frac{AC}{AC'} = \frac{AB'}{AB};$$

on déduit de là :

$$AC \times AB = AC' \times AB'.$$

397. Corollaire. — Si l'on fait tourner la sécante AC′ autour du point A, le produit AB′ $\times$ AC′ sera constamment égal au produit AB $\times$ AC, dans toutes les positions de la sécante AC′. Cela aura donc encore lieu, lorsque les deux points B′ et C′ se réuniront en un seul, M. De sorte que

$$AB \times AC = \overline{AM}^2.$$

Par conséquent, *si l'on mène d'un point extérieur une sécante et une tangente à une circonférence, la tangente sera moyenne proportionnelle entre la sécante entière et sa partie extérieure.*

On peut, au reste, démontrer directement ce théorème de la manière suivante (fig. 243). Soient AB une tangente et AC une sécante menées du point A à la circonférence. Joignons au point de contact B les points C et D où la sécante rencontre la circonférence. Les triangles ABD, ABC sont équiangles, on a donc :

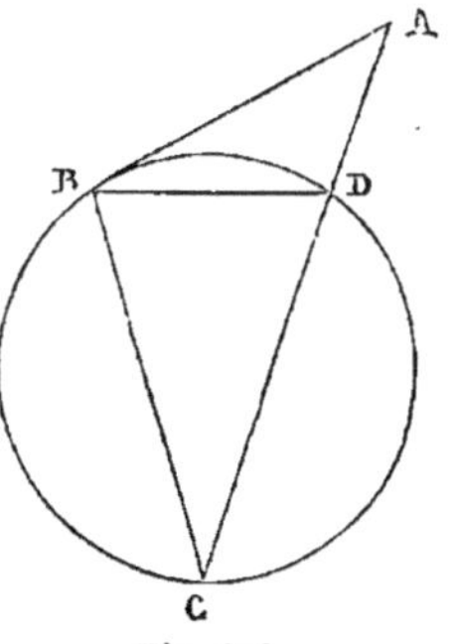

Fig. 243.

$$\frac{AD}{AB} = \frac{AB}{AC};$$

d'où l'on déduit :

$$AD \times AC = \overline{AB}^2.$$

398. Réciproquement. — 1° *Si l'on prend sur deux droites concourantes, d'un même côté du point d'intersection* A *(fig. 242), quatre points* B, C, B′, C′, *tels que* AB $\times$ AC = AB′ $\times$ AC′, *les quatre points* B, C, B′, C′, *appartiendront à une même circonférence.*

2° *Si l'on prend sur deux droites concourantes au point* A, *trois points* B, C, D *(fig. 243), tels que* $\overline{AB}^2$ = AC $\times$ AD, *la circonférence qui passe par les trois points* A, C, D *sera tangente en* B *à la droite* AB.

On démontrera ces deux réciproques par un raisonnement semblable à celui qui a été employé n° 395.

399. Scolie I. — On peut déduire de chacun des théorèmes (393, 396) un moyen de construire la quatrième proportionnelle à trois droites données.

400. Scolie II. — On nomme *puissance d'un point par rapport à un cercle*, le produit des distances de ce point aux deux points de rencontre de la circonférence avec une sécante menée par ce point. Si l'on désigne par d la distance du point au centre, par r le rayon, cette puissance est égale, d'après ce qu'on vient de voir, à $\pm\,(r^2 - d^2)$, suivant que le point est intérieur ou extérieur à la circonférence.

PROBLÈME.

401. *Trouver le lieu des points d'où l'on peut mener à deux circonférences données des tangentes égales entre elles (fig. 244).*

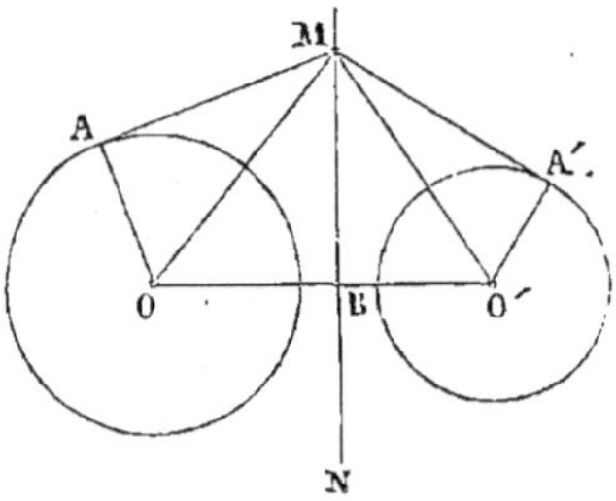

Fig. 244.

Supposons que M soit un point du lieu, on doit avoir :

$$\overline{\mathrm{AM}}^2 = \overline{\mathrm{A'M}}^2,$$

ou :

$$\overline{\mathrm{OM}}^2 - \overline{\mathrm{OA}}^2 = \overline{\mathrm{O'M}}^2 - \overline{\mathrm{O'A'}}^2 ; \quad (1)$$

abaissant la perpendiculaire MB, on a (384) :

$$\overline{\mathrm{O'M}}^2 = \overline{\mathrm{OM}}^2 = \overline{\mathrm{OO'}}^2 - 2\mathrm{OO'} \times \mathrm{OB}.$$

En substituant dans (1) cette valeur de $\overline{\mathrm{O'M}}^2$, et en désignant par r, r' les rayons et par d la distance des centres, on trouve :

$$\mathrm{OB} = \frac{d^2 + r^2 - r'^2}{2d} ;$$

Le lieu est donc la droite MN menée par le point B perpendiculairement à la droite qui unit les centres.

402. Corollaire I. — $\overline{\mathrm{OM}}^2 - \overline{\mathrm{OA}}^2$ est la puissance du point M par rapport au cercle O ; $\overline{\mathrm{O'M}}^2 - \overline{\mathrm{O'A'}}^2$ est la puissance de ce point par rapport au cercle O' ; or on a déterminé la droite OM d'après la condition (1), qui exprime que le point M est d'égale puissance par rapport aux deux cercles. Par conséquent on peut dire que *la droite*

MN *est le lieu des points d'égale puissance par rapport aux deux cercles O et O'.*

On donne à la droite MN le nom d'*axe radical* des deux cercles O et O'.

403. **Corollaire II.** — Lorsque deux circonférences se coupent, la corde commune est l'axe radical ; et, lorsque deux circonférences sont tangentes extérieurement ou intérieurement, la tangente commune est l'axe radical.

404. **Corollaire III.** — Pour trouver l'axe radical de deux cercles O, O', il suffit de décrire une circonférence dont le centre O″ ne soit pas en ligne droite avec les centres O et O' et qui coupe les deux circonférences. La corde commune aux circonférences O et O″ rencontre la corde commune aux circonférences O' et O″ en un point qui appartient à l'axe radical des cercles O et O' ; et comme ce dernier axe doit être perpendiculaire à la droite OO', il se trouve déterminé.

THÉORÈME.

405. *Le produit de deux côtés d'un triangle est égal au produit des deux segments que détermine la bissectrice intérieure sur le troisième côté, augmenté du carré de la bissectrice (fig. 245).*

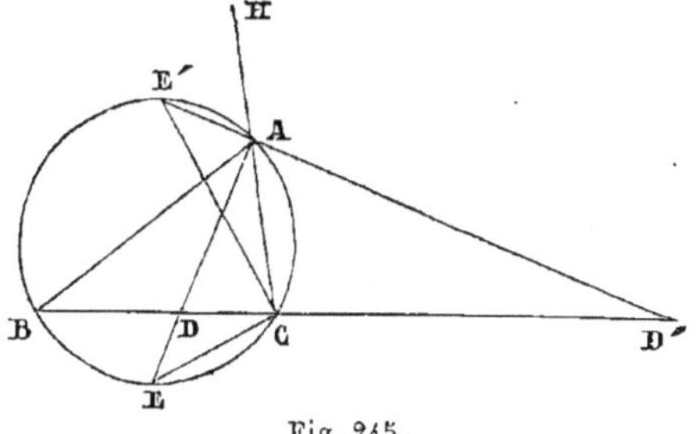
Fig. 245.

Soit ABC le triangle donné. Traçons la circonférence circonscrite et la bissectrice AD de l'angle A. Joignons au sommet C le point E où cette bissectrice prolongée rencontre la circonférence. Les triangles ABD, AEC sont équiangles, comme ayant l'angle B égal à l'angle E et BAD = EAC ; par suite :

$$\frac{AB}{AE} = \frac{AD}{AC} ;$$

d'où :

$$AB \times AC = AE \times AD = (AD + DE) \times AD = \overline{AD}^2 + AD \times DE ;$$

or (393),

$$AD \times DE = BD \times DC ; \text{ donc } AB \times AC = BD \times DC + \overline{AD}^2.$$

406. Scolie. — Si l'on tire la bissectrice AD′ de l'angle extérieur A, qu'on joigne au sommet C le point E′, où cette bissectrice prolongée rencontre la circonférence, on forme les triangles équiangles ABD′, AE′C (fig. 245) ; par conséquent

$$\frac{AB}{AE'} = \frac{AD'}{AC}; \quad \text{d'où :}$$

$$AB \times AC = AE' \times AD' = (D'E' - AD') \times AD' = D'E' \times AD' - \overline{AD'}^2 ;$$

et comme (396),

$$D'E' \times AD' = BD' \times CD',$$

il en résulte :

$$AB \times AC = BD' \times CD' - \overline{AD'}^2.$$

Par conséquent, *le produit de deux côtés d'un triangle est égal au produit des deux segments que détermine la bissectrice extérieure sur le troisième côté, diminué du carré de la bissectrice.*

THÉORÈME.

407. *Dans tout quadrilatère inscriptible, le produit des diagonales est égal à la somme des produits des côtés opposés* (fig. 246).

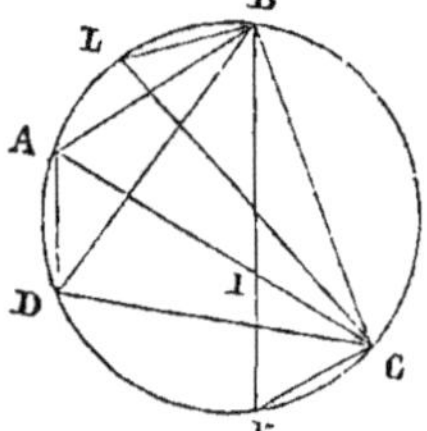

Fig. 246.

Soient le quadrilatère inscriptible ABCD, AC et BD ses diagonales.

Faisons au point B l'angle CBI égal à ABD. Les triangles BDA, BIC étant équiangles, on a :

$$\frac{BD}{BC} = \frac{AD}{IC}; \quad \text{d'où : } BD \times IC = AD \times BC. \quad (1)$$

Pareillement les triangles BDC, BAI étant équiangles :

$$\frac{BD}{AB} = \frac{DC}{AI}; \quad \text{d'où : } BD \times AI = AB \times DC. \quad (2)$$

Ajoutant les égalités (1) et (2), on trouve :

$$BD \times AC = AD \times BC + AB \times DC.$$

THÉORÈME.

408. *Dans tout quadrilatère inscriptible, le rapport des diagonales est égal au rapport des sommes des produits des côtés qui aboutissent à leurs extrémités* (fig. 246).

Si l'on prolonge BI jusqu'à sa rencontre en K avec la circonférence, l'arc KC sera égal à l'arc AD et on aura (407) :

$$(1) \quad AC \times BK = CB \times AK + AB \times KC = CB \times CD + AB \times AD ;$$

si l'on fait ensuite au point C l'angle BCL égal à l'angle ACD, l'arc BL sera égal à l'arc AD et on aura :

$$(2) \quad BD \times CL = BL \times DC + BC \times DL = DA \times DC + BC \times BA.$$

Divisant par ordre (1) et (2), on trouve, puisque BK = CL :

$$\frac{AC}{BD} = \frac{AB \times AD + CB \times CD}{BA \times BC + DA \times DC}.$$

PROBLÈME.

409. *Construire la moyenne proportionnelle entre deux longueurs données.*

Soient a et b les deux longueurs données.

Première construction (fig. 247). — Sur une droite indéfinie on porte à la suite l'une de l'autre deux longueurs AB, BC respectivement égales à a et b ; sur AC comme diamètre, on décrit une demi-circonférence et au point B on élève sur AC une perpendiculaire qu'on prolonge jusqu'à sa rencontre en D avec la circonférence. La droite BD est la moyenne proportionnelle demandée (380, 3°).

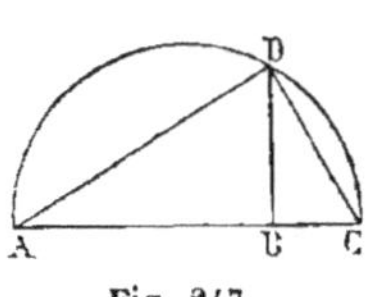

Fig. 247.

Deuxième construction (fig. 248). — On prend sur une droite indéfinie, à partir d'un même point A et dans le même sens, deux longueurs AB, AC respectivement égales à a et b. Sur la plus grande des deux longueurs AB, comme diamètre, on décrit une demi-circonférence ; au

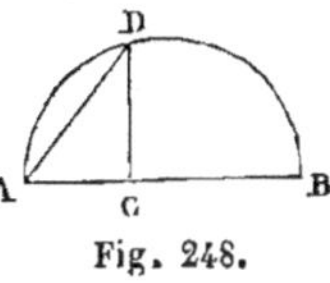

Fig. 248.

point C on élève une perpendiculaire sur AB et on la prolonge jusqu'à sa rencontre en D avec la circonférence. La

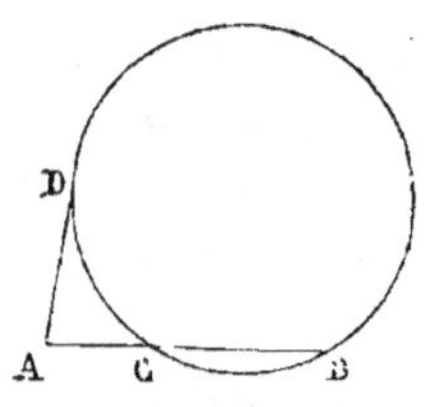

Fig. 249.

corde AD est la moyenne proportionnelle demandée (380, 2°).

Troisième construction (fig. 249). — On prend sur une droite indéfinie, à partir d'un point A dans le même sens, deux longueurs, l'une AB $= a$, l'autre AC $= b$. Par les points B et C on fait passer une circonférence quelconque ; la tangente AD est la moyenne proportionnelle demandée (397).

PROBLÈME.

410. *Construire la troisième proportionnelle à deux longueurs données.*

Soient a et b deux longueurs données, trouver une longueur x, telle que $b^2 = a \times x$.

1° Si a est plus grand que b (fig. 250), on décrit sur une

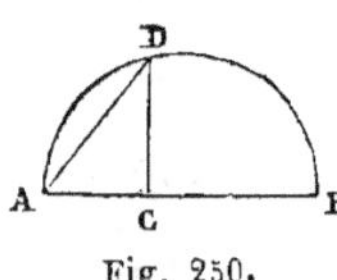

Fig. 250.

droite AB $= a$, comme diamètre, une demi-circonférence ; par le point A on tire une corde AD $= b$ et on abaisse du point D une perpendiculaire DC sur AB. La projection AC de AD sur AB, est la longueur x demandée (380, 2°).

2° Si a est moindre que b (fig. 251), on prend sur une droite

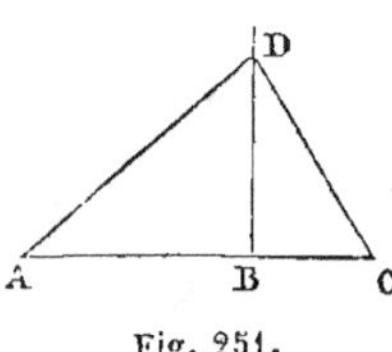

Fig. 251.

indéfinie une longueur AB $= a$. Au point B on élève une perpendiculaire sur AB et, du point A comme centre avec b pour rayon, on décrit une circonférence qui coupe en D cette perpendiculaire : on tire la droite AD, et on élève sur AD, au point D, une perpendiculaire qui rencontre le prolongement de AB en un point C, dont la distance AC, au point A, est la troisième proportionnelle demandée (380, 2°).

411. *Diviser une droite donnée en moyenne et extrême raison.*

(On dit qu'une droite est divisée en moyenne et extrême raison, lorsqu'elle est partagée en deux segments, tels que le plus grand soit moyen proportionnel entre la droite entière et l'autre segment.

Soit AB la droite donnée (fig. 252). Au point B, on élève sur AB une perpendiculaire BO égale à la moitié de AB, et on

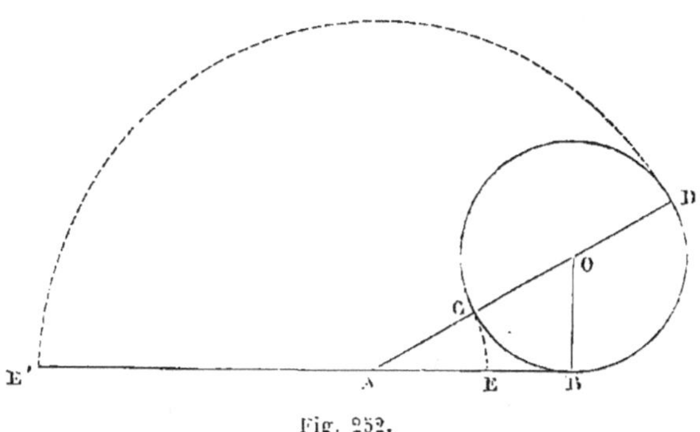

Fig. 252.

décrit une circonférence du point O comme centre, avec BO pour rayon. La droite menée par les points A et O rencontre cette circonférence aux points C et D, et AC est égale au plus grand segment de AB divisée en moyenne et extrême raison ; en effet, on a (397) :

$$(1) \qquad \frac{AD}{AB} = \frac{AB}{AC};$$

d'où : $\dfrac{AB}{AD - AB} = \dfrac{AC}{AB - AC}$; ou $\dfrac{AB}{AC} = \dfrac{AC}{AB - AC}$.

Prenant AE = AC, sur la droite AB, le point E divise AB en moyenne et extrême raison ; car on a :

$$\frac{AB}{AE} = \frac{AE}{BE}.$$

412. Scolie. — Si l'on désigne AB par a, on trouve

$$AO = \sqrt{a^2 + \frac{a^2}{4}} = \sqrt{\frac{5}{4}a^2} = \frac{a}{2}\sqrt{5}, \text{ et AE} = AC = \frac{a}{2}\left(\sqrt{5} - 1\right);$$

par conséquent $EB = \frac{a}{2}\left(3 - \sqrt{5}\right)$; d'où :

$$\frac{AE}{EB} = \frac{\sqrt{5} - 1}{3 - \sqrt{5}} = \frac{\sqrt{5} + 1}{2}.$$

413. Corollaire. — On déduit de l'égalité (1) :

$$\frac{AD + AB}{AD} = \frac{AB + AC}{AB} = \frac{AD}{AB}.$$

Si l'on prend sur le prolongement de AB, à gauche de A, une longueur $AE' = AD$; on aura :

$$\frac{E'B}{E'A} = \frac{E'A}{AB}.$$

Chacun des points E et E' jouit donc de la propriété d'être placé sur la direction de AB à une distance du point A, laquelle est moyenne proportionnelle entre sa distance au point B et la droite AB.

414. Scolie. — Les distances AE', E'B sont exprimées respectivement par $\frac{a}{2}\left(\sqrt{5} + 1\right)$ et $\frac{a}{2}\left(\sqrt{5} + 3\right)$, si l'on désigne AB par a ; de sorte que

$$\frac{E'A}{E'B} = \frac{\sqrt{5} + 1}{\sqrt{5} + 3} = \frac{\sqrt{5} - 1}{2}.$$

PROBLÈME.

415. *Tracer une circonférence qui passe par deux points donnés et soit tangente à une droite donnée* (fig. 253).

Soient A et B les deux points et XY la droite donnés, C le point où la droite AB rencontre XY. La distance du point C au point de

contact doit être moyenne proportionnelle entre les distances CA et
CB. Par conséquent, après avoir déterminé cette moyenne proportionnelle, on la portera de
part et d'autre du point C
sur XY. Si D et D′ sont les
extrémités de ces deux distances, la circonférence qui
passe par les trois points

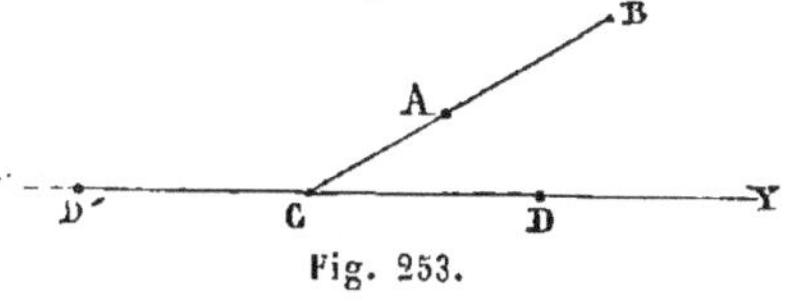

Fig. 253.

A, B, D et celle qui passe par les trois points A, B, D′ répondront
à la question et en seront les seules solutions.

416. Scolie I. — Si la droite AB était parallèle à XY, on élèverait,
sur le milieu de AB, une perpendiculaire qui rencontrerait XY au
point de contact et on ferait passer par ce point et les points A et B
une circonférence qui serait la seule solution de la question.

417. Scolie II. — La solution précédente conduit à celle du problème suivant : *tracer une circonférence tangente à deux droites
données et qui passe par un point donné.* En effet, soient AB, CD les
droites et M le point donnés. La circonférence demandée doit avoir
pour centre un point de la bissectrice de l'angle des deux droites,
et passer par le symétrique M′ du point M par rapport à la bissectrice ; par conséquent, le problème est ramené à tracer une circonférence tangente à l'une des droites AB, CD et qui passe par
deux points donnés M et M′.

PROBLÈME.

418. *Tracer une circonférence qui passe par deux points donnés et
soit tangente à une circonférence donnée* (fig. 254).

Soient O la circonférence, A et B les deux points. Par ces deux
points faisons passer une
circonférence qui coupe la
circonférence O. Tirons la
droite CH qui unit les deux
points d'intersection, et
prolongeons-la jusqu'à sa
rencontre en D avec la
droite qui unit les points
A, B. Du point D, menons
deux tangentes DE, DE′ à la
circonférence O. Les deux

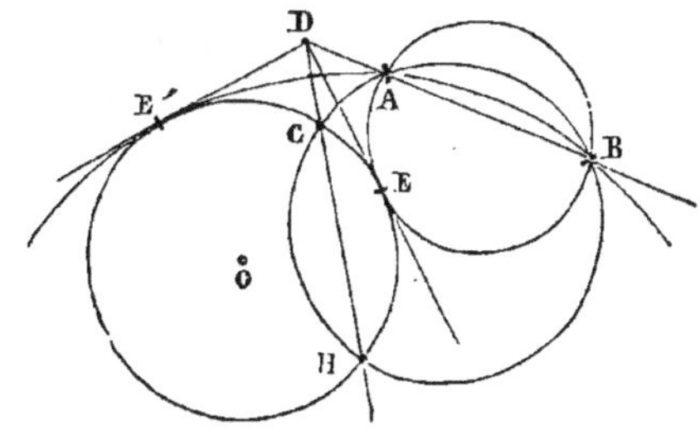

Fig. 254.

circonférences menées, l'une par A, B, E et l'autre par A, B, E′
répondent à la question et en sont les seules solutions.

419. *Tracer une circonférence qui passe par un point donné et soit tangente à une circonférence et à une droite données* (fig. 255).

Supposons le problème résolu. Soient O la circonférence, AB la droite et M le point donnés.

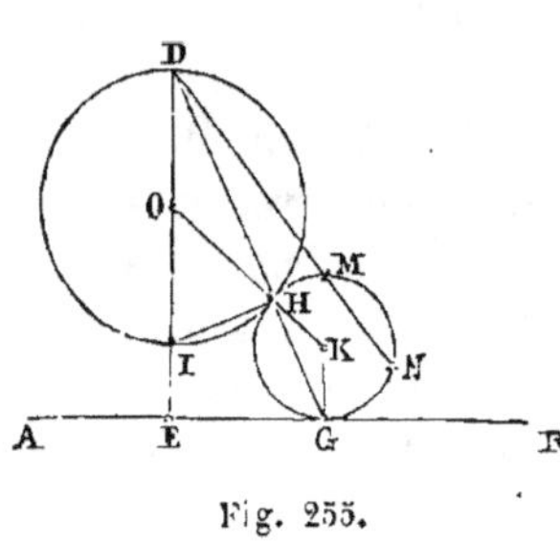

Fig. 255.

Menons du centre O la perpendiculaire DE à la droite AB, laquelle rencontre en D et I la circonférence. Si l'on joint le point D au point de contact H des deux circonférences, cette droite prolongée ira passer par le pied G de la perpendiculaire abaissée du point K, centre de la circonférence demandée, sur AB ; car si l'on tire la droite OK, qu'on joigne les points D et G au point H, les triangles ODH, HKG sont semblables, comme ayant un angle égal DOH = HKG compris entre côtés proportionnels. Par conséquent l'angle OHD est égal à l'angle KHG, et, par suite, les trois points D, H, G sont en ligne droite.

Or, si l'on tire la droite IH, on forme un quadrilatère IHGE inscriptible. Par conséquent, DI $\times$ DE = DH $\times$ DG. Donc, si N est le second point de rencontre de DM avec la circonférence K, on aura :

DI $\times$ DE = DM $\times$ DN et le point N pourra être déterminé.

La question sera donc ramenée à tracer une circonférence qui passe par les points M et N et soit tangente à la droite AB (415).

420. *Tracer une circonférence tangente à deux droites et à une circonférence données* (fig. 256).

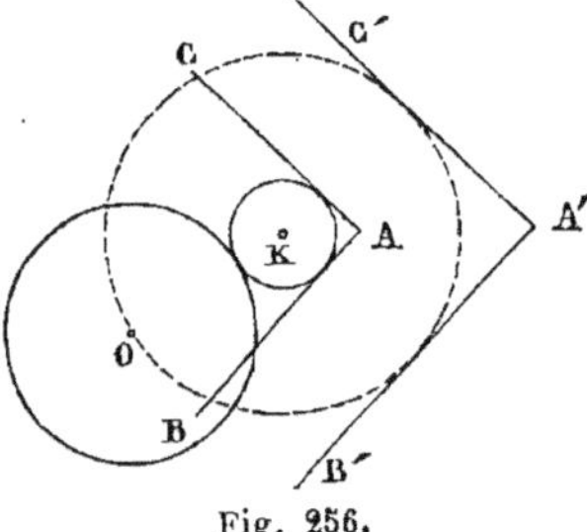

Fig. 256.

Soient O la circonférence, AB et AC les droites données. On mène à celles-ci deux parallèles A'B', A'C' qui soient situées en dehors de l'angle BAC, à des distances de chacune d'elles égales au rayon de la circonférence O ; et on trace une circonférence qui passe par le point O et soit tangente aux droites A'B', A'C' (417). Le centre K de cette circonférence est celui de la circonférence demandée; car, en décrivant de ce point comme centre, et avec un rayon égal à sa distance à l'une des droites, une circonférence, elle sera en même temps tangente à la circonférence O, puisque la distance des centres sera égale à la somme des rayons.

§ 2. — **Division harmonique des lignes droites.**
Pôle et polaire.

DÉFINITIONS.

421. On dit que quatre points A, B, M, N, en ligne droite (fig. 257), forment un *système harmonique*, lorsqu'ils sont disposés de telle sorte que le rapport des distances du premier, A, au deuxième et au quatrième, M et N, soit égal au rapport des distances du troisième, B, au deuxième et au quatrième, c'est-à-dire qu'on ait :

$$\frac{AM}{AN} = \frac{BM}{BN}.$$

Cette dernière relation porte le nom de *proportion harmonique*.

Les points M et N sont dits *conjugués harmoniques* par rapport à la droite AB, ou par rapport aux points A et B ; et les points A et B sont dits *conjugués harmoniques* par rapport à la droite MN, ou par rapport à M et N. Enfin on dit aussi que M et N *divisent harmoniquement* la droite AB, et que A et B *divisent harmoniquement* la droite MN.

Fig. 257.

422. Les bissectrices d'un angle d'un triangle et de l'angle extérieur adjacent divisent harmoniquement le côté opposé.

THÉORÈME.

423. *Si un segment de droite AB (fig. 257) est divisé harmoniquement par les deux points M et N, la moitié de ce segment est moyenne proportionnelle entre les distances de son milieu I aux deux points conjugués M et N, et réciproquement.*

De l'égalité :

$$\frac{AM}{AN} = \frac{BM}{BN}, \text{ on déduit : } \frac{AM + BM}{AM - BM} = \frac{AN + BN}{AN - BN},$$

$$\text{ou} : \frac{2AI}{2IM} = \frac{2IN}{2AI}, \text{ ou enfin} : \overline{AI}^2 = IM \times IN.$$

424. Réciproquement. — Si l'on a (fig. 257) :

$$\overline{AI}^2 = IM \times IN,$$

on aura aussi :

$$\frac{AM}{AN} = \frac{BM}{BN};$$

car de $\dfrac{AI}{IM} = \dfrac{IN}{AI}$, on déduit : $\dfrac{AI + IN}{IN - AI} = \dfrac{IM + AI}{AI - IM}$

$$\text{ou} : \frac{AN}{BN} = \frac{AM}{BM}, \text{ ou enfin} : \frac{AM}{AN} = \frac{BM}{BN}.$$

425. Définition. — On donne le nom de *faisceau harmonique* (fig. 258) à un système quelconque de quatre droites menées d'un même point à quatre points, formant sur une droite quelconque un système harmonique. Ainsi, supposons la droite AC divisée harmoniquement aux points B et D, les quatre droites OA, OB, OC, OD forment un faisceau harmonique.

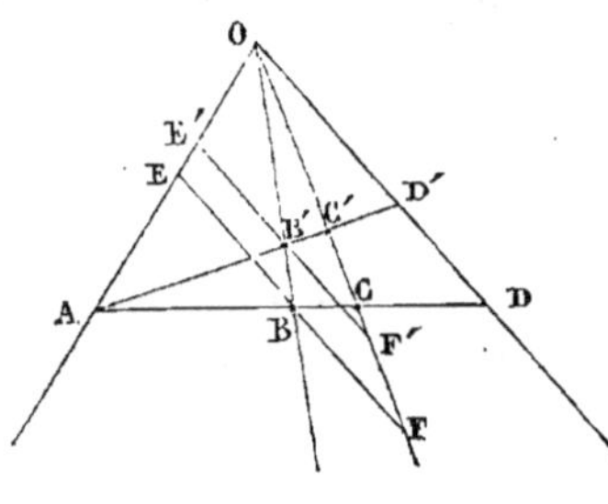

Fig. 258.

THÉORÈME.

426. *Lorsqu'une transversale coupe un faisceau harmonique, les quatre points de rencontre forment un système harmonique.*

Soit le faisceau ABCD (fig. 258), il est évident d'abord que toute parallèle à la droite AD coupera le faisceau en quatre points formant un faisceau harmonique.

Il suffit donc de considérer une transversale quelconque, qui ne passe pas par le point O, AD′, par exemple, et de démontrer que les quatre points A, B′, C′, D′ où elle rencontre les rayons OA, OB, OC, OD forment un système harmonique.

Menons par les points B et B′ les droites EF, E′F′ parallèlement à OD et terminées aux rayons OA, OC. De la similitude des triangles AEB, AOD, on déduit :

$$\frac{AB}{AD} = \frac{EB}{OD}, \quad (1)$$

et de la similitude des triangles BCD, OCF :

$$\frac{CB}{CD} = \frac{BF}{OD} \cdot \quad (2)$$

Comme $\dfrac{AB}{AD} = \dfrac{CB}{CD}$, il en résulte EB $=$ BF ; par suite, E'B' $=$ B'F'.
Or on déduit des triangles semblables AE'B', AOD' :

$$\frac{AB'}{AD'} = \frac{E'B'}{OD'} ;$$

et des triangles semblables B'C'F', OC'D' :

$$\frac{C'B'}{C'D'} = \frac{B'F'}{OD'} ;$$

par conséquent :

$$\frac{AB'}{AD'} = \frac{C'B'}{C'D'} \cdot$$

427. Corollaire. — *Toute parallèle à l'un des rayons d'un faisceau harmonique est divisée par les trois autres en deux parties égales.* Car on vient de voir que EB $=$ BF.

427 bis. Réciproquement. — Car on déduit alors des relations (1) et (2) :

$$\frac{AB}{AD} = \frac{CB}{CD} \cdot$$

DÉFINITIONS.

428. On dit que les rayons OB, OD (fig. 258) sont *conjugués harmoniques* par rapport aux rayons OA, OC, ou qu'ils divisent harmoniquement l'angle AOC ; et, pareillement, que les rayons OA, OC sont *conjugués harmoniques* par rapport aux rayons OB, OD, ou qu'ils divisent harmoniquement l'angle BOD.

THÉORÈME.

429. *Si par un point P, pris d'une manière quelconque dans le plan d'un angle YOX, on mène diverses sécantes telles que PAB, le lieu du point C, conjugué harmonique du point P par rapport au segment AB compris entre les côtés de l'angle, sera le rayon OC, conjugué harmonique de OP par rapport à l'angle YOX ou par rapport aux rayons OY, OX (fig. 259).*

Car (426) toute transversale menée par le point P coupera le faisceau OPACB en quatre points formant un système harmonique.

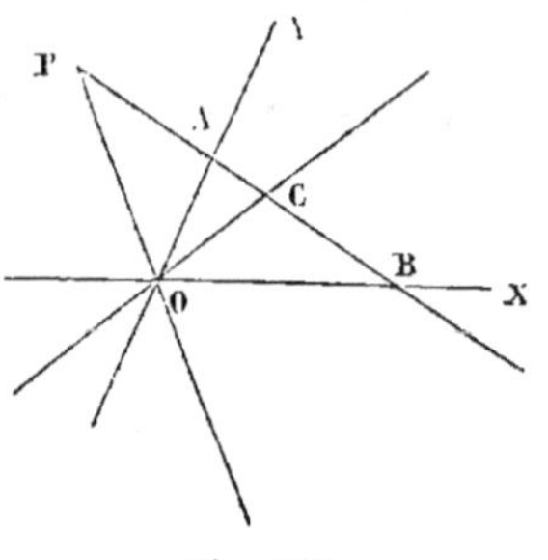

Fig. 259.

De sorte que si la transversale tourne autour du point P, le conjugué du point P décrira dans ce mouvement la droite OC conjuguée harmonique de OP par rapport à l'angle YOX.

430. SCOLIE. — Le point P est dit le *pôle* de la droite OC, et la droite OC est dite la *polaire* du point P, par rapport à l'angle YOX.

On voit immédiatement que la droite OC est aussi la polaire de tout autre point de la droite OP, et que pareillement la droite OP est la polaire d'un point quelconque de la droite OC, par rapport à l'angle YOX.

THÉORÈME.

431. *Si, par un point* P, *on mène deux transversales qui coupent les côtés de l'angle* YOX *aux points* A *et* B, A' *et* B', *le lieu des points* M *d'intersection des droites* AB', BA' *est la polaire du point* P, *par rapport à l'angle* YOX (fig. 260).

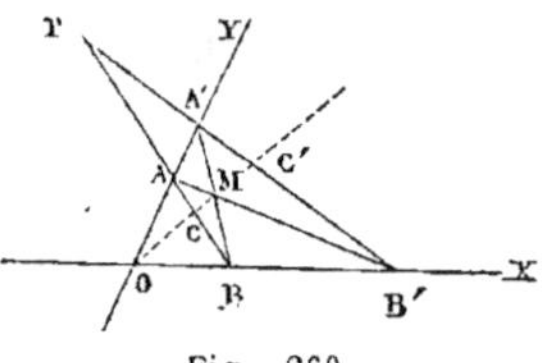

Fig. 260.

Si le point C est le conjugué harmonique du point P par rapport aux deux points A et B, les droites MP, MA, MC, MB forment un faisceau harmonique ; et par suite, la droite CM prolongée rencontre la droite A'B' en un point C', qui est le conjugué harmonique du point P, par rapport aux points A' et B'; la droite CC' est donc la polaire du point P, par rapport à l'angle YOX, et on voit qu'elle doit être le lieu du point M.

432. COROLLAIRE. — *Chacune des trois diagonales d'un quadrilatère complet est divisée harmoniquement par les deux autres* (fig. 261).

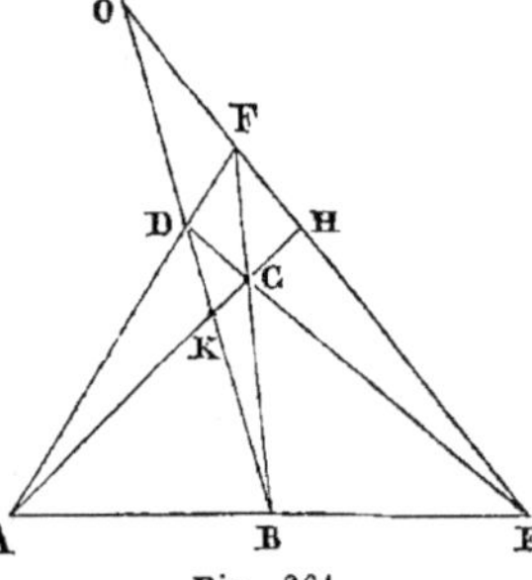

Fig. 261.

On donne le nom de *quadrilatère complet* à un système de quatre droites AE, AF, BF, DE, lesquelles se coupent deux à deux en six points A, B, C, D, E, F, qui sont les sommets du quadrilatère. Les droites AC, BD, EF qui joignent deux sommets opposés sont les *trois diagonales* du quadrilatère, et forment le triangle OKH.

Le point de rencontre O des diagonales BD, EF, est le pôle de la droite AC, par rapport à l'angle EAF ; par conséquent les points K et O divisent harmoniquement la droite BD ; et le point H est le conjugué harmonique du point O par rapport aux points E, F. Le point A est le pôle de la droite OC, par rapport à l'angle BOE; donc la droite AC est divisée harmoniquement par les points K et H.

THÉORÈME.

433. *Le lieu des points, dont les distances à deux points fixes donnés sont dans un rapport déterminé, est une circonférence* (fig. 262).

Soient A et B les deux points donnés, $\frac{m}{n}$ le rapport des deux distances ; C et D les deux points de la droite AB, dont les distances aux points A et B sont dans le rapport $\frac{m}{n}$.

D'abord tout point du lieu doit appartenir à la circonférence décrite sur DC comme diamètre. Car soit M un de ces points, si l'on tire les droites MA, MB, on aura $\frac{MA}{MB} = \frac{AC}{CB}$, d'où l'on conclut que MC est la bissectrice de l'angle AMB. Pour la même raison, MD est

la bissectrice de l'angle extérieur AMB'. Donc l'angle DMC est droit; d'où il suit que le point M est sur la circonférence décrite sur DC comme diamètre.

En second lieu, tout point M de la circonférence décrite sur DC comme diamètre, est

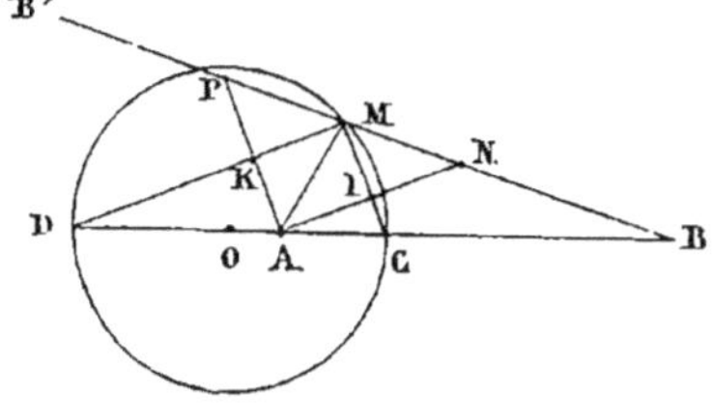

Fig. 262.

un point du lieu; car, si l'on tire par le point A les droites AN, AP respectivement parallèles à MD, MC, lesquelles coupent celles-ci en K et I, la figure AIMK sera un rectangle, et on aura dans le triangle PAB:

$$\frac{PM}{MB} = \frac{AC}{CB};\ \text{et dans le triangle MDB:}\ \frac{MN}{MB} = \frac{DA}{DB};$$

or, comme $\frac{AC}{CB} = \frac{DA}{DB}$, on en conclut : PM = MN ;

D'où résultent : AI $=$ IN, et l'égalité des triangles rectangles AIM, MIN, et, par suite, celle des angles AMC, CMB. Par conséquent :

$$\frac{MA}{MB} = \frac{AC}{CB} = \frac{m}{n}.$$

434. Corollaire. — Il résulte de ce théorème que *si deux points A et B divisent harmoniquement le diamètre DC d'une circonférence, le rapport des distances d'un point quelconque M de cette circonférence aux deux points conjugués A et B est constant.*

THÉORÈME.

435. *Si, par un point P, on mène une sécante quelconque PCD à la circonférence O, le lieu du conjugué harmonique M du point P par rapport à CD, lorsque la sécante tourne autour du point P, est une droite perpendiculaire au diamètre AB qui passe par le point P.*

Supposons d'abord le point P extérieur (fig. 263), et soit I le conjugué harmonique de P par rapport à AB. Comme les points C et D appartiennent à la circonférence, on a (433) :

$$\frac{CI}{CP} = \frac{IA}{AP} \quad \text{et} \quad \frac{DI}{DP} = \frac{IA}{AP} ;$$

par conséquent :

$$\frac{CI}{CP} = \frac{DI}{DP} ; \quad \text{d'où} : \quad \frac{CI}{DI} = \frac{CP}{DP}.$$

La droite IP est donc la bissectrice de l'angle extérieur I du triangle ICD ; par suite, la droite IK, perpendiculaire au diamètre AB, est la bissectrice de l'angle intérieur I du même triangle. Or les bissectrices de l'angle d'un triangle et de son supplément

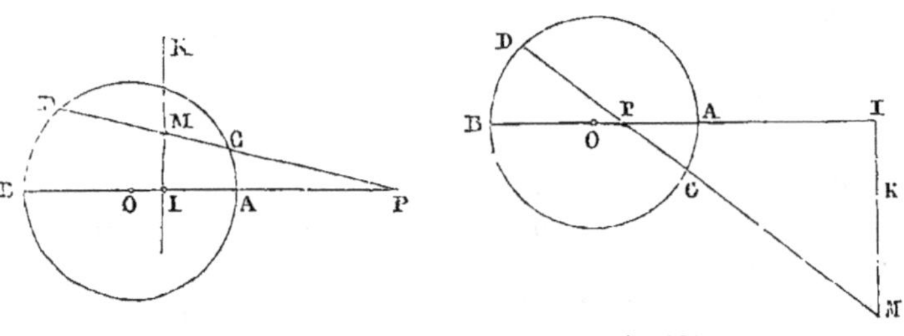

Fig. 263.   Fig. 264.

divisent harmoniquement le côté opposé (320). Donc le point M est sur la perpendiculaire IK.

Le lieu du point M est donc la droite menée perpendiculairement à AB par le point I conjugué de P par rapport à AB.

Supposons en second lieu le point P intérieur (fig. 264), et soit I le conjugué de P par rapport à AB, le raisonnement qu'on vient de faire conduira à conclure que :

$$\frac{CI}{DI} = \frac{CP}{DP};$$

par conséquent, la droite IP est la bissectrice de l'angle intérieur I du triangle ICD ; et par suite *le lieu du point est.... etc.*

436. Scolie. — Le point P est dit le *pôle* de la droite IK, et celle-ci la *polaire* du point P par rapport au cercle O.

437. Corollaire. — Le produit des distances OP, OI est égal au carré du rayon du cercle (421). De sorte que, si le pôle est extérieur, la polaire est intérieure, et réciproquement.

§ 3. — **Polygones réguliers**.

NOTIONS PRÉLIMINAIRES.

438. On nomme *polygone régulier,* un polygone qui a tous ses côtés égaux et tous ses angles égaux.

Nous ne considérerons que les *polygones réguliers convexes.*

Pour construire un polygone régulier de n côtés, il suffit d'assembler n triangles isocèles égaux entre eux, ayant pour angle au sommet la partie aliquote de quatre angles droits représentée par $\frac{1}{n}$; car le polygone aura ses côtés égaux et ses angles égaux. Ainsi, pour construire un pentagone régulier, il suffira d'assembler, c'est-à-dire de placer à côté les uns des autres, de manière qu'ils aient leur sommet au même point et deux à deux un côté commun, cinq triangles isocèles égaux et dont l'angle au sommet soit égal à $\frac{1}{5}$ de 4 angles droits (fig. 265).

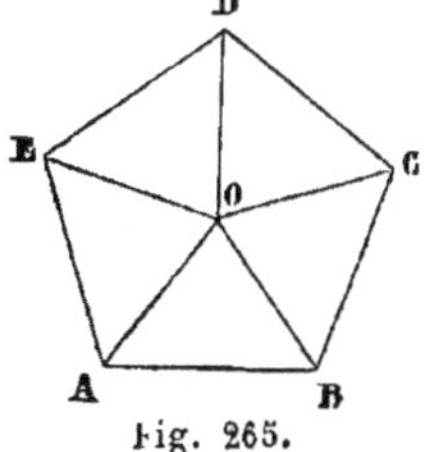

Fig. 265.

439. Si l'on divise une circonférence en n parties égales et

qu'on joigne deux à deux les points de division consécutifs, on forme aussi un polygone régulier de n côtés ; car les côtés sont des cordes égales, et les angles sont égaux comme ayant tous la même mesure.

440. On nomme *ligne brisée régulière*, une ligne brisée qui a tous ses côtés égaux et tous ses angles égaux.

THÉORÈME.

441. *Tout polygone régulier est inscriptible et circonscriptible au cercle* (fig. 266).

1° On peut circonscrire une circonférence à tout polygone régulier donné. Soit le polygone régulier ABCDEFGH. La circonférence qui passe par trois sommets consécutifs quelconques, A, B, C, par exemple, passe par le sommet suivant D. En effet, soient O le centre de cette circonférence et OI la

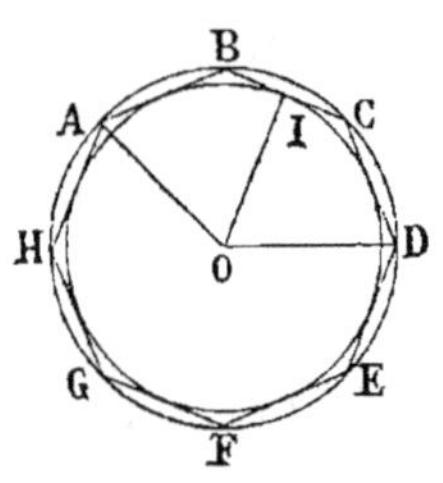

Fig. 266.

perpendiculaire abaissée du centre O sur le côté BC. Tirons les droites OA, OD. Les deux quadrilatères OIBA, OICD sont égaux ; car, si l'on fait tourner le quadrilatère OICD autour de OI pour le rabattre de l'autre côté de OI, le côté IC prendra la direction de IB, puisque les angles OIC, OIB sont droits, et, comme IC = IB, le point C tombera au point B. En outre, les angles B et C du polygone régulier étant égaux, le côté CD prendra la direction de BA et le point D tombera en A, puisque CD = BA. Les deux droites OD, OA coïncideront donc, et, par suite, la circonférence, décrite du point O comme centre avec un rayon égal à OA, passera par le point D. Le même raisonnement pouvant être appliqué à quatre sommets consécutifs quelconques, la circonférence, qui passe par trois sommets consécutifs, passe par le sommet suivant et, par conséquent, par tous les sommets du polygone.

2° On peut inscrire une circonférence à tout polygone régu

lier donné ; soit toujours le polygone ABCDEFGH (fig. 266). Les côtés de ce polygone sont des cordes égales de la circonférence circonscrite ; par conséquent, comme ces cordes sont également éloignées du centre O de cette circonférence (108), si l'on décrit une seconde circonférence du point O comme centre et avec un rayon égal à la perpendiculaire OI, cette circonférence sera tangente à tous les côtés du polygone et passera par le milieu de chacun d'eux.

442. Scolie I. — On ne peut circonscrire qu'une seule circonférence à un polygone régulier donné, car trois sommets consécutifs déterminent une circonférence.

443. Scolie II. — On ne peut inscrire qu'une seule circonférence à un polygone régulier donné, car les bissectrices des angles du polygone passent toutes par le point O, centre de la circonférence circonscrite.

444. Scolie III. — Le point O, centre commun de la circonférence circonscrite et de la circonférence inscrite (fig. 266), est dit le *centre* du polygone régulier.

On appelle *rayon* d'un polygone régulier, le rayon de la circonférence circonscrite ; et *apothème* de ce polygone, le rayon de la circonférence inscrite.

445. Scolie IV. — On désigne sous le nom d'*angle au centre* d'un polygone régulier, l'angle formé par deux rayons consécutifs. Si n est le nombre des côtés du polygone, la mesure de l'angle au centre est le nombre $\dfrac{4}{n}$, lorsqu'on prend l'angle droit pour unité.

L'angle intérieur formé par deux côtés consécutifs a pour mesure : $2 - \dfrac{4}{n}$; car la somme des angles intérieurs d'un polygone convexe de n côtés est égale à $2\,n - 4$ angles droits ; et comme tous les angles d'un polygone régulier sont égaux, chacun d'eux est égal à $2 - \dfrac{4}{n}$ angles droits.

On voit par là que l'angle au centre d'un polygone régulier

et l'angle intérieur formé par deux côtés consécutifs sont deux angles supplémentaires.

446. Scolie V. — On démontre, par un raisonnement semblable à celui qui a servi à établir le théorème, que *toute ligne brisée régulière convexe est inscriptible et circonscriptible*.

THÉORÈME.

447. *Deux polygones réguliers d'un même nombre de côtés sont deux figures semblables.*

D'abord les polygones ont les angles égaux chacun à chacun; car, si n est le nombre des côtés de chacun des polygones, tout angle de l'un et de l'autre polygone a pour mesure $2 - \dfrac{4}{n}$, lorsqu'on prend l'angle droit pour unité.

En second lieu les côtés homologues de ces deux polygones sont proportionnels, puisque tous les côtés de chaque polygone sont égaux entre eux.

448. *Le rapport de similitude de deux polygones réguliers semblables est le même que celui de leurs rayons ou de leurs apothèmes* (fig. 267).

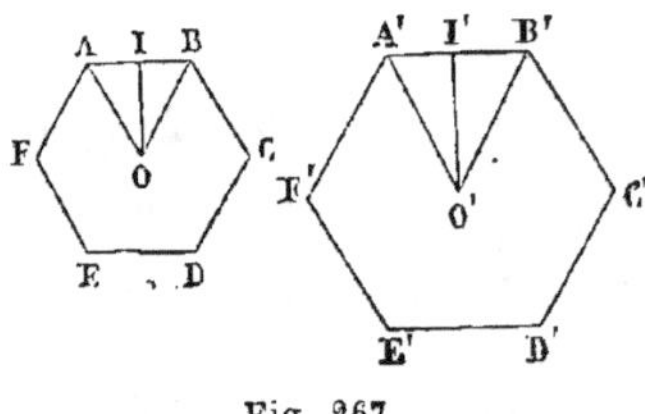

Fig. 267.

Soient ABCDEF, A'B'C'D'E'F' deux polygones, réguliers semblables. Les périmètres de ces polygones que nous appellerons P et P, sont proportionnels aux côtés AB, A'B' (328). Il suffit donc de démontrer que les côtés AB, A'B' sont proportionnels aux rayons AO, A'O', et aussi aux apothèmes OI, O'I'. Or, les triangles AOB, A'O'B' sont semblables, par conséquent

$$\frac{AB}{A'B'} = \frac{AO}{A'O'} \, ;$$

et, comme les triangles rectangles AOI, A'O'I' sont aussi semblables :

$$\frac{AO}{A'O'} = \frac{OI}{O'I'}.$$

et, par suite :

$$\frac{AB}{A'B'} = \frac{AO}{A'O'} = \frac{OI}{O'I'}.$$

Donc :

$$\frac{P}{P'} = \frac{AO}{A'O'} = \frac{OI}{O'I'}.$$

INSCRIPTION DES POLYGONES RÉGULIERS DANS LA CIRCONFÉRENCE.

449. NOTIONS PRÉLIMINAIRES. — Pour inscrire dans une circonférence donnée un polygone régulier d'un nombre déterminé n de côtés (n étant un nombre entier plus grand que 2), il suffit de partager la circonférence en n parties égales et de joindre deux à deux les points de division consécutifs (439). Or, pour faire cette division, il suffit de connaître le rapport de la longueur du côté du polygone régulier à la longueur du rayon, car on en déduira la longueur du côté et, en portant n fois sur la circonférence une ouverture de compas égale à cette longueur, on divisera la circonférence en n parties égales. La question peut donc être ramenée à déterminer le rapport de la longueur du côté du polygone régulier demandé, à la longueur du rayon de la circonférence donnée.

PROBLÈME.

450. *Inscrire un carré dans une circonférence donnée* (fig. 268).

On trace deux diamètres rectangulaires AC, BD ; et, comme ces deux diamètres divisent la circonférence en quatre parties égales, le quadrilatère formé en joignant deux à deux les points de division consécutifs est un carré (439).

451. SCOLIE. — Le triangle AOB étant rectangle et isocèle, on a, en désignant le rayon AO par R :

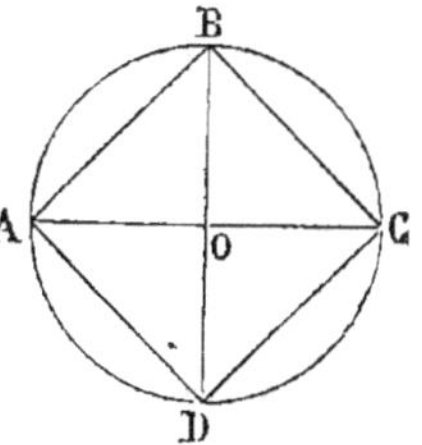

Fig. 268.

$$\overline{AB}^2 = 2R^2 ; \text{ d'où } AB = R\sqrt{2} ; \text{ et } \frac{AB}{R} = \sqrt{2}.$$

Le rapport du côté du carré inscrit au rayon est donc égal à $\sqrt{2}$.

452. **Corollaire.** — On peut construire : 1° l'octogone régulier inscrit, en divisant en deux parties égales les arcs sous-tendus par les côtés du carré, et en joignant ensuite deux à deux les points de division consécutifs ;

2° Le polygone régulier inscrit de 16 côtés, en divisant en deux parties égales les arcs sous-tendus par les côtés de l'octogone régulier, et ainsi de suite.

On peut donc construire avec la règle et le compas les polygones réguliers inscrits de 2^n *côtés,* n *étant un nombre entier quelconque plus grand que* 1.

PROBLÈME.

453. *Inscrire un hexagone régulier dans une circonférence donnée* (fig. 269).

Supposons que la corde AB soit égale au côté de l'hexagone régulier ; tirons les rayons OA, OB. L'angle AOB est égal à $\frac{1}{6}$ de 4 angles droits, ou à $\frac{4}{6}$ ou enfin à $\frac{2}{3}$ d'un angle droit. La somme des angles A et B du triangle OAB est donc égale à l'excès de deux angles

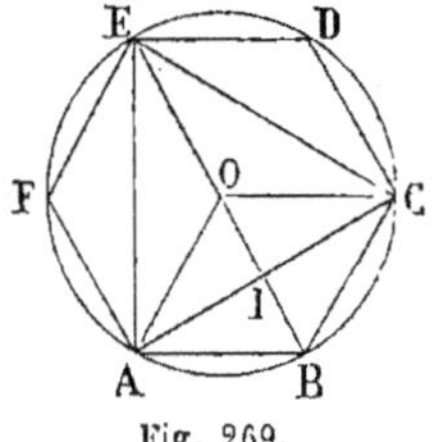

Fig. 269.

droits sur $\frac{2}{3}$ d'un angle droit, ou à $\frac{4}{3}$ d'un angle droit ; et, comme le triangle OAB est isocèle, chacun des angles A et B est égal à $\frac{2}{3}$ d'un angle droit. Par conséquent le triangle OAB est équiangle ; et, par suite, *le côté* AB *de l'hexagone régulier inscrit est égal au rayon de la circonférence.*

454. **Corollaire I.** — Après avoir inscrit l'hexagone, si l'on joint les sommets de deux en deux, on forme le triangle équilatéral inscrit. Ainsi, soit ABCDEF (fig. 266), l'hexagone

régulier inscrit, le triangle ACE, obtenu en joignant de deux en deux les sommets de l'hexagone, est le triangle équilatéral inscrit.

Si l'on tire le diamètre BE, on a dans le triangle rectangle ABE :

$$\overline{AE}^2 = \overline{BE}^2 - \overline{AB}^2 = 4R^2 - R^2 = 3R^2;$$

$$\text{d'où } AE = R\sqrt{3}, \text{ et } \frac{AE}{R} = \sqrt{3}.$$

Le rapport du côté du triangle équilatéral inscrit au rayon est donc égal à $\sqrt{3}$.

455. COROLLAIRE II. — On peut construire : 1° le dodécagone régulier inscrit, en divisant en deux parties égales les arcs sous-tendus par les côtés de l'hexagone et en joignant ensuite deux à deux les points de division consécutifs ;

2° Le polygone régulier inscrit de 24 côtés, en divisant en deux parties égales les arcs sous-tendus par les côtés du dodécagone régulier, et ainsi de suite.

On peut donc construire avec la règle et le compas les polygones réguliers inscrits de 3×2^n *côtés,* n *étant un nombre entier quelconque.*

PROBLÈME.

456. *Inscrire un décagone régulier dans une circonférence donnée* (fig. 270).

Supposons que la corde AB soit égale au côté du décagone régulier inscrit. Tirons les rayons OA, OB. L'angle AOB est égal à $\frac{1}{10}$ de 4 angles droits, ou à $\frac{4}{10}$, ou enfin à $\frac{2}{5}$ d'un angle droit. La somme des angles à la base A et B du triangle OAB est donc égale à l'excès de deux angles droits sur $\frac{2}{5}$ d'un angle droit, ou à $\frac{8}{5}$ d'un angle droit ; et, comme le triangle OAB est isocèle, chacun des angles A et B est égal à $\frac{4}{5}$ d'un angle droit. Tirons la bissectrice AC de l'angle A ; elle divise le triangle OAB en deux triangles isocèles OAC, CBA ; car les angles O et A du triangle OAC sont égaux chacun à $\frac{2}{5}$ d'un angle droit, et les angles C et B du triangle ACB sont égaux chacun à $\frac{4}{5}$ d'un angle droit. Par conséquent

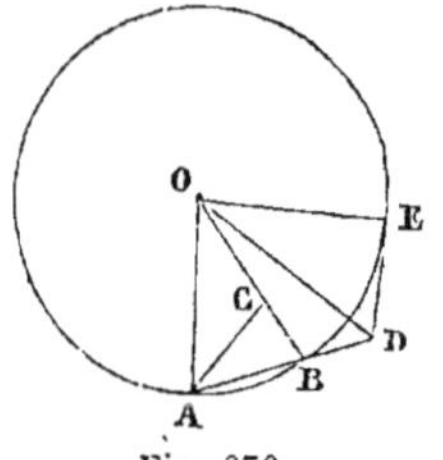
Fig. 270.

$$OC = AC = AB.$$

Or, AC étant la bissectrice de l'angle A, il en résulte (320) que

$$\frac{AO}{AB} = \frac{OC}{CB} \; ; \quad \text{ou, puisque BO} = \text{AO et OC} = \text{AB} \quad \frac{BO}{OC} = \frac{OC}{CB}.$$

Ce qui montre que *le côté du décagone régulier inscrit est égal au plus grand segment du rayon divisé en moyenne et extrême raison.* Si l'on désigne par R le rayon et par x le côté du décagone régulier inscrit, on a donc (414) :

$$x = \frac{R}{2}\left(\sqrt{5} - 1\right) ; \; \text{d'où} \; \frac{x}{R} = \frac{1}{2}\left(\sqrt{5} - 1\right).$$

Le rapport du côté du décagone régulier inscrit au rayon est donc égal à

$$\frac{1}{2}\left(\sqrt{5} - 1\right).$$

457. Corollaire I. — Après avoir inscrit le décagone régulier, on obtient le pentagone régulier en joignant de deux en deux les sommets du décagone régulier.

458. Corollaire II. — Si l'on prolonge le côté AB (fig. 270) d'une longueur BD = BC, et qu'on tire OD, on forme un triangle isocèle AOD dont les côtés OA, OD sont égaux au rayon et dont l'angle au sommet, A, est égal à $\frac{4}{5}$ d'un angle droit ou à $\frac{1}{5}$ de quatre angles droits ; par conséquent OD est égal au côté

du pentagone régulier inscrit. Or, si l'on mène par le point D la tangente DE, cette tangente sera égale à AB (397) et, si l'on tire le rayon OE, on aura dans le triangle rectangle ODE :

$$\overline{OD}^2 = \overline{OE}^2 + \overline{DE}^2.$$

Le carré du côté du pentagone régulier inscrit est donc égal au carré du côté du décagone régulier inscrit, augmenté du carré du rayon.

En représentant OD par y, OE par R et ED par $R \dfrac{(\sqrt{5} - 1)}{2}$, on a donc :

$$y^2 = R^2 + \frac{R^2(\sqrt{5} - 1)^2}{4} = \frac{R^2(10 - 2\sqrt{5})}{4}.$$

$$\text{d'où} \quad y = R \frac{\sqrt{10 - 2\sqrt{5}}}{2}, \quad \text{et} \quad \frac{y}{R} = \frac{1}{2} \sqrt{10 - 2\sqrt{5}}.$$

Le rapport du côté du pentagone régulier inscrit au rayon est donc égal à

$$\frac{1}{2}\sqrt{10 - 2\sqrt{5}} \cdot$$

459. Corollaire III. — On peut construire : 1° le polygone régulier inscrit de vingt côtés, en divisant en deux parties égales les arcs sous-tendus par les côtés du décagone régulier et en joignant ensuite deux à deux les points de division consécutifs ;

2° Le polygone régulier inscrit de 40 côtés, en divisant en deux parties égales les arcs sous-tendus par les côtés du polygone régulier inscrit de 20 côtés, et ainsi de suite.

On peut donc construire avec la règle et le compas les polygones réguliers inscrits de 5×2^n *côtés, n étant un nombre entier quelconque.*

PROBLÈME.

460. *Inscrire un pentédécagone régulier dans une circonférence donnée* (fig. 271).

Prenons, à partir d'un point quelconque A de la circon-

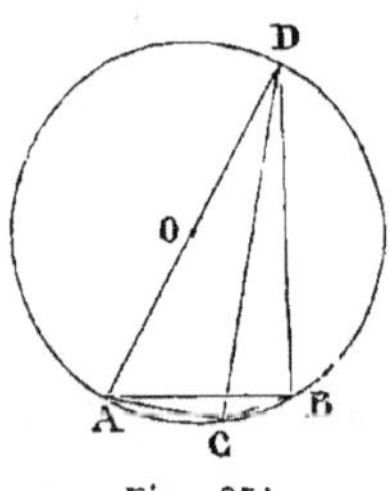

férence, un arc AB égal à $\dfrac{1}{6}$ de la circon-

férence, ensuite un arc AC égal à $\dfrac{1}{10}$ de la circonférence, et tirons la corde CB. Cette dernière corde est égale au côté du pentédécagone régulier inscrit, car on a :

Fig. 271.

$$\text{arc BC} = \text{arc AB} - \text{arc AC} = \frac{1}{6} - \frac{1}{10} \text{ ou } \frac{1}{15} \text{ de la circ.}$$

461. Corollaire I. — Si l'on tire le diamètre AD et les cordes AB, AC, DB, DC ; le quadrilatère ADBC étant inscrit, on a (407) :

$$\text{AB} \times \text{DC} = \text{AD} \times \text{CB} + \text{DB} \times \text{AC} ;$$

d'où l'on déduit :

$$\text{AD} \times \text{CB} = \text{AB} \times \text{DC} - \text{DB} \times \text{AC}.$$

En désignant le rayon par R et CB par x, on a d'autre part :

$$\text{AB} = \text{R} ; \quad \text{AC} = \frac{\text{R}}{2}\left(\sqrt{5} - 1\right) ; \quad \text{DB} = \text{R}\sqrt{3} ;$$

$$\text{et DC} = \sqrt{4\,\text{R}^2 - \frac{\text{R}^2}{4}\left(\sqrt{5} - 1\right)^2} = \frac{\text{R}}{2}\sqrt{10 + 2\sqrt{5}} ;$$

par conséquent

$$2\,\text{R}x = \frac{\text{R}^2}{2}\sqrt{10 + 2\sqrt{5}} - \frac{\text{R}^2\sqrt{3}}{2}\left(\sqrt{5} - 1\right) ;$$

d'où l'on déduit :

$$x = \frac{\text{R}}{4}\left(\sqrt{10 + 2\sqrt{5}} - \sqrt{3}\left(\sqrt{5} - 1\right)\right),$$

et

$$\frac{x}{\text{R}} = \frac{1}{4}\left(\sqrt{10 + 2\sqrt{5}} - \sqrt{3}\left(\sqrt{5} - 1\right)\right).$$

Le rapport du côté du pentédécagone régulier inscrit au rayon est donc égal à

$$\frac{1}{4}\left(\sqrt{10 + 2\sqrt{5}} - \sqrt{3}\left(\sqrt{5} - 1\right)\right).$$

462. CorollaIre II. — Après avoir inscrit le pentédécagone régulier, on pourra construire avec la règle et le compas les polygones réguliers inscrits dont le nombre des côtés est égal à 15×2^n, n étant un nombre entier quelconque.

PROBLÈME.

463. *Circonscrire à une circonférence un polygone régulier semblable à un polygone régulier déjà inscrit à cette circonférence.*

Première construction (fig. 272). — Du centre O on abaisse une perpendiculaire sur chacun des côtés du polygone inscrit ABCDEF et, par les points où ces perpendiculaires prolongées rencontrent la circonférence, on mène des tangentes. Le polygone A′B′C′D′EF′ formé par ces tangentes est semblable au polygone inscrit donné. En effet, chacun des sommets du nouveau polygone est situé sur le prolongement d'un rayon du premier; ainsi, par exemple, les trois points O, B, B′ sont en ligne droite, car les triangles rectangles OI′B′, OK′B′ sont égaux

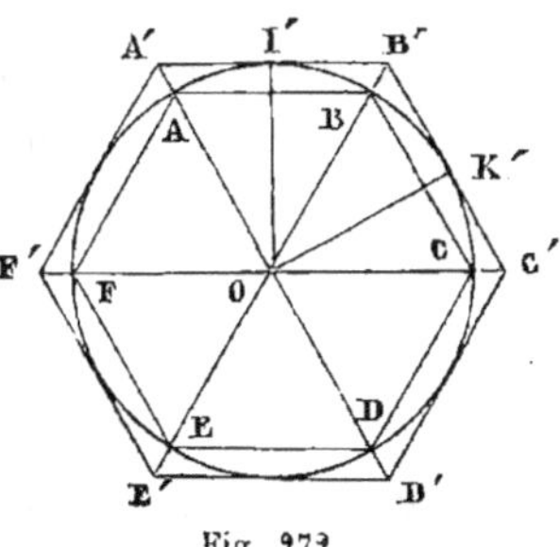

Fig. 272.

comme ayant l'hypoténuse commune, et les côtés OI′, OK′ égaux comme rayons; donc les angles I′OB′, K′OB′ sont égaux, et, par suite, le point B se trouve sur OB′. Les triangles A′OB′ et AOB, étant, par conséquent, semblables ainsi que les triangles B′OC′ et BOC,…. F′OA′ et FOA, les deux polygones ont les angles égaux et les côtés homologues proportionnels.

Seconde construction (fig. 273). — On mène des tangentes

par les sommets du polygone inscrit ABCDEF. Le polygone
A'B'C'D'E'F', formé par ces tangentes, est semblable au poly-

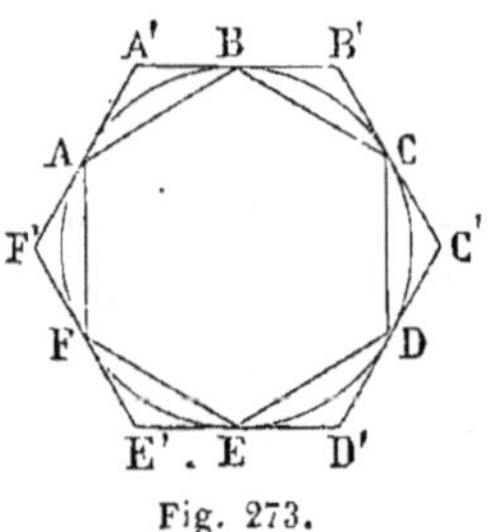
Fig. 273.

gone inscrit donné ; car les triangles
A'AB, B'BC, C'CD... etc., sont tous égaux
entre eux comme ayant un côté égal adjacent à deux angles égaux. Par conséquent le polygone A'B'C'D'E'F' a tous ses
côtés égaux et tous ses angles égaux ;
et, comme il a le même nombre de sommets que le polygone inscrit ABCDEF,
il est semblable à celui-ci.

464. COROLLAIRE. — On peut donc construire avec la règle
et le compas tout polygone régulier circonscrit à une circonférence donnée, lorsque celui-ci a le même nombre de côtés
que l'un des polygones réguliers que l'on sait inscrire d'après
les règles précédentes.

PROBLÈME.

465. *Inscrire à une circonférence un polygone régulier semblable
à un polygone régulier déjà circonscrit à cette circonférence.*

Première construction (fig. 272). — Soit A'B'C'D'E'F' le polygone circonscrit. On joint deux à deux les points consécutifs
A, B, C,... où les rayons du polygone donné rencontrent la
circonférence, et on construit ainsi un polygone inscrit semblable au polygone circonscrit donné ; car les sommets du
polygone inscrit divisent la circonférence en autant de parties
égales que le polygone circonscrit a de côtés.

Seconde construction (fig. 273). — Soit A'B'C'D'E'F' le polygone circonscrit. On joint deux à deux les points de contact
consécutifs A, B, C, D, E, F. Le polygone inscrit ABCDEF,
construit de cette manière, est semblable au polygone circonscrit donné; car tous les triangles AA'B, BB'C, CC'D...FF'A sont
égaux, comme ayant un angle égal compris entre deux côtés
égaux chacun à chacun. Par conséquent les cordes AB, BC,

CD.., FA sont égales ainsi que les arcs sous-tendus, et comme le polygone ABCDEF a autant de côtés que le polygone A′B′C′D′E′F′ a de sommets, ces deux polygones sont semblables.

PROBLÈME.

466. *Trouver la relation qui existe entre le rayon du cercle et les côtés de deux polygones réguliers semblables, l'un inscrit et l'autre circonscrit au même cercle* (fig. 274).

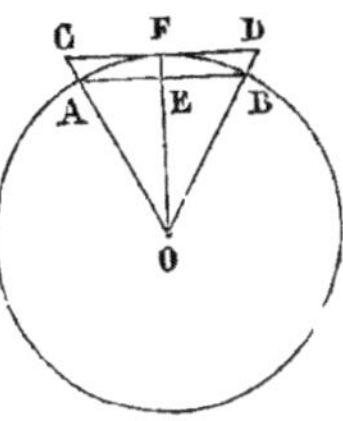

Fig. 274.

Soient AB le côté du polygone régulier inscrit et CD le côté du polygone régulier semblable circonscrit au même cercle, et supposons ces côtés parallèles. Désignons AB par a, CD par b et le rayon par R. Les triangles OAB, OCD étant semblables, on a :

$$\frac{AB}{CD} = \frac{OA}{OC}, \quad \text{ou} \quad \frac{a}{b} = \frac{R}{\sqrt{R^2 + \dfrac{b^2}{4}}}.$$

467. Corollaire. — On déduit de cette relation :

$$(1) \quad b = \frac{Ra}{\sqrt{R^2 - \dfrac{a^2}{4}}}. \qquad \text{Et :} \quad (2) \quad a = \frac{Rb}{\sqrt{R^2 + \dfrac{b^2}{4}}}.$$

On tire de (1) :

$$\frac{b}{R} = \frac{\dfrac{a}{R}}{\sqrt{1 - \dfrac{a^2}{4R^2}}} ; \quad \text{et de (2):} \quad \frac{a}{R} = \frac{\dfrac{b}{R}}{\sqrt{1 + \dfrac{b^2}{4R^2}}}.$$

PROBLÈME.

468. *Usage d'une courbe d'erreurs, ou procédé des deux erreurs contraires, pour tracer l'un des polygones réguliers que l'on ne sait pas tracer géométriquement.*

1° Supposons (fig. 275) qu'on ait porté sur une droite AB successivement deux longueurs MN et PQ ; qu'après avoir porté 7 fois MN

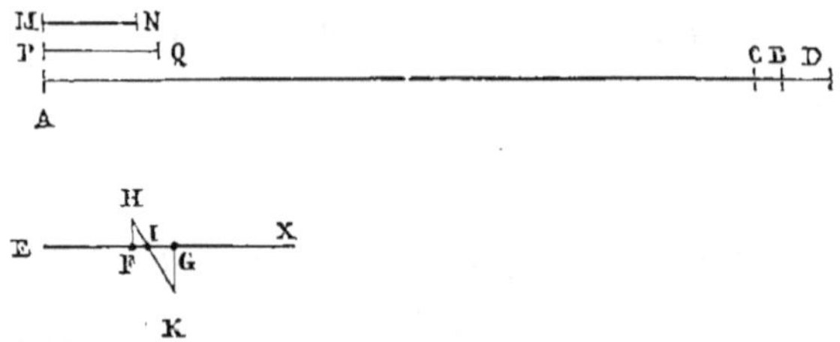

Fig. 275.

sur AB on ait obtenu un reste égal à CB, et que 7 fois PQ surpasse AB de BD.

Le reste CB est la différence entre la droite AB et 7 fois la droite MN ; elle représente 7 fois l'erreur simple *en moins*, commise en prenant MN pour la septième partie de AB.

Le reste BD est l'excès de 7 fois PQ sur AB et représente 7 fois l'erreur simple *en plus*, commise en prenant PQ pour la septième partie de AB.

Portons à partir du point E, sur une droite indéfinie EX, deux longueurs EF, EG respectivement égales à MN et PQ. La longueur FG est la somme des erreurs simples. Menons par les points F et G deux droites parallèles et de sens contraires et prenons sur la première une longueur FH = BC et sur la seconde une longueur GK = BD ; tirons ensuite la droite HK qui rencontre FG en I. La longueur FI est égale à l'erreur simple en moins, tandis que IG est égale à l'erreur simple en plus. En effet, FG est la somme des erreurs simples, et on a

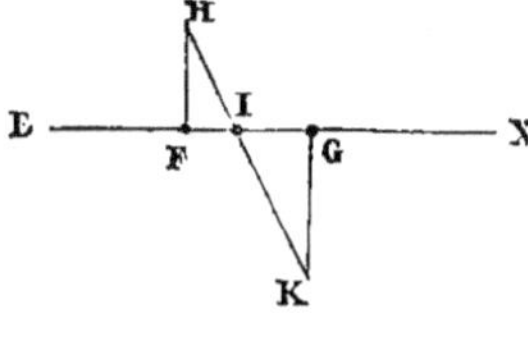

$$\frac{FI}{IG} = \frac{FH}{GK};$$

par conséquent EI est la septième partie de AB.

2° Pour construire un polygone régulier d'un nombre déterminé de côtés, ou, ce qui revient au même, pour diviser la circonférence en un nombre déterminé de parties égales, en 7 parties par exemple, on porte à partir d'un point donné A (fig. 276), 7 fois comme corde sur la

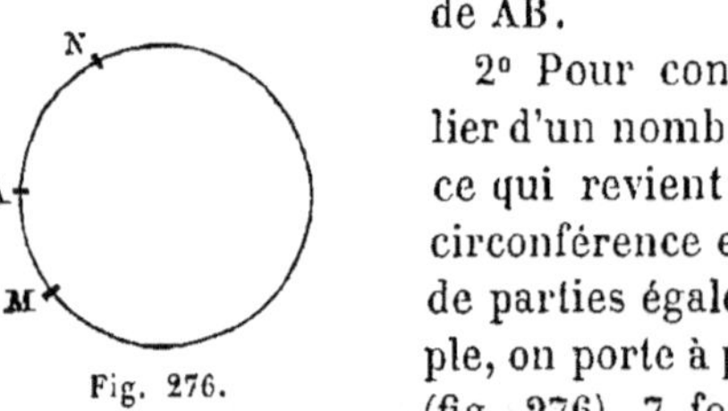

Fig. 276.

circonférence une longueur choisie arbitrairement. Supposons qu'on n'arrive pas au point A et qu'on trouve un reste AM ;

et qu'en prenant ensuite une corde plus grande, 7 fois l'arc sous-tendu par cette corde surpasse de AN la circonférence. On applique alors la construction précédente. On porte à partir d'un point E sur une droite indéfinie EX deux longueurs EF, EG égales aux deux cordes employées. Par les points F et G on mène deux droites FH, GK parallèles et de sens contraires et égales, la première à la corde de l'arc d'erreur en moins AM et la seconde à la corde de l'arc d'erreur en plus AN. On tire ensuite la droite HK et on prend EI pour côté de l'heptagone.

On conçoit que ce procédé ne peut fournir qu'une valeur approchée du côté du polygone régulier demandé, et, pour obtenir une approximation suffisante, on ne peut s'en servir qu'en répétant l'application de ce procédé à une première, une deuxième..... approximation obtenue.

46). Scolies. — *a.* La division de la circonférence en plusieurs parties égales est fréquemment employée. Outre le tracé des polygones réguliers, d'autres constructions en dépendent. Ainsi nous avons vu déjà que cette division sert à graduer, les limbes des instruments employés pour mesurer les angles.

b. On dessine la rose des vents en divisant la circonférence en 32 parties égales. On trace d'abord les flèches qui divisent la circonférence en 4 parties égales, et qui représentent les directions *est, nord, ouest, sud.* On divise ensuite les angles de celles-ci chacun en deux parties égales, et on obtient les directions intermédiaires *nord-est, nord-ouest, sud-ouest, sud-est.* Huit autres flèches intermédiaires à celles-ci répondent aux directions suivantes : *nord-nord-est,* c'est-à-dire la direction intermédiaire entre le *nord* et le *nord-est,* ensuite *nord-nord-ouest, sud-sud-est, sud-sud-ouest, est-nord-est, est-sud-est, ouest-nord-ouest, ouest-sud-ouest.* On place enfin seize directions intermédiaires aux précédentes et qui sont *nord-est-quart-nord,* c'est-à-dire une direction placée entre le *nord* et l'*est,* au quart de la distance à partir du *nord,* et ainsi des autres. La distance entre deux de ces directions ou *aires de vent* consécutives se nomme un *rhumb.*

470. Applications. — *Faire un carrelage avec des triangles équilatéraux, des carrés, des hexagones réguliers ; des hexagones réguliers et des triangles équilatéraux ; des hexagones réguliers et des losanges ; des octogones réguliers et des carrés ; des dodécagones réguliers avec des losanges rangés parallèlement.*

Pour qu'il soit possible de couvrir un parquet avec des poly gones réguliers égaux, il faut que l'angle de ces polygones soit une partie aliquote de quatre angles droits.

a. L'angle du triangle équilatéral étant égal à $\frac{2}{3}$ ou $\frac{4}{6}$ d'un angle droit, on peut former un parquet avec des triangles

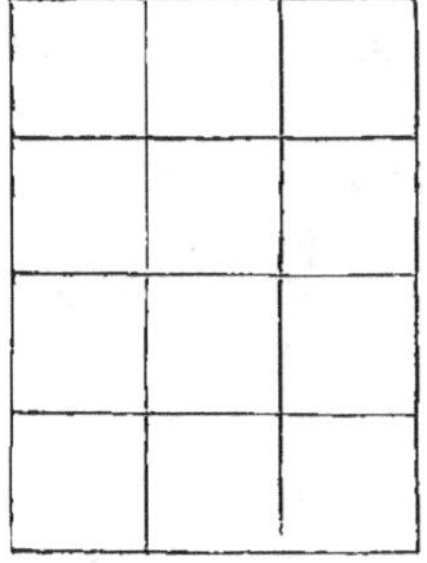

Fig. 277.

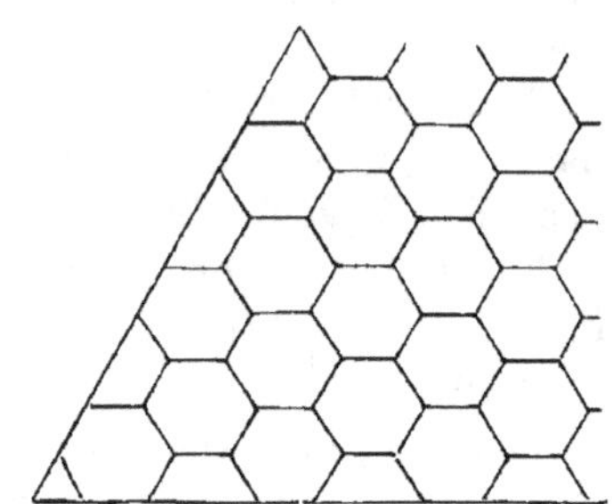

Fig. 278.

équilatéraux assemblés 6 à 6. L'angle du carré étant droit, on formera un parquet avec des carrés assemblés 4 à 4 (fig. 277).

L'angle de l'hexagone régulier est égal à $\frac{4}{3}$ d'un angle droit, on peut donc former un parquet en assemblant des hexagones 3 à 3 (fig. 278).

On ne peut pas employer de polygones réguliers d'un nombre de côtés supérieur à 6, car on ne peut pas assembler moins de 3 angles et l'angle d'un polygone régulier d'un nombre de côtés supérieur à 6 est plus grand que le tiers de 4 angles droits.

b. On peut employer conjointement des polygones d'espèce

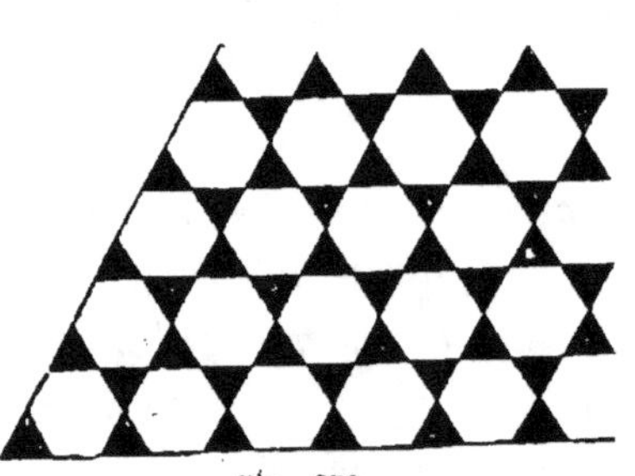

Fig. 279.

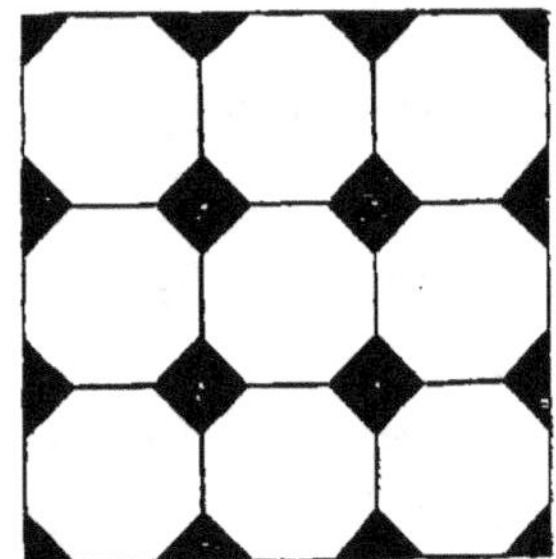

Fig. 280.

différente : ainsi on peut recouvrir un parquet avec des hexa-

gones réguliers et des triangles équilatéraux (fig. 279); avec
des octogones réguliers et des carrés (fig. 280) ; avec des
dodécagones réguliers et des triangles équilatéraux.

c. On peut assembler des polygones réguliers avec d'autres
polygones qui ne sont pas réguliers : ainsi des hexagones
réguliers avec des losanges ; des octogones, des carrés et des
trapèzes rectangulaires, etc.

471. *Faire des rosaces et des parquets composés de losanges, de -
rectangles rangés parallèlement.* — On donne généralement le
nom de *rosace* à certaines figures terminées par une circonférence et formées d'autres figures rectilignes et curvilignes ou
de figures curvilignes seulement.

a. Pour tracer un carrelage en losanges rangés parallèlement,
on tire deux droites concou-
rantes AB, AC (fig. 281) qui se
coupent sous un angle de 60°;
on porte sur AB et AC à partir
du point A des longueurs égales au côté du losange qui a
été choisi. Ensuite on mène
par les points de division de

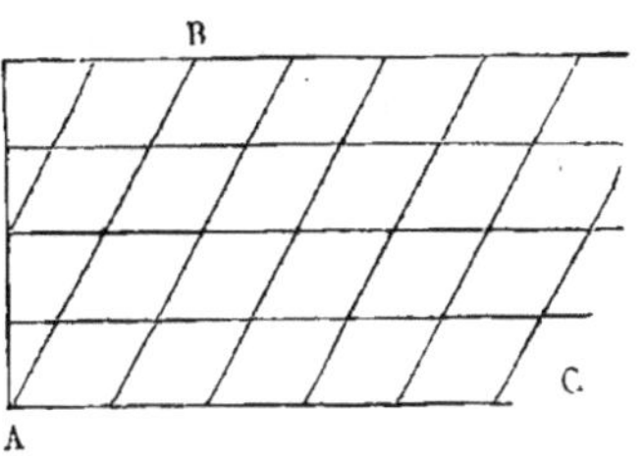

Fig. 281.

AB, des parallèles à AC et par ceux de AC des parallèles à AB.

Cette construction fournit en même temps le moyen de
former un carrelage de triangles équilatéraux.

b. Tracer un carrelage en rectangles rangés parallèlement. —
On tire deux droites rectangu-
laires (fig. 282). On porte ensuite
sur l'une d'elles des longueurs
égales au petit côté du rectangle
et sur l'autre des longueurs égales au grand côté ou à la moitié
du grand côté, et par les points

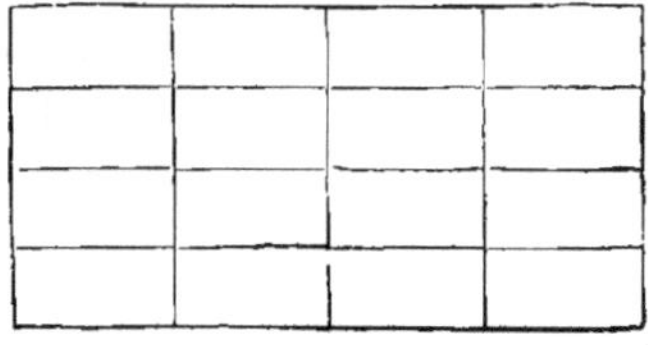

Fig. 282.

de division de chaque droite on mène des parallèles à l'autre
droite.

c. Tracer un parquet en capucine. — On trace deux droites

rectangulaires AB, CD. On porte sur ces droites le grand côté

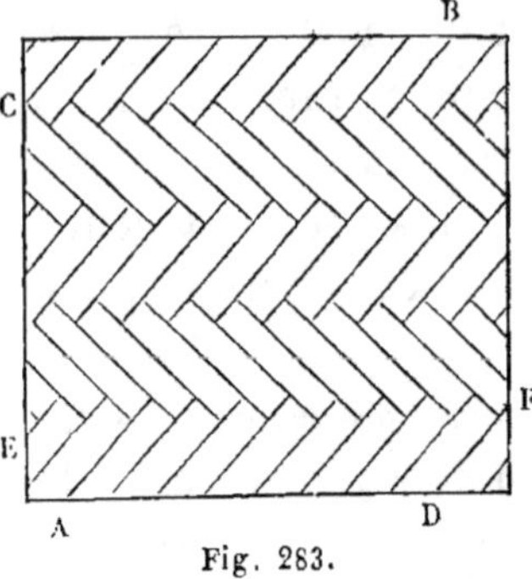

Fig. 283.

d'un rectangle à partir du point d'intersection E (fig. 283), et par les points de division on mène des parallèles aux droites AB, CD, de manière que tous les sommets correspondants des rectangles rangés parallèlement, soient situés sur une même droite telle que EF.

THÉORÈME.

472. *Tracer une spirale par arcs de circonférence en développant une droite donnée, en développant un polygone régulier, etc.*

a. Tracer une spirale par arcs de circonférence, en développant une droite donnée. — Concevons deux pointes fixées en A et B (fig. 284) un fil enroulé autour de ces pointes, et allant plusieurs fois de l'une à l'autre. L'extrémité libre du fil étant supposée en A, qu'on tire le fil par cette extrémité en tournant autour de la pointe B, ou arrivera au point C après avoir décrit une demi-circonférence AC. Si l'on continue ensuite le mouvement en tournant autour de la pointe A, l'extrémité du fil décrira une autre demi-circonférence CD dont le centre sera la pointe A et le rayon AC = 2AB.

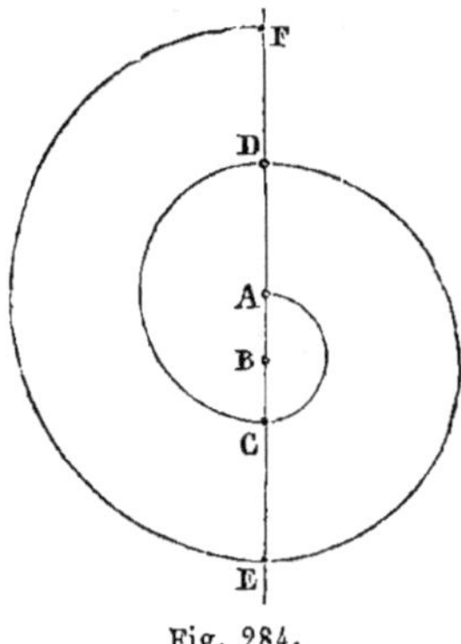

Fig. 284.

Un mouvement autour de B fera décrire une troisième demi-circonférence DE dont le centre est B et le rayon BD = 3AB. Et, en continuant ainsi, on décrira une suite de demi-circonférences tangentes intérieurement, ou *raccordées*, dont les rayons auront pour différence constante AB et qui formeront une *spirale*.

Le tracé géométrique revient à décrire du point B, comme centre, avec AB pour rayon, une demi-circonférence terminée en C au prolongement de AB, puis à décrire de A avec AC pour rayon un autre arc qui se détermine en D sur le prolongement de BA, ensuite à décrire du point B comme centre avec BD pour rayon un troisième arc qui se termine en E sur le prolongement de BD, et ainsi de suite.

b. Tracer une spirale par arcs de circonférence en développant un polygone régulier.

Soit le triangle équilatéral ABC (fig. 285). Si la courbe doit partir du sommet A, on décrit de l'un des sommets adjacents comme centre, B par exemple, et avec le côté AB pour rayon, un arc AD terminé au prolongement de CB en D, puis du point C comme centre avec CD ou 2AB pour rayon, on décrit un arc DE terminé en E sur le prolongement de AC, ensuite de A comme centre avec AE ou 3AB pour rayon, un arc EF terminé en F sur le prolongement de BA ; puis, de B comme centre et avec 4AB pour rayon, un arc terminé sur le prolongement de CB ; et ainsi de suite.

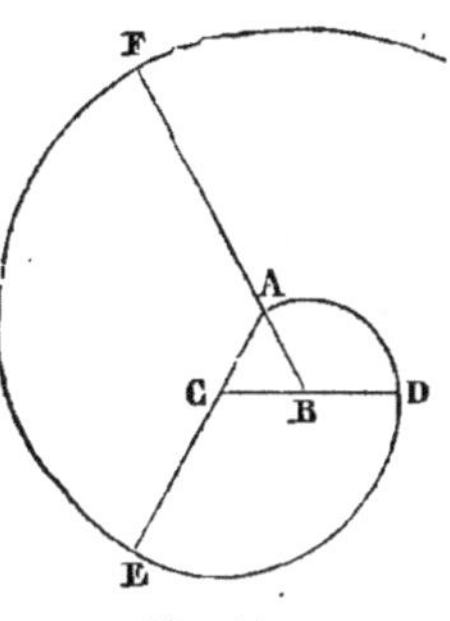

Fig. 285.

On obtient ainsi des arcs tangents intérieurement, ou qui se *raccordent* et forment une spirale.

On conçoit facilement comment on pourra obtenir une spirale en prenant un autre polygone régulier quelconque et même un polygone irrégulier.

Polygones réguliers étoilés.

473. Supposons (fig. 286) qu'on ait divisé une circonférence en m parties égales ($m = 5$). Si, à partir d'un des points de division, A par exemple, on joint successivement ces points par des droites, en les prenant de n en n, n étant premier avec m ($n = 3$) ; on ne reviendra au point de départ A qu'après avoir passé par tous les autres points de division ; c'est-à-dire après avoir parcouru m fois n divisions de la circonférence ou n circonférences.

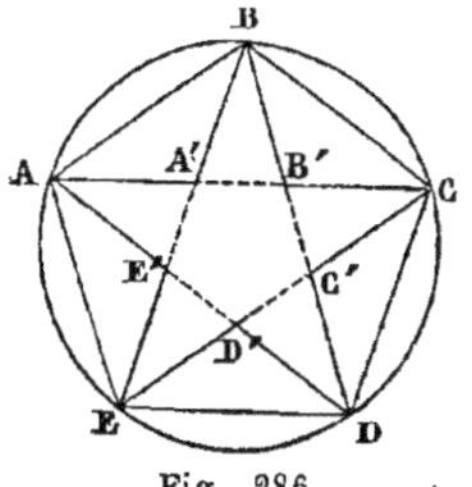

Fig. 286.

Les cordes des m arcs formés chacun de n divisions de la circonférence sont égales et forment une ligne fermée, puisque les deux extrémités se réunissent au point A. Cette ligne fermée est un polygone régulier, car tous ses côtés sont égaux ainsi que ses angles, et c'est un polygone concave, auquel on donne le nom de *polygone étoilé*.

474. Si m et n ne sont pas premiers entre eux; soient p leur plus grand commun diviseur et $m = m'p$, $n = n'p$. En divisant la circonférence en m' parties égales et en joignant ensuite les points de division, de n' en n', on construit le polygone régulier étoilé de m' côtés. Ainsi, lorsqu'on joint de 4 en 4 les points de division de la circonférence divisée en 10 parties égales, on construit le pentagone régulier étoilé de 5 côtés.

475. Chaque côté du polygone étoilé formé, comme on vient de le dire, en joignant les points de division de n en n, soustend deux arcs formés l'un de n et l'autre de $m - n$ divisions de la circonférence divisée en m parties égales; on obtient donc le même polygone étoilé, en joignant les points de division de n en n ou de $m - n$ en $m - n$. De sorte que le nombre des polygones réguliers (convexes ou concaves) de m côtés est égal au nombre des nombres premiers avec m depuis 1 jusqu'à $\dfrac{m - 1}{2}$.

Ainsi il y a deux pentagones réguliers, un seul hexagone, trois heptagones, deux octogones, deux décagones, quatre pentédécagones, etc.

476. On peut aussi, après avoir divisé une circonférence en m parties égales, construire un polygone régulier étoilé, en menant des tangentes par les points de division pris de n en n, m étant premier avec n. En effet, les côtés de ces polygones seront égaux ainsi que ses angles; et il sera concave.

PROBLÈME.

477. *Déduire par réduction un polygone régulier étoilé d'un polygone régulier convexe.*

Supposons que le polygone demandé soit un pentagone (fig. 286). On construira un pentagone régulier étoilé par réduction, si, après avoir tracé d'abord un pentagone régulier convexe ABCDE (fig. 286) et la circonférence circonscrite, l'on joint à partir du point A les sommets de deux en deux, en tirant successivement les diagonales AC, CE, EB, BD, DA.

Le polygone concave dont les côtés sont ces mêmes diagonales aura évidemment ses côtés égaux. En outre, les angles saillants CAD, ACE, BEC, EBD, BDA sont égaux comme ayant même mesure.

Les angles rentrants AA'B, BB'C, CC'D, DD'E, EE'A sont aussi égaux comme ayant même mesure.

478. Scolie. — Cette construction revient à diviser la circonférence en cinq parties égales et à joindre les points de division de deux en deux.

479. Corollaire. — *Les sommets des angles rentrants d'un polygone régulier étoilé, construit par réduction, forment un polygone régulier convexe de même nom que le polygone primitif.*

En effet, il résulte de l'égalité des angles rentrants AA′B, BB′C, etc. que les angles saillants A′, B′, C′... du polygone A′B′C′D′E′, sont égaux. En outre, les triangles isocèles AA′B, BB′C, CC′D, etc., étant égaux, il en résulte A′B′ $=$ B′C′ $=$ C′D′ $=$ D′E′ $=$ E′A′.

PROBLÈME.

480. *Déduire par extension un polygone régulier étoilé d'un polygone régulier convexe.*

Soit le polygone convexe A′B′C′D′E′ (fig. 286). On prolonge les côtés de deux en deux, savoir : A′B′ et D′E′, B′C′ et E′A′, C′D′ et A′B′, etc. Les points de rencontre A, B, C, D, E sont les sommets d'un pentagone régulier étoilé déduit par extension du polygone donné. En effet, les triangles isocèles A′BB′, B′CC′, C′DD′, etc., sont égaux. Par conséquent les côtés du polygone étoilé qui a pour sommets A, B, C, D, E sont égaux et ses angles sont aussi égaux. Il est donc régulier.

481. Scolie. — Cette construction donne le même résultat que celui qu'on obtiendrait en divisant la circonférence inscrite au polygone A′B′C′D′E′ en cinq parties égales, et en prolongeant de deux en deux les tangentes menées par les points de division.

482. Corollaire I. — *On doit conclure de ces constructions qu'un polygone régulier étoilé a les mêmes axes de symétrie que le polygone régulier convexe duquel il est déduit.*

483. Corollaire II. — Le polygone étoilé pentagonal est évidemment le plus simple des polygones réguliers étoilés, car on ne peut déduire aucun polygone régulier étoilé du carré ou du triangle équilatéral.

§ 4. — Rapport de la circonférence au diamètre.
Rectification de la circonférence.

DÉFINITIONS.

484. On nomme *limite* d'une grandeur variable une autre grandeur constante, telle que la différence entre elle et la variable puisse devenir et rester moindre que toute grandeur donnée.

485. On définit la *longueur* d'une circonférence, la limite vers laquelle tend le périmètre d'un polygone régulier inscrit à cette circonférence, lorsqu'on fait croître indéfiniment le nombre de ses côtés.

486. On définit la *longueur* d'un arc de circonférence, la limite vers laquelle tend le périmètre d'une ligne brisée régulière inscrite à cet arc, lorsqu'on fait croître indéfiniment le nombre de ses côtés.

THÉORÈME.

487. *Le rapport de deux circonférences quelconques est égal au rapport de leurs rayons.*

Soient C et C′ les deux circonférences données, R et R′ leurs rayons. Inscrivons dans la première un polygone régulier et dans la seconde un polygone régulier semblable ; on aura, en désignant par P et P′ les périmètres de ces polygones :

$$\frac{P}{P'} = \frac{R}{R'};$$

cette relation subsistera lorsqu'on fera croître de la même manière le nombre des côtés de chaque polygone ; et, si l'on suppose qu'on fasse croître ce nombre indéfiniment, elle aura lieu aussi pour les limites des périmètres, c'est-à-dire pour les circonférences C et C′ ; on aura donc :

$$(1) \qquad \frac{C}{C'} = \frac{R}{R'}.$$

De la relation (1) on tire :

$$(2) \qquad \frac{C}{2R} = \frac{C'}{2R'} ;$$

le rapport d'une circonférence à son diamètre est donc le même pour toute autre circonférence, ce qu'on exprime en disant :

Le rapport de la circonférence au diamètre est un nombre constant.

488. Ce rapport est un nombre incommensurable. *Archimède* a trouvé que sa valeur est comprise entre $3\,\dfrac{10}{70}$ et $3\,\dfrac{10}{71}$, de sorte que $\dfrac{22}{7}$ est une valeur approchée par excès. La valeur approchée de ce rapport a été aussi calculée avec 140 chiffres décimaux. On désigne ordinairement par la lettre π, ce rapport, et on a trouvé :

$$\pi = 3,14159\,25535\,97932\ldots\ldots\ldots$$

$$\frac{1}{\pi} = 0,31830\,98861\,837906\ldots\ldots\ldots$$

$$\log \pi = 0,49714\,98726\,941338\ldots\ldots\ldots$$

489. *Rectification ou longueur de la circonférence.*

π étant le rapport de la circonférence C à son diamètre 2R, on a :

$$\frac{C}{2R} = \pi,$$

d'où

$$C = 2\pi R.$$

Cette relation sert à trouver la longueur de la circonférence, connaissant celle du rayon ; et à trouver la longueur du rayon, connaissant celle de la circonférence.

490. Exemples. — 1° *Trouver la longueur de la circonférence dont le rayon est 8 mètres.*

On a :

$$C = 2\pi \times 8.$$

Prenant pour valeur approchée de π le nombre 3,14159, le produit par 16 représentera la longueur de la circonférence à moins de 0,00016 ; par conséquent le nombre 50,265 représente la longueur de la circonférence à moins de 0,001.

2° *Trouver le rayon d'une roue dont la circonférence est de* $7^{\mathrm{m}},50$.

On a :

$$R = \frac{C}{2\pi} = \frac{C}{2} \times \frac{1}{\pi} = 3,75 \times 0,3183098861\ldots$$

prenant pour $\dfrac{1}{\pi}$ la valeur 0,318 qui est approchée à moins de 0,001, on trouvera 1,19 pour la valeur du rayon à moins de 0,01.

491. 3° *Trouver la longueur d'un arc exprimé en degrés, minutes et secondes.*

Soit a la longueur d'un arc de n degrés, n étant entier ou fractionnaire. La longueur de la circonférence étant $2\pi R$, la longueur de l'arc de 1° sera $\dfrac{2\pi R}{360}$; celle de l'arc a de n degrés sera donc :

$$a = \frac{2\pi R n}{360} \text{ ou } \frac{\pi R n}{180}. \tag{1}$$

492. EXEMPLES. — 1° *Trouver la longueur de l'arc de 24°, dont le rayon est 0^m,35.*

$$a = \pi \times \frac{24}{180} \times 0^m,35 = 3,14159 \times \frac{2}{3} \times 0^m,07 = 0^m,1466075$$

à moins de 0^m,0000001.

2° *Trouver le nombre de degrés de l'arc dont la longueur est égale au rayon de la circonférence.*

Si l'on suppose $a = R$, on trouve

$$n = \frac{180}{\pi} = 57°17'45''$$

à moins de 1″.

3° *Trouver la longueur de l'arc de 17° 24′, dont le rayon est 15 mètres.*

La longueur de l'arc de 1′ est $\dfrac{\pi R}{180 \times 60}$. Or 17° 24′ valent 1044′.

· Par conséquent la longueur de cet arc est égale à

$$\frac{\pi \times 15 \times 1044}{180 \times 60} = 4^m,555, \text{ à moins de } 0^m,001.$$

DÉFINITIONS.

493. Deux arcs sont dits *semblables*, lorsqu'ils mesurent des angles au centre égaux dans des cercles de rayons différents.

THÉORÈME.

494. *Deux arcs semblables sont proportionnels à leurs rayons* (fig. 287).

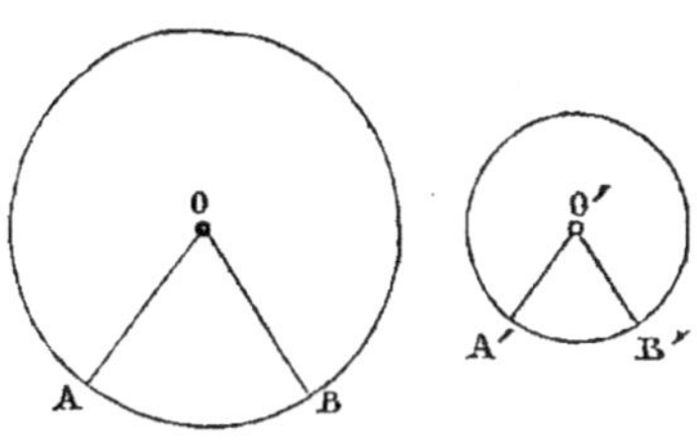

Fig. 287.

Soient O et O′ deux circonférences, R et R′ leurs rayons, AB, A′B′ deux arcs semblables. On a :

$$\frac{\text{arc AB}}{\text{circ. R}} = \frac{\text{AOB}}{\text{4 droits}} ; \quad \frac{\text{arc A′B′}}{\text{circ. R′}} = \frac{\text{A′O′B′}}{\text{4 droits}} ;$$

et puisque AOB = A′O′B′,

$$\frac{\text{arc AB}}{\text{circ. R}} = \frac{\text{arc A′B′}}{\text{circ. R′}} ;$$

d'où l'on déduit

$$\frac{\text{arc AB}}{\text{arc A′B′}} = \frac{\text{circ. R}}{\text{circ. R′}} = \frac{\text{R}}{\text{R′}} .$$

495. Scolie. — Soient l et l' les longueurs de deux arcs AB et CD (fig. 288) appartenant à la même circonférence O. Supposons qu'on ait pris l'angle COD pour unité. On a :

$$\frac{\text{AOB}}{\text{DOC}} = \frac{l}{l'} ;$$

et, en désignant par α le rapport des deux angles :

$$(1) \qquad \alpha = \frac{l}{l'}.$$

1° Si l'on suppose (fig. 288) qu'on prenne pour unité d'angle, celui qui intercepte entre ses côtés un arc égal au rayon, et qu'on suppose $l' = r$, on a :

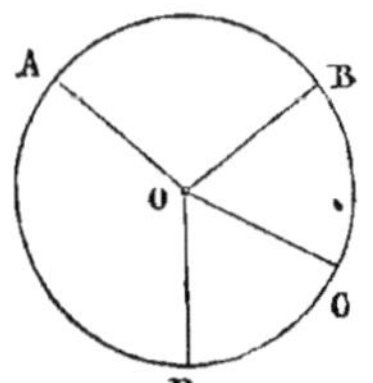

Fig. 288.

$$\alpha = \frac{l}{r},$$

ou $\qquad l = \alpha r.$

2° Lorsqu'on prend pour unité linéaire, l'arc qui est intercepté par les côtés de l'angle choisi pour unité angulaire, on trouve :

$$\alpha = l.$$

Alors *un angle a la même mesure que l'arc décrit de son sommet comme centre avec un rayon égal à l'unité linéaire et intercepté par ses côtés.*

APPLICATION.

496. *a.* Dans la construction des roues dentées, on doit tenir compte du rapport des vitesses de rotation des deux roues qui engrènent. Ainsi, supposons que l'une des deux roues soit assujettie à faire 4 tours pendant que l'autre en fait 7 ; par suite du contact de ces roues, le mouvement relatif de leurs circonférences primitives est le même que si elles se développaient l'une sur l'autre ; de sorte que 4 fois la longueur de l'une des circonférences doit être égale à 7 fois la longueur de l'autre. En désignant les longueurs de ces circonférences par C et C′, celles de leurs rayons par R et R′, on doit avoir $4C = 7C'$, d'où

$$\frac{C}{C'} = \frac{7}{4},$$

et, par suite,

$$\frac{R}{R'} = \frac{7}{4}.$$

Les rayons sont donc en raison inverse des vitesses de rotation.

PROBLÈME.

497. *Calculer le rapport de la circonférence au diamètre.*
De la relation :

$$C = 2\pi R,$$

on déduit :

$$\pi = \frac{C}{2R}.$$

De là deux méthodes pour déterminer une valeur approchée du nombre π : 1° Après avoir donné au rayon une longueur déterminée, on calculera la longueur de la circonférence correspondante ; 2° après avoir donné à la circonférence une longueur déterminée, on calculera la longueur du rayon correspondant.

Les solutions des deux problèmes suivants servent respectivement aux applications des deux méthodes.

PROBLÈME.

498. *Connaissant le côté d'un polygone régulier inscrit à un cercle donné, calculer le côté du polygone régulier d'un nombre double de côtés et inscrit au même cercle* (fig. 289).

Soient AB le côté du polygone régulier donné, que nous désignerons par c ; CD le diamètre perpendiculaire à AB. La corde AC est égale au côté du polygone régulier inscrit d'un nombre double de côtés. En désignant AC par x et le rayon du cercle par R, on a (380, 2°) :

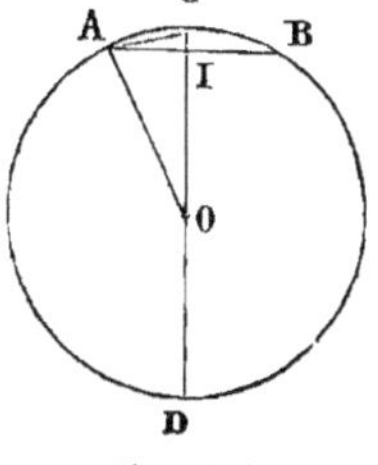

Fig. 289.

$$x^2 = 2R \times CI ;$$

or

$$CI = R - OI = R - \sqrt{R^2 - \frac{c^2}{4}} = \frac{2R - \sqrt{4R^2 - c^2}}{2} ;$$

par conséquent :

$$x^2 = \mathrm{R}\left(2\mathrm{R} - \sqrt{4\mathrm{R}^2 - c^2}\right),$$

et

$$x = \sqrt{\mathrm{R}\left(2\mathrm{R} - \sqrt{4\mathrm{R}^2 - c^2}\right)}. \quad (1)$$

Lorsqu'on prend pour unité le rayon, on trouve :

$$x = \sqrt{2 - \sqrt{4 - c^2}}.$$

499. Si l'on part du carré inscrit au cercle dont le rayon est 1 ; qu'on désigne par c_3, c_4, c_5…. les côtés du polygone de 2^3, 2^4, 2^5, ….. 2^m côtés, on trouve en appliquant la formule (1) (508) :

$$c_3 = \sqrt{2 - \sqrt{2}}$$

$$c_4 = \sqrt{2 - \sqrt{2 + \sqrt{2}}}$$

$$c_5 = \sqrt{2 - \sqrt{2 + \sqrt{2 + \sqrt{2}}}}$$

$$c_m = \sqrt{2 - \sqrt{2 + \sqrt{2 + \sqrt{2 + \sqrt{2} + \ldots}}}}$$

et pour les périmètres correspondants, que nous désignerons par P_3, P_4, ...

$$P_3 = 2^3 \sqrt{2 - \sqrt{2}}$$

$$P_4 = 2^4 \sqrt{2 - \sqrt{2 + \sqrt{2}}}$$

$$P_5 = 2^5 \sqrt{2 - \sqrt{2 + \sqrt{2 + \sqrt{2}}}}$$

$$P_m = 2^m \sqrt{2 - \sqrt{2 + \sqrt{2 + \sqrt{2} + \ldots}}}$$

et

$$2\pi = \lim. \; 2^m \sqrt{2 - \sqrt{2 + \sqrt{2 + \sqrt{2} + \ldots}}}$$

500. *Détermination du nombre π.* — On trouve, en partant du carré inscrit dans le cercle dont le rayon est 1 : 3,14033 pour le demi-périmètre du polygone de 64 côtés ; et 3,14127 pour celui du polygone de 128 côtés, à moins d'une unité du cinquième ordre par défaut, d'où l'on conclut 3,14 pour la valeur approchée de π à moins de 0,01.

PROBLÈME.

501. *Étant donnés le rayon et l'apothème d'un polygone régulier, trouver le rayon et l'apothème du polygone régulier isopérimètre et d'un nombre double de côtés* (fig. 290).

Soient AB le côté du polygone régulier, OA et OC le rayon et l'apothème du polygone. Prolongeons l'apothème au delà du point O jusqu'à sa rencontre en D avec la circonférence circonscrite, et tirons les cordes AD, BD. Si l'on abaisse du centre des perpendiculaires OE, OF sur ces cordes et qu'on tire la droite EF, cette droite sera le côté du polygone isopérimètre d'un nombre double de côtés. Car EF est égale à la moitié de AB et l'angle inscrit EDF à la moitié de l'angle au centre AOB. Le rayon et l'apothème du second polygone sont donc DE et DI. Or

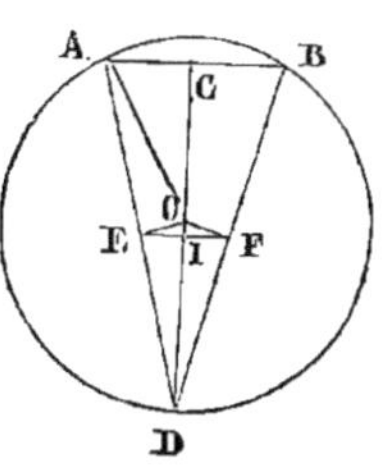

Fig. 290.

$$DI = \frac{1}{2}(DO + OC),$$

$$DE = \sqrt{DO \times DI}.$$

Si donc, on désigne par R et r le rayon et l'apothème du premier polygone, par R′ et r' le rayon et l'apothème du second, on a :

$$r' = \frac{1}{2}(R + r),$$

$$R' = \sqrt{Rr'} = \sqrt{R\left(\frac{R + r}{2}\right)}.$$

On voit que l'on trouve : $R' < R$, et $r' > r$, d'où l'on conclut : $R' - r' < R - r$.

502. *Détermination du nombre π.* — De la formule $C = 2\pi R$, on déduit $\pi = \dfrac{1}{R}$, si l'on prend $C = 2$.

Supposons que l'on prenne le carré dont le périmètre est 2. L'apothème $r = \dfrac{1}{4}$ et le rayon $R = \dfrac{2\sqrt{2}}{1}$; et on trouve pour le polygone de 64 côtés :

$$r_4 = 0{,}318054 ; \quad R_4 = 0{,}318437 ;$$

par conséquent la valeur approchée du rayon de la circonférence égale à 2 est 0,318 à moins de 0,001.

La valeur correspondante de π est 3,14, à moins de 0,01.

LIVRE V

§ 1. — Aires.

DÉFINITIONS.

503. La mesure de l'étendue d'une surface limitée est désignée sous le nom d'*aire* de cette surface. (C'est le nombre qui indique combien de fois cette surface contient une autre surface prise pour unité ou de parties aliquotes de l'unité.)

Lorsque deux figures ont des aires égales et ne peuvent pas coïncider, on dit qu'elles sont *équivalentes*.

504. C'est en vue de la mesure des surfaces qu'on désigne sous les noms de *base* et de *hauteur* certaines lignes de la figure qu'on veut mesurer.

THÉORÈME.

505. *Deux rectangles de mêmes hauteurs sont proportionnels à leurs bases* (fig. 291).

Soient ABCD, A'B'C'D' deux rectangles ayant deux côtés égaux : AD = A'D'. Si l'on prend pour bases les côtés adjacents AB, A'B', les rectangles auront des hauteurs égales.

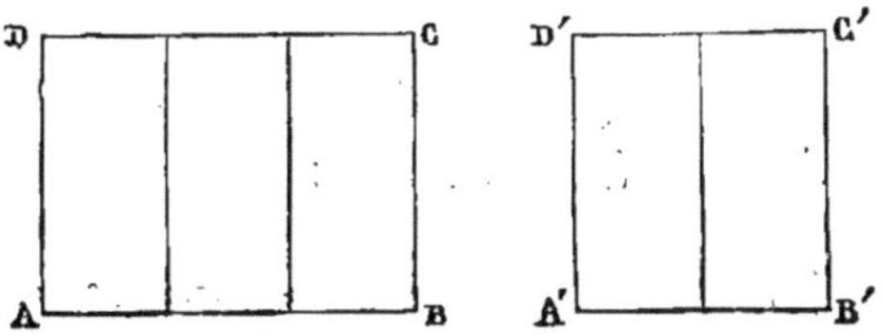

Fig. 291

1° Supposons le rapport des bases AB, A'B' commensurable et égal à $\frac{3}{2}$; celles-ci auront alors une commune mesure, contenue trois fois dans AB et deux fois dans A'B' ; si donc on divise AB en trois parties égales et A'B' en deux, ces cinq divisions seront égales ; et les cinq rectangles formés en élevant des perpendiculaires aux bases AB, A'B', par les points de division, seront égaux entre eux. Le rectangle ABCD contient trois de ces rectangles, et le rectangle A'B'C'D' deux ; par conséquent le rapport des rectangles ABCD, A'B'C'D' est égal à $\frac{3}{2}$, c'est-à-dire qu'il est égal au rapport des bases.

2° Si le rapport des bases était incommensurable, on emploierait le même raisonnement que (168).

506. Corollaire. — Comme on peut prendre pour base un côté quelconque du rectangle, il s'ensuit que *deux rectangles de mêmes bases sont proportionnels à leurs hauteurs.*

THÉORÈME.

507. *Deux rectangles quelconques sont proportionnels aux produits de leurs bases par leurs hauteurs.*

Désignons les rectangles donnés par R et R', par b et h la base et la hauteur du premier, par b' et h' la base et la hauteur du second. Construisons un troisième rectangle R″ ayant pour base celle du premier et pour hauteur celle du deuxième.

Les rectangles R et R″ ayant des bases égales sont proportionnels à leurs hauteurs :

$$(1) \qquad \frac{R}{R''} = \frac{h}{h'}.$$

Les rectangles R″ et R' ayant des hauteurs égales sont proportionnels à leurs bases :

$$(2) \qquad \frac{R''}{R'} = \frac{b}{b'} \,;$$

Multipliant par ordre (1) et (2), et supprimant le facteur commun R″, on trouve :

$$\frac{R}{R'} = \frac{b \times h}{b' \times h'}$$

ce qui signifie que : *le rapport des aires de deux rectangles est le même que le rapport du produit des nombres qui mesurent la base et la hauteur du premier au produit des nombres qui mesurent la base et la hauteur du second.*

508. Corollaire I. — *L'aire du rectangle est égale au produit de sa base par sa hauteur.*

Soient ABCD le rectangle à mesurer, A′B′C′D′ le carré construit sur l'unité de longueur ; b et h la base et la hauteur du premier, b' et h' la base et la hauteur du second ; on a $b' = 1$ et $h' = 1$; par suite (517)

$$\frac{\text{ABCD}}{\text{A′B′C′D′}} = \frac{b \times h}{1 \times 1} = b \times h.$$

L'aire du rectangle est donc égale au produit des nombres qui mesurent sa base et sa hauteur (lorsqu'on prend pour unité de surface le carré dont le côté est l'unité de longueur).

Pour abréger le langage, on dit : *L'aire du rectangle est égale au produit de sa base par sa hauteur.*

509. La base et la hauteur d'un rectangle sont dites les *dimensions* du rectangle ; ainsi :

L'aire d'un rectangle est égale au produit de ses deux dimensions.

510. Corollaire II. — *L'aire du carré est égale au carré de son côté.* De là vient l'usage de donner à la deuxième puissance d'un nombre le nom de *carré.*

511. Exercice. — *Trouver l'aire du rectangle dont la base est égale à* $3^m,24$ *et la hauteur à* $2^m,47$.

Le produit des nombres 3,24 et 2,47 étant égal à 8,0028, l'aire du rectangle est égale à 8 mètres carrés, 28 centimètres carrés.

THÉORÈME.

512. *L'aire du parallélogramme est égale au produit de sa base par sa hauteur* (fig. 292).

Soit le parallélogramme ABCD. Des extrémités A et B de la

base AB élevons sur AB les perpendiculaires AF, BE terminées
à la base supérieure CD et à son prolongement. Le rectangle

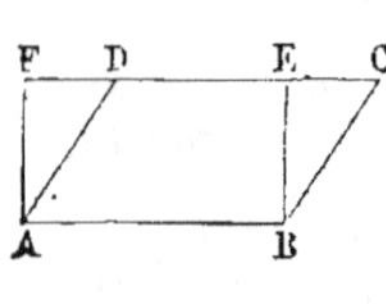

Fig. 292.

ABEF a la même base AB que le parallélogramme, et il a aussi la même hauteur. Mais
le rectangle est équivalent au parallélogramme, car les triangles rectangles AFD,
BEC sont égaux comme ayant l'hypoténuse
égale et un côté de l'angle droit égal ; et,
si l'on retranche de la figure totale ABCF le triangle BEC, on
obtient le rectangle ABEF ; tandis que, si l'on en retranche
le triangle égal ADF, on obtient le parallélogramme ABCD.
L'aire du parallélogramme, étant égale à celle du rectangle,
est donc exprimée par le produit de sa base par sa hauteur,
puisqu'elles sont aussi la base et la hauteur du rectangle.

513. Corollaires. — 1° *Deux parallélogrammes de mêmes
buses et de mêmes hauteurs sont équivalents.*

514. 2° *Deux parallélogrammes de mêmes bases sont proportionnels à leurs hauteurs, et deux parallélogrammes de mêmes
hauteurs sont proportionnels à leurs bases.*

515. La base et la hauteur correspondante d'un parallélogramme sont dites les *dimensions* du parallélogramme.

THÉORÈME.

516. *L'aire du triangle est égale à la moitié du produit de sa
base par sa hauteur* (fig. 293).

Soit le triangle ABC. Prenons le côté AB pour base et cons-

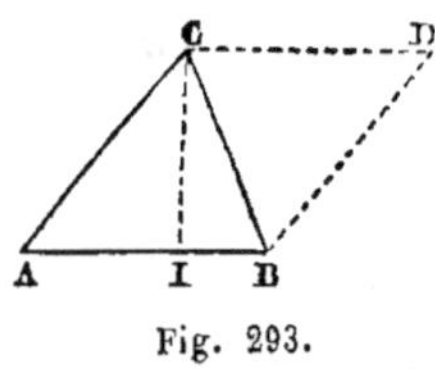

Fig. 293.

truisons le parallélogramme ABCD, double du triangle ABC, en menant par les
points C et B des parallèles aux côtés AB
et AC. L'aire du parallélogramme ABCD
est égale au produit de sa base AB par sa
hauteur CI, qui est aussi celle du triangle
lorsqu'on prend AB pour base. Donc, l'aire du triangle ABC est
égale à la moitié du produit de sa base AB par sa hauteur CI.

517. Corollaires. — *1° Deux triangles de mêmes bases et de mêmes hauteurs sont équivalents.*

2° Deux triangles de mêmes hauteurs sont proportionnels à leurs bases, et deux triangles de mêmes bases sont proportionnels à leurs hauteurs.

518. Scolie. — On peut aussi exprimer l'aire d'un triangle par le *produit de sa base par la moitié de sa hauteur ;* ou par *le produit de la moitié de sa base par sa hauteur.*

EXERCICES.

519. 1° *Calculer l'aire du triangle dont la base est* 12,25 *et la hauteur* 5,8.

En désignant l'aire par S, on a :

$$S = 12,25 \times 2,9 = 35^{mq},5250.$$

520. *Trouver l'aire d'un triangle équilatéral en fonction de son côté.*

Soit a la longueur du côté du triangle équilatéral donné ; la hauteur est égale à $\dfrac{a\sqrt{3}}{2}$ et l'aire à $\dfrac{a^2\sqrt{3}}{4}$.

521. *Calculer l'aire d'un triangle en fonction de ses trois côtés.*

Soient a, b, c, les longueurs des trois côtés opposés respectivement aux angles A, B, C (fig. 294). Désignant par S l'aire

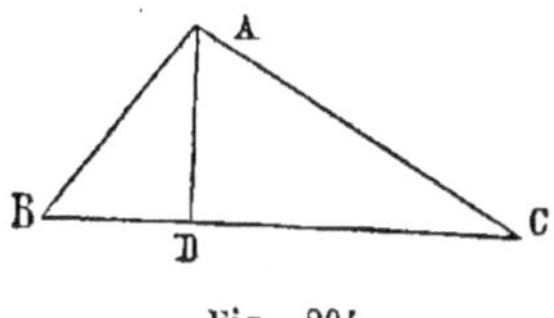

Fig. 294.

du triangle et par h la hauteur AD correspondante au côté a, on a :

$$S = \frac{ah}{2} \, ;$$

or

$$h = \sqrt{c^2 - \overline{BD}},$$

et on a (385) :

$$b^2 = a^2 + c^2 - 2a \times BD \,;$$

d'où l'on tire :

$$BD = \frac{a^2 + c^2 - b^2}{2a} \,,$$

et comme

$$h^2 = c^2 - \overline{BD}^2,$$

il en résulte

$$h^2 = c^2 - \frac{(a^2 + c^2 - b)^2}{4a^2} = \frac{4a^2c^2 - (a^2 + c^2 - b^2)^2}{4a^2} =$$

$$\frac{(a + b + c)\,(b + c - a)\,(a + c - b)\,(a + b - c)}{4a^2}.$$

En désignant le périmètre $a + b + c$ du triangle par $2p$, on trouve :

$$b + c - a = 2p - 2a, \quad a + c - b = 2p - 2b, \quad a + b - c = 2p - 2c,$$

$$t \qquad h = \frac{2}{a} \sqrt{p(p - a)(p - b)(p - c)} \,;$$

$$S = \sqrt{p(p - a)(p - b)(p - c)}.$$

522. Scolie. — Cette formule montre que parmi les triangles de même périmètre ayant un côté commun, celui dont les deux côtés non déterminés sont égaux a l'aire maximum.

THÉORÈME.

523. *Les aires de deux triangles, qui ont un angle égal ou supplémentaire, sont proportionnelles aux produits des côtés qui comprennent cet angle (fig. 295).*

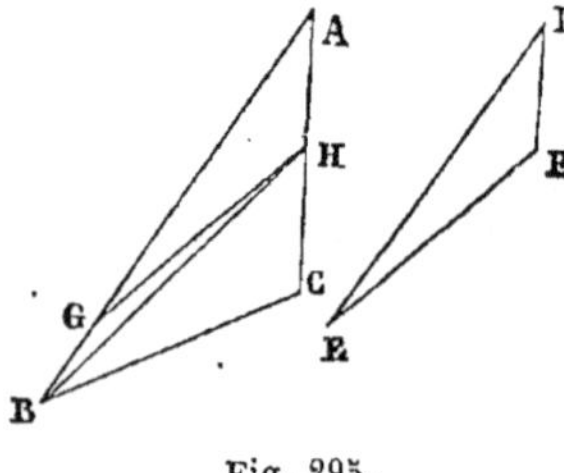
Fig. 295.

Supposons que les triangles ABC, DEF aient un angle égal, A = D. Portons le triangle DEF sur le triangle ABC ; plaçons le point D en A et DE sur AB ; et soient G et H les points où tombent E et F, les triangles AGH, DEF sont égaux. Tirons ensuite la droite BH. Les triangles ABC, ABH ont leurs bases AC, AH sur une même droite et leur sommet au même point B ; ils ont donc même hauteur et sont proportionnels à leurs bases AC, AH ; on a donc :

$$(1) \qquad \frac{ABC}{ABH} = \frac{AC}{AH} ;$$

pour la même raison les triangles ABH, AGH sont proportionnels à leurs bases AB, AG; on a donc aussi :

$$(2) \qquad \frac{ABH}{AGH} = \frac{AB}{AG} ;$$

multipliant par ordre les égalités (1) et (2) et supprimant le facteur commun ABH, on trouve :

$$\frac{ABC}{AGH} = \frac{AB \times AC}{AG \times AH}, \quad \text{ou} \quad \frac{ABC}{DEF} = \frac{AB \times AC}{DE \times DF}.$$

524. Scolie. — Le rapport des triangles serait encore le même, si les deux angles étaient supplémentaires. On le démontre par un raisonnement semblable.

525. Corollaire. — *Deux parallélogrammes qui ont un angle égal, sont proportionnels aux produits des côtés qui comprennent cet angle.*

THÉORÈME.

526. *L'aire du trapèze est égale au produit de la demi-somme de ses bases par sa hauteur* (fig. 296).

Soient le trapèze ABCD et I le milieu du côté CB, tirons la

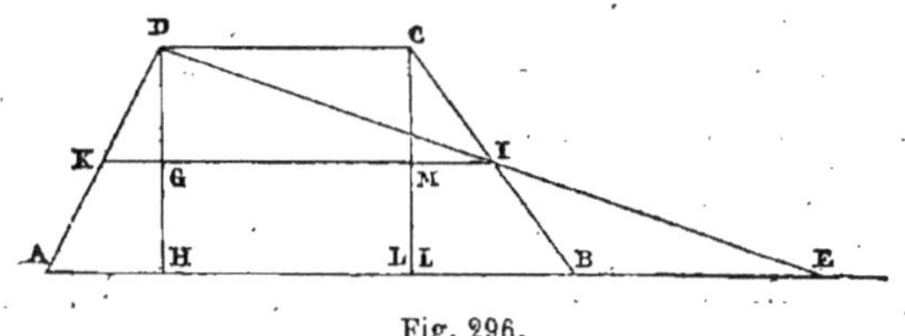

Fig. 296.

droite DI et prolongeons-la jusqu'à sa rencontre en E avec le côté AB prolongé.

Les triangles BIE, DCI sont égaux, comme ayant un côté égal, BI = IC, adjacent à deux angles égaux, savoir : BIE = DIC, comme opposés par le sommet, et IBE = ICD comme alternes-internes. Par suite BE = CD, et le trapèze ABCD est équivalent au triangle ADE.

Or, l'aire du triangle ADE est égale à la moitié du produit de sa base AE par sa hauteur DH ; et comme AE = AB + DC, l'aire du trapèze ABCD est donc égale à la moitié du produit de la somme de ses bases AB, CD par sa hauteur DH ; c'est-à-dire $\dfrac{AB + CD}{2} \times DH$.

527. CorollaIre I. — La droite IK menée du point I au milieu K de AD est égale (285) à la moitié de AB + CD. *L'aire du trapèze* ABCD *est donc égale au produit de la droite* IK *qui joint les milieux des côtés non parallèles multipliée par la hauteur.*

528. CorollaIre II. — Si des points E et I on abaisse des perpendiculaires sur AD, la perpendiculaire abaissée du point I sera égale à la moitié de la perpendiculaire abaissée du point E (329). Donc l'aire du triangle ADE est égale au produit de AD par la perpendiculaire abaissée du point I sur AD. Et *l'aire du trapèze est égale au produit d'un des côtés non parallèles multiplié par la distance du milieu de l'autre côté à celui-ci.*

PROBLÈME.

529. *Trouver l'aire d'un polygone donné.*

1° On peut décomposer le polygone en triangles, mesurer ensuite l'aire de chaque triangle et faire la somme des nombres qui expriment ces différentes aires.

Il y a plusieurs manières de décomposer un polygone en triangles.

a. En menant des diagonales de l'un des sommets (fig. 297);

b. En menant des droites d'un point situé dans l'intérieur du polygone à tous les sommets (fig. 298) ;

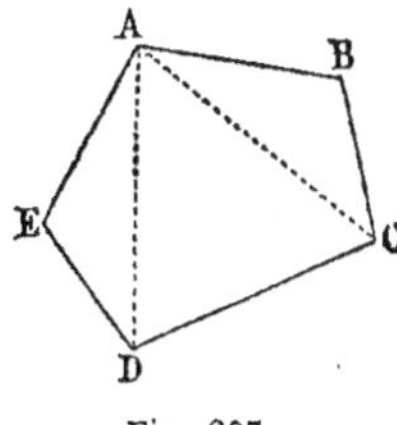

Fig. 297.   Fig. 298.

c. En joignant un point situé sur l'un des côtés, à tous les sommets (fig. 299).

2° On peut aussi couper le polygone à mesurer par une droite, et obtenir l'aire du polygone, en prenant succes-

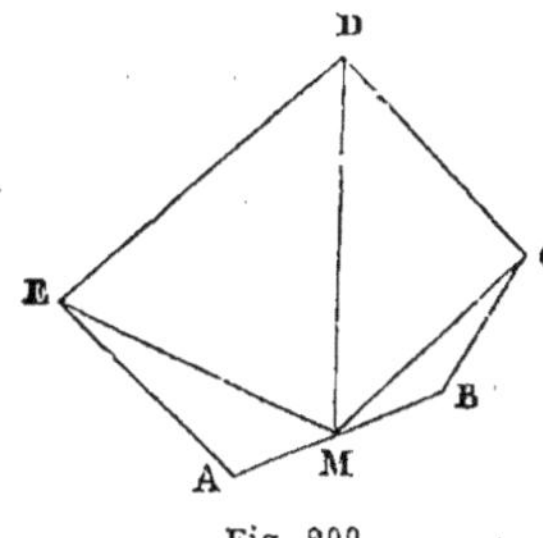
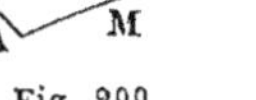
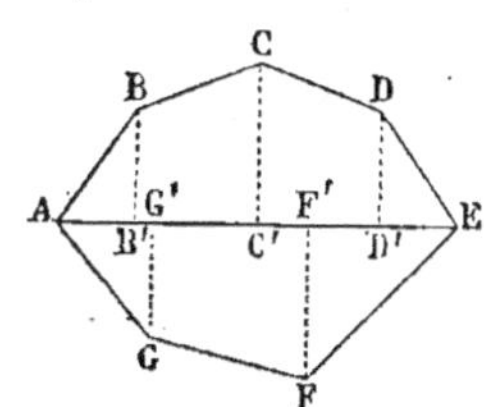

Fig. 299.   Fig. 300

sivement celles de triangles et de trapèzes rectangles (fig. 300).

Soit le polygone ABCDEFG. Tirons la diagonale AE et des sommets B, C, D, F, G, menons les perpendiculaires BB′, CC′, DD′, FF′, GG′, sur AE. On décompose alors le polygone en triangles rectangles ABB′, DD′E, EFF′, GG′A, et en trapèzes rectangles BB′C′C, CC′D′D, FF′G′G. On calcule les aires de chacune de ces figures et on en fait la somme.

PROBLÈME.

530. *Construire un triangle équivalent à un polygone donné* (fig. 301).

Soit le polygone ABCDEF. Tirons la diagonale AC, et par le point B menons une parallèle à AC, terminée à sa rencontre

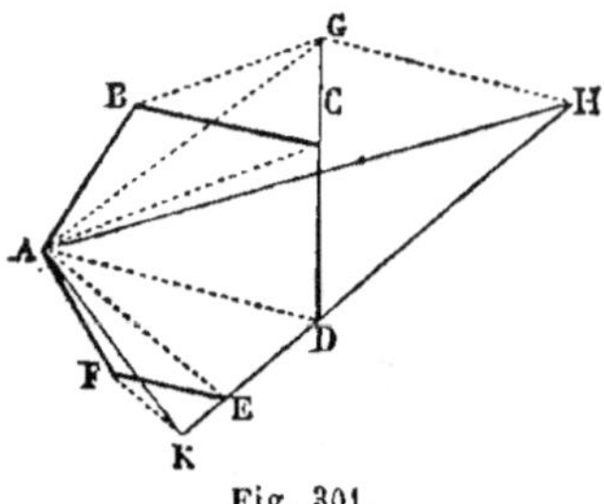

Fig. 301.

en G avec le prolongement de CD. En joignant le point A au point G, on forme un triangle ACG équivalent au triangle ABC, puisque ces deux triangles ont même base et même hauteur. Par conséquent, si l'on remplace le triangle ABC par le triangle AGC, on formera un polygone AGDEF équivalent au polygone donné et ayant un côté de moins.

En répétant cette construction sur le polygone AGDEF, on obtiendra le polygone AHEF équivalent à AGDEF et ayant un côté de moins.

Enfin, la même construction fera trouver le triangle AHK équivalent au polygone AHEF et par suite au polygone donné.

§ 2. — Division des polygones.

PROBLÈME.

531. *Transformer un polygone donné en un polygone équivalent et ayant pour sommet un point donné* (fig. 302).

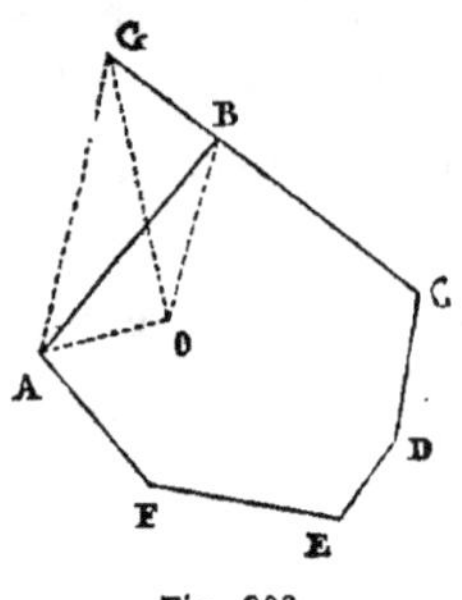

Fig. 302.

Soient ABCDEF le polygone et O le point donnés. Supposons le point placé dans l'intérieur du polygone. Tirons les droites OA, OB, et par le point A menons une parallèle à OB, terminée à sa rencontre en G avec le prolongement de BC. En joignant le point O au point G, on formera un triangle OBG équivalent au triangle OAB. Par conséquent, si l'on remplace le triangle OAB par le triangle OGB, on obtiendra le polygone demandé.

532. Scolie. — On fera une construction semblable si le point donné est placé sur l'un des côtés du polygone.

PROBLÈMES.

533. *Diviser un triangle ou un polygone quelconque en un nombre donné de parties équivalentes, par des droites partant de l'un des sommets, ou d'un point intérieur, ou d'un point situé sur l'un des côtés.*

1° Nous supposerons d'abord que les droites de division partent de l'un des sommets.

a. *Triangle.* — Pour diviser un triangle en n parties équivalentes par des droites partant d'un sommet déterminé, il est évident qu'il suffit de diviser le côté opposé en autant de parties égales et de joindre le sommet à tous les points de division ; car on partagera le triangle donné en n triangles équivalents, comme ayant des bases égales et même hauteur.

b. *Diviser un polygone quelconque ABCDE (fig. 303) en cinq parties équivalentes par des droites partant du sommet A.*

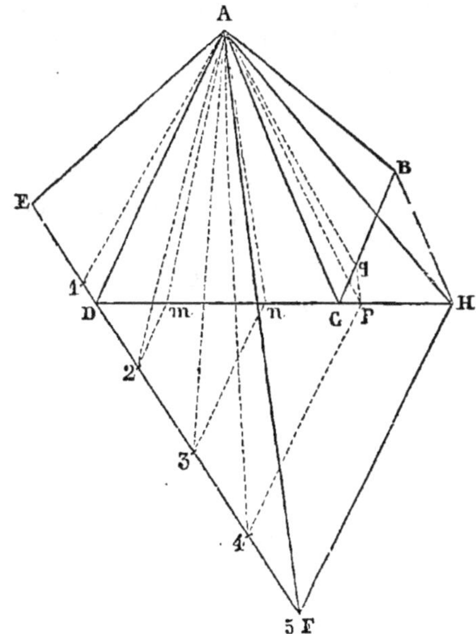

Fig. 303.

On commence par construire le triangle AEF équivalent au polygone donné et ayant pour sommet le point A. On divise ensuite le côté EF en 5 parties égales et on joint le point A aux points de division 1, 2, 3, 4. Les triangles A1E, A12, A23, A34, A4F sont équivalents. Le triangle AE1 est l'une des cinq portions équivalentes du polygone.

On mène par le point 2 une parallèle 2m à AD et terminée à DC; et, comme les triangles AD2, ADm sont équivalents, le quadrilatère A1DM est aussi un cinquième du polygone; puisque les triangles équivalents AD2, ADM augmentés du triangle A1D donnent des sommes équivalentes.

On mène par le point 3 la droite 3n parallèlement à AD et terminée à DC en n. Les triangles AD3, ADN étant équivalents, ces triangles diminués de quantités équivalentes AD2, ADm donneront des restes équivalents; de sorte que le triangle amn est un cinquième du polygone.

Enfin, on mène par le point 4 la droite 4p parallèlement à AD et terminée en p sur le prolongement de DC. Le triangle AD4 est équivalent au triangle ADp, et en retranchant de part et d'autre des parties équivalentes, on en conclut que le triangle A34 est équivalent au triangle Anp. Ce dernier se compose du triangle AnC et du triangle ACp. On mène par le point p une droite pq parallèle à la seconde diagonale AC et terminée au côté CB. Les triangles ACp, ACq étant équivalents, le quadrilatère AnCq est un cinquième du polygone donné qui se trouve ainsi partagé en cinq parties équivalentes, car la dernière AqB doit être le cinquième du polygone.

Quel que soit le nombre des côtés du polygone, on pourra toujours appliquer cette construction pour le diviser en un nombre donné de parties équivalentes.

c. *Diviser un polygone quelconque ABCDE en un certain nombre de parties équivalentes par des droites partant d'un point intérieur donné O* (fig. 304).

Nous supposerons qu'on ait calculé l'aire du polygone; en divi-

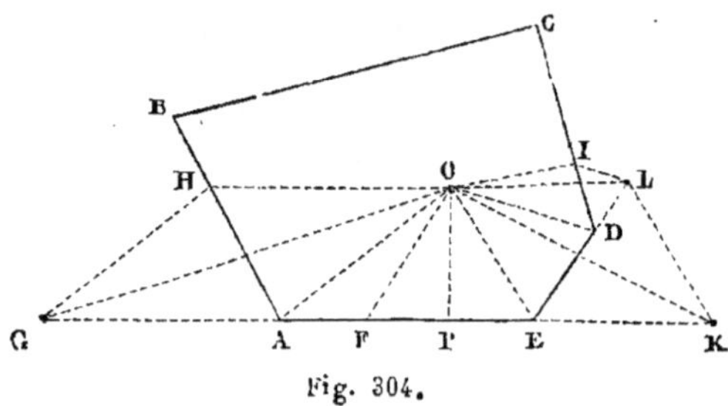

Fig. 304.

sant le nombre obtenu par le nombre des divisions, on obtiendra le nombre qui exprime l'aire de l'une des parties égales. Désignons-le par *s*. Prenons la première droite arbitrairement, et soient OF cette droite et OP la perpendiculaire abaissée du point O sur le côté AE. Supposons que le triangle OFG soit égal à l'une des divisions égales du polygone; alors $s = \frac{1}{2} OP \times FG$, d'où $FG = \frac{2s}{OP}$. Le triangle OFG est la somme des triangles OAF, OAG. Si l'on tire la droite AO et par le point G, GH parallèle à AO, on forme, en joignant le point H au point O, un triangle AOH équivalent au triangle AOG. Par conséquent le quadrilatère OFAH est l'une des parties équivalentes demandées du polygone.

On déterminera une deuxième division de la même manière ; car on connaît l'aire de cette division et la longueur de la perpendiculaire abaissée du point O sur AB. On obtiendra par une construction semblable la troisième division, et les autres successivement.

Il aurait pu arriver que la parallèle GH ne rencontrât pas le côté AB, mais son prolongement. Supposons que cette circonstance se présente dans la construction de la dernière division. Soit OFK un triangle équivalent à cette division; alors $s = \frac{1}{2} OP \times FK$ et $FK = \frac{2s}{OP}$. Le triangle OFK est la somme des triangles OFE, OEK. Menons la droite KL parallèle à OE; elle rencontre en L le prolongement de DE. Tirons OL; les triangles OEK, OEL sont équivalents. On peut donc déjà remplacer le triangle OEK par le triangle OEL. Ce dernier est composé des triangles OED, ODL. Menons LI parallèlement à OD et joignons au point O le point où LI rencontre le côté DC. Les triangles ODL, ODI étant équivalents, la figure OFEDI est la dernière division du polygone.

d. *Diviser un polygone quelconque ABCDE en plusieurs parties équivalentes par des droites partant d'un point donné* M, *situé sur l'un des côtés* AB (fig. 305).

Calculons d'abord l'aire du polygone ABCDE et l'aire s de l'une des parties égales. Abaissons la perpendiculaire MP du point M sur le côté AE et prenons la longueur AF telle que $s = \frac{1}{2} MP \times AF$. Si l'on tire MF, le triangle MAF est égal à

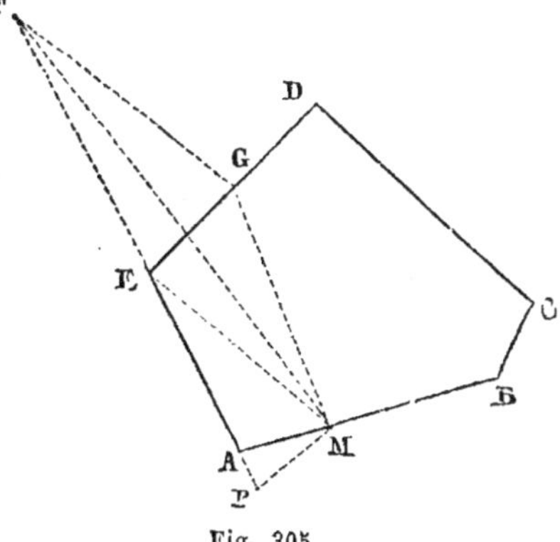

Fig. 305.

l'une des parties demandées; ce triangle se compose des triangles AME et EMF. Or, si l'on mène la droite FG parallèle à ME, et qu'on tire GM, le triangle EGM est équivalent au triangle EMF, par conséquent la figure MAEG est l'une des parties équivalentes demandées.

Pour achever la division du polygone, on remarquera que la question est ramenée à diviser le polygone MBCDG en plusieurs parties équivalentes par des droites partant d'un sommet M, laquelle a déjà été traitée (*b*). Si le point de rencontre G de la parallèle à EM, menée par le point F, se trouvait sur le prolongement de ED, on appliquerait la construction indiquée (*c*) dans une circonstance semblable.

PROBLÈME.

534. *Tracer dans un quadrilatère quelconque un parallélogramme équivalent au reste de la figure* (fig. 306).

On joint deux à deux les milieux des côtés consécutifs et le quadrilatère ainsi formé est le parallélogramme demandé. En effet

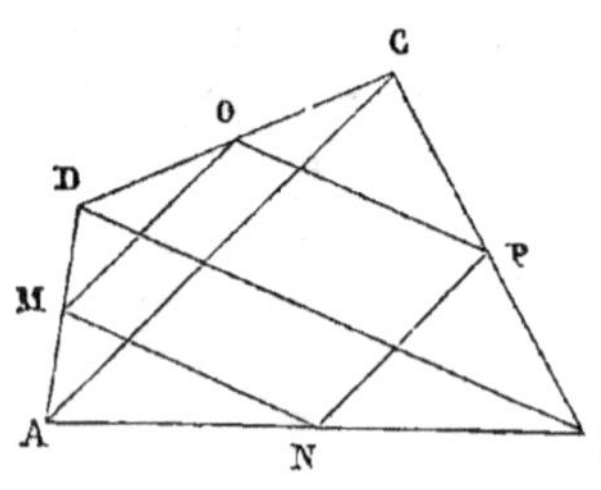

Fig. 306.

soient ABCD le quadrilatère donné, et OMNP le parallélogramme. Si l'on tire les diagonales AC, BD du quadrilatère, le triangle MDO est le quart du triangle ADC, et le triangle NBP le quart du triangle ABC. La somme des triangles MDO, NBP est donc égale au quart du quadrilatère. Il en est de même de la somme des deux triangles AMN, OCP; par conséquent la somme des quatre triangles MDO, NBP, AMN, OCP est égale à la moitié du quadrilatère et par suite au reste qu'on obtient en les retranchant du quadrilatère, c'est-à-dire au parallélogramme.

PROBLÈME.

535. *Partager un terrain par des chemins qui aboutissent tous à une maison, à un pont, à une source, etc.*

Après avoir levé le plan du terrain, il suffira d'appliquer la solution d'une des trois questions précédentes (543, *a*, *b*, *c*, *d*).

PROBLÈME.

536. *Diviser un polygone régulier en un nombre donné de parties équivalentes par des droites partant du centre.*

Il suffit de diviser chaque côté en n parties égales, si n est le nombre de divisions indiqué, et de joindre au centre les points de division, de m en m, si m est le nombre des côtés du polygone régulier. En effet, chacune des figures ainsi obtenues se composera de m fois la $n^{\text{ième}}$ partie de la $m^{\text{ième}}$ partie du polygone, ou sera égale à la $n^{\text{ième}}$ partie du polygone; puisque les mn triangles qu'on obtiendrait en joignant le centre à tous les points de division sont équivalents comme ayant même base et même hauteur.

Ainsi pour diviser un hexagone en 5 parties égales, on partagera chaque côté en 5 parties égales, et on joindra au centre les points de division de 6 en 6 ; car on obtiendra des figures égales à 6 fois $\frac{1}{30}$ ou $\frac{6}{30}$ ou $\frac{1}{5}$ de l'hexagone.

§ 3. — Scolie sur les aires.

537. Il résulte de la *mesure du rectangle* que les théorèmes établis, sous le nom de *relations métriques*, s'appliquent aussi aux aires des figures ayant pour dimensions les longueurs considérées. Ainsi, *le carré construit sur un côté de l'angle droit d'un triangle rectangle est égal au rectangle qui a pour côtés ou dimensions, l'hypoténuse et la projection de ce côté sur l'hypoténuse,* etc.

On peut au reste démontrer par une construction ces différents théorèmes. Nous donnerons pour exemples les suivants.

THÉORÈME.

538. *Dans un triangle rectangle,*

1° *Le carré construit sur un côté de l'angle droit est égal au rectangle construit sur l'hypoténuse et la projection de ce côté sur l'hypoténuse.*

2° *Le carré construit sur l'hypoténuse est égal à la somme des carrés construits sur les côtés de l'angle droit.*

3° *Le rapport des carrés construits sur les deux côtés de l'angle droit est égal au rapport de leurs projections sur l'hypoténuse* (fig. 307).

Sur chacun des trois côtés du triangle rectangle ABC construisons un carré ; abaissons du sommet de l'angle droit A sur l'hypoténuse la perpendiculaire AD, que nous prolongerons jusqu'à sa rencontre avec le côté FE du carré construit sur l'hypoténuse.

Si l'on tire ensuite les droites GC, AF, on forme deux triangles BGC, BAF, égaux comme ayant un angle égal GBC = ABF compris entre deux côtés égaux, savoir : BG = BA, et BC = BF. Or le triangle BGC est la moitié du carré ABGH qui a même base BG et même hauteur AB ; et le triangle BAF est la moitié du rectangle BDMF qui a même base BF et même hauteur BD.

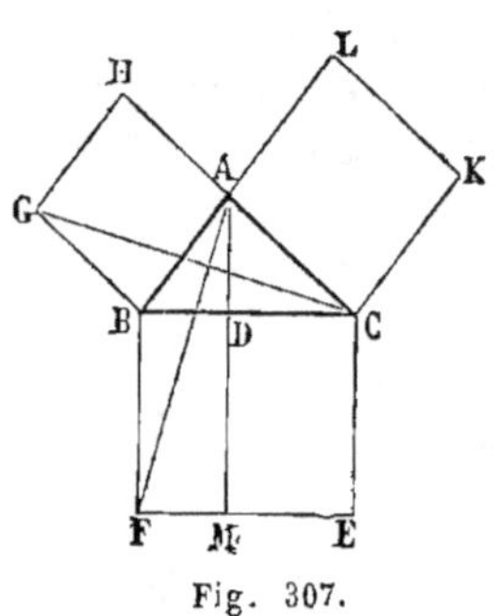

Fig. 307.

Par conséquent le carré construit sur AB est équivalent au rectangle BDMF construit sur BF = BC, et BD, projection de AB sur BC.

On démontrera de la même manière que le carré construit sur AC est équivalent au rectangle DCEM construit sur CE = BC, et DC, projection de AC sur BC.

2° Le carré de l'hypoténuse, qui est composé des deux rectangles BDMF, MDCE, est donc équivalent à la somme des carrés construits sur AB et sur AC.

3° Le rapport de deux des trois carrés étant égal au rapport des deux rectangles équivalents, et les trois rectangles BDMF, DCEM, BCEF ayant la même hauteur DM, il en résulte :

$$\frac{\overline{AB}^2}{\overline{AC}^2} = \frac{BD}{DC}; \quad \frac{\overline{AB}^2}{\overline{BC}^2} = \frac{BD}{BC}; \quad \frac{\overline{AC}^2}{\overline{BC}^2} = \frac{DC}{BC}.$$

PROBLÈME.

539. *Construire un carré équivalent à un parallélogramme ou à un triangle donné.*

Cela revient à trouver une moyenne proportionnelle entre la base et la hauteur du parallélogramme donné, ou entre la base et la moitié de la hauteur du triangle donné.

PROBLÈME.

540. *Construire un rectangle ayant pour l'un de ses côtés la longueur* a, *et équivalent à un rectangle donné, dont les côtés sont les longueurs* b *et* c.

Cela revient à trouver une longueur x telle que $a \times x = b \times c$, ou le quatrième terme de la proportion : $\dfrac{a}{b} = \dfrac{c}{x}$.

PROBLÈME.

551. *Construire un carré* x^2 *dont le rapport à un carré donné* a^2 *soit égal à un nombre donné* $\dfrac{m}{n}$ (fig. 308).

Sur une droite indéfinie on porte à la suite l'une de l'autre deux longueurs AB, BC dont le rapport $\dfrac{AB}{BC} = \dfrac{m}{n}$. On décrit sur AC comme diamètre une demi-circonférence, et on élève au point B la perpendiculaire BD. On tire ensuite les cordes DA, DC. Si la corde DC était égale à a, le problème serait résolu; et AD serait le côté x du carré demandé, car on a (382) :

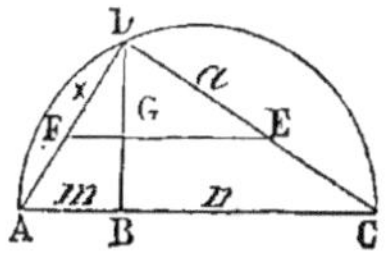

$$\frac{\overline{AD}^2}{\overline{DC}^2} = \frac{AB}{BC} = \frac{m}{n}.$$

Fig. 308.

Lorsque DC n'est pas égale à a, on prend sur DC une longueur DE $= a$, et on tire par le point E la parallèle EF à AC. On a :

$$\frac{\overline{\mathrm{DF}}^2}{\overline{\mathrm{DE}}^2} = \frac{\mathrm{FG}}{\mathrm{GE}};$$

et comme (335)

$$\frac{\mathrm{FG}}{\mathrm{GE}} = \frac{\mathrm{AB}}{\mathrm{BC}} = \frac{m}{n};$$

on trouve :

$$\frac{\overline{\mathrm{DF}}^2}{a^2} = \frac{m}{n};$$

par conséquent DF est égal au côté x du carré demandé.

PROBLÈME.

542. *Construire un carré égal à la somme de deux carrés donnés* (fig. 309).

Soient a et b les côtés des carrés donnés, x le côté du carré demandé, on doit trouver pour x :

$$x^2 = a^2 + b^2.$$

Sur les côtés d'un angle droit on prend respectivement les deux longueurs a et b, et on construit le triangle rectangle qui a pour côtés a et b ; l'hypoténuse est le côté du carré demandé (381).

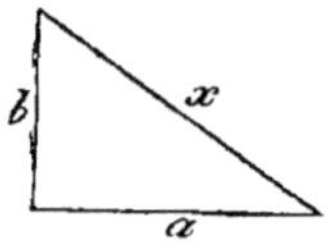

Fig. 309.

543. Corollaire. — Pour construire un carré égal à la somme de plusieurs carrés donnés, c'est-à-dire, trouver pour x une longueur telle que, désignant par a, b, c, d...., les côtés des carrés donnés, on ait :

$$x^2 = a^2 + b^2 + c^2 + d^2\ldots,$$

on prend d'abord un carré $a_{\prime}^2$, égal à la somme $a^2 + b^2$, et on a

$$x^2 = a_{\prime}^2 + c^2 + d^2\ldots;$$

ensuite, on prend un carré $b_{\prime}^2$ égal à la somme $a_{\prime}^2 + c^2$, et on trouve :

$$x^2 = b_{\prime}^2 + d^2\ldots\ldots;$$

et ainsi de suite.

PROBLÈME.

544. *Construire un carré égal à la différence de deux carrés donnés* (fig. 310).

Soient a et b les côtés des carrés donnés et x le côté du carré demandé, on doit trouver pour x : $x^2 = a^2 - b^2$. On construit donc un triangle rectangle dont l'hypoténuse soit égale à a et un côté de l'angle droit égal à b. Le second côté de l'angle droit est x.

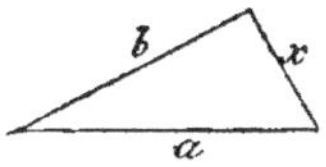

Fig. 310.

PROBLÈME.

545. *Construire un rectangle équivalent à un carré donné,* m^2, *et dont la somme des côtés adjacents soit égale à une longueur donnée* l (fig. 311).

Sur la droite $AB = l$, comme diamètre, on décrit une demi-circonférence ; à l'une des extrémités A de AB on élève une perpendiculaire AC égale au côté m du carré donné, et par le point C on mène une parallèle à AB, laquelle rencontre la circonférence en deux points D et D'.

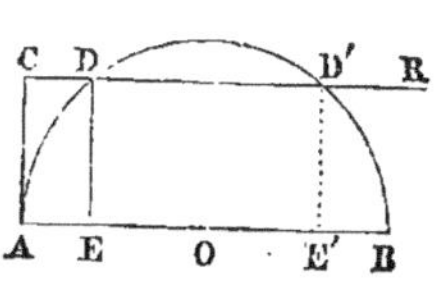

Fig. 311.

On abaisse ensuite du point D une perpendiculaire DE sur AB et les deux portions AE et EB de AB sont les côtés du rectangle demandé, car on a :

$$\overline{DE}^2 \quad \text{ou} \quad m^2 = AE \times EB, \quad \text{et} \quad AE + EB = AB = l.$$

En abaissant du point D' une perpendiculaire sur AB, on obtient une seconde solution qui ne diffère pas de la première, car on voit facilement que $BE' = AE$ et $AE' = BE$.

546. Scolie. — Pour que le problème soit possible, il faut et il suffit que la parallèle à AB menée par le point C rencontre la circonférence ; c'est-à-dire, que le côté m du carré donné ne soit pas plus grand que $\dfrac{l}{2}$. Si $m = \dfrac{l}{2}$, le rectangle demandé est le carré dont le côté est $\dfrac{l}{2}$; ce qui montre que, *parmi les rectangles de même périmètre, le carré est celui dont l'aire est maximum.*

On déduit de là que *parmi les rectangles de même aire, le carré est celui dont le périmètre est minimum ;* car tout rectangle ayant un périmètre moindre que celui du carré aura aussi une aire moindre.

PROBLÈME.

547. *Construire un rectangle équivalent à un carré donné* m², *et dont les côtés adjacents aient entre eux une différence donnée* l (fig. 312).

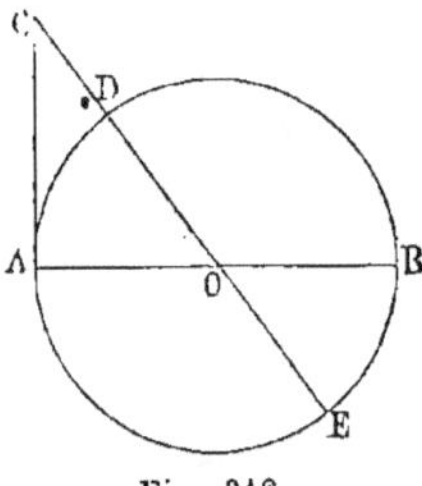
Fig. 312.

Sur une droite AB $= l$, comme diamètre, on décrit une circonférence ; par l'une des extrémités, A de AB, on mène une tangente sur laquelle on prend une longueur AC égale au côté m du carré donné, et, par le point C et le centre, on tire une sécante CE qui rencontre la circonférence aux points D et E. CD et CE sont les deux côtés du rectangle demandé, car on a (397) :

$$CD \times CE = \overline{AC}^2 = m^2 ; \quad \text{et} \quad CE - CD = DE = l.$$

THÉORÈME.

548. *L'aire d'un polygone régulier est égale au produit de son périmètre par la moitié de son apothème* (fig. 313).

Soit le polygone régulier ABCDEFGH. Menons des rayons à tous les sommets, le polygone se trouve alors décomposé en autant de triangles isocèles égaux qu'il a de sommets ; chacun de ces triangles a pour base un des côtés du polygone et pour hauteur correspondante l'apothème ; l'aire de chaque triangle est donc égale au produit d'un côté du polygone par la moitié de l'apothème ; par conséquent la somme des aires des triangles, ou

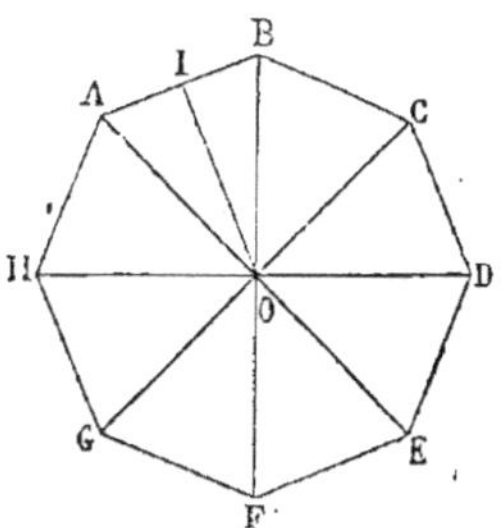

Fig. 313.

l'aire du polygone régulier, est égale au produit de son périmètre par la moitié de son apothème.

THÉORÈME.

549. *L'aire du cercle est égale au produit de sa circonférence par la moitié de son rayon* (fig. 314).

L'aire d'un cercle est la limite vers laquelle tend l'aire de tout polygone régulier inscrit, lorsqu'on fait croître indéfiniment le nombre des côtés du polygone. Or

$$\text{aire du polygone régulier} = \text{périmètre} \times \tfrac{1}{2} \text{ apothème,}$$

et, lorsque le nombre des côtés du polygone régulier inscrit croît indéfiniment, la longueur du périmètre tend vers une limite qui est la longueur de la circonférence, l'apothème vers une limite qui est le rayon, et la surface du polygone régulier inscrit a pour limite la surface du cercle ; or :

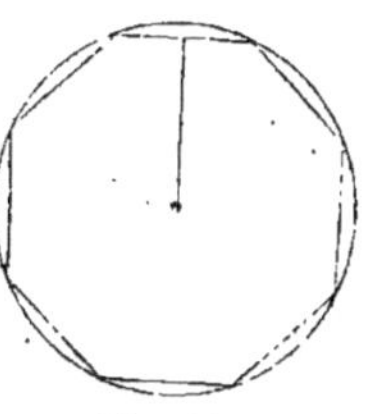

Fig. 314.

$$\text{limite de l'aire du polygone régulier} = \text{circonférence} \times \tfrac{1}{2} \text{ rayon,}$$

donc

$$\text{cercle} = \text{circonférence} \times \tfrac{1}{2} \text{ rayon.}$$

Donc, l'aire du cercle est égale au produit de sa circonférence par la moitié de son rayon.

550. Corollaire I. — Si l'on désigne par R la longueur du rayon, $2\pi R$ désigne celle de la circonférence, et l'aire du cercle est exprimée par le nombre $2\pi R \times \dfrac{1}{2} R$ ou πR^2. Ainsi cercle $(R) = \pi R^2$. On peut déduire de cette relation l'aire du cercle, connaissant le rayon, ou celui-ci, connaissant l'aire du cercle.

551. Corollaire II. — *Les aires de deux cercles sont proportionnelles aux carrés de leurs rayons.* Car si l'on désigne par S, S′ les aires des deux cercles et par R, R′ leurs rayons :

$$S = \pi R^2, \qquad S' = \pi R'^2 \, ;$$

par conséquent :

$$\frac{S}{S'} = \frac{R^2}{R'^2}.$$

552. Corollaire III. — De la relation cercle $(R) = \pi R^2$, on déduit $\pi = \dfrac{\text{cercle }(R)}{R^2}$. On peut donc parvenir à déterminer la valeur du nombre π par deux méthodes différentes : l'une en donnant au rayon une valeur déterminée, et en calculant la valeur correspondante de l'aire du cercle ; l'autre en donnant à l'aire du cercle une valeur déterminée, et en calculant la valeur correspondante du rayon.

553. 1° On peut appliquer la première en résolvant le problème suivant :

Connaissant les aires de deux polygones réguliers semblables, l'un inscrit, l'autre circonscrit à un cercle donné, trouver les aires des polygones réguliers d'un nombre double de côtés l'un inscrit, l'autre circonscrit au même cercle.

Nous indiquerons seulement le résultat. En exprimant par a et b les aires des polygones réguliers inscrit et circonscrit, et par a' et b' celles des polygones réguliers inscrit et circonscrit d'un nombre double, on trouve :

$$a' = \sqrt{ab}, \qquad b' = \frac{2ab}{a + \sqrt{ab}}.$$

En prenant le cercle dont le rayon est 1, et les carrés inscrit et circonscrit, LEGENDRE a trouvé que les nombres qui représentent les aires des polygones de 32768 côtés ont les 8 premiers chiffres communs : 3,1415926 ; d'où l'on peut conclure que ce dernier nombre représente l'aire du cercle dont le rayon est 1 et, par suite, le nombre π à moins de 0,0000001.

554. On peut appliquer la seconde méthode en résolvant le problème suivant :

Connaissant le rayon et l'apothème d'un polygone régulier, déterminer le rayon et l'apothème du polygone régulier de même aire et d'un nombre double de côtés.

En désignant par R et r le rayon et l'apothème du polygone donné, et par R$'$ et r', ceux du polygone de même aire et d'un nombre double de côtés, on trouve :

$$R' = \sqrt{Rr}, \qquad r' = \sqrt{\frac{(R + r)r}{2}}.$$

THÉORÈME.

555. *L'aire d'un secteur circulaire est égale au produit de l'arc correspondant par la moitié du rayon* (fig. 315).

On nomme *secteur circulaire* la partie du cercle comprise entre deux rayons et l'arc terminé à ces rayons.

Divisons l'arc AB du secteur circulaire OADB en un certain nombre de parties égales, et tirons les cordes qui sous-tendent les divisions de l'arc AB. Ces cordes sont les côtés d'une ligne brisée régulière ACDEB, et, si l'on joint le centre à chaque point de division de l'arc AB, on décompose le secteur polygonal OACDEB en triangles isocèles égaux. L'aire de chaque triangle est égale au produit de la corde, qui lui sert de base, multipliée par la moitié de l'apothème OI. L'aire du

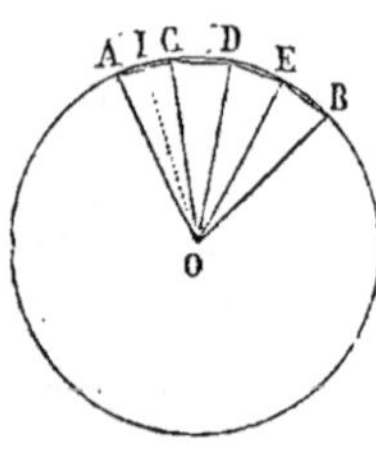

Fig. 315.

secteur polygonal est donc égale au produit de la ligne brisée régulière par la moitié de l'apothème. Or, lorsqu'on fait croître indéfiniment le nombre des divisions de l'arc AB, la ligne brisée régulière ACDEB tend vers sa limite qui est l'arc AB, l'apothème vers une limite qui est le rayon, et le secteur polygonal a pour limite le secteur circulaire OADB. Par conséquent, l'aire du secteur circulaire est égale au produit de l'arc correspondant multiplié par la moitié du rayon.

556. Corollaire I. — L'arc de n degrés appartenant à la circonférence dont le rayon est R a pour longueur :

$$\frac{\pi R n}{180};$$

l'aire du secteur, dont l'arc est de n degrés et le rayon R, est donc :

$$\frac{\pi R^2 n}{360}.$$

557. Corollaire II. — *Les aires de deux secteurs semblables sont proportionnelles aux carrés de leurs rayons.*

On dit que deux secteurs sont semblables, lorsque leurs arcs sont semblables. Soient n le nombre de degrés commun aux arcs des deux secteurs, R et R′ les rayons des deux secteurs et S et S′ leurs aires respectives :

$$S = \frac{\pi R^2 n}{360}, \quad S' = \frac{\pi R'^2 n}{360};$$

on a :

$$\frac{S}{S'} = \frac{\dfrac{\pi R^2 n}{360}}{\dfrac{\pi R'^2 n}{360}} = \frac{R^2}{R'^2}.$$

558. Corollaire III. — On donne le nom de *trapèze circulaire* à une figure (fig. 316) telle que AA'B'B qui est la différence de deux secteurs circulaires semblables, dont les angles coïncident. En désignant par n le nombre de degrés de chacun des arcs AB, A'B' et par r et r' les deux rayons, on trouve :

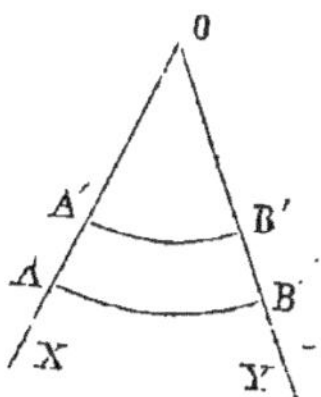

Fig. 316.

$$AA'B'B = \frac{n}{360} \pi (r^2 - r'^2).$$

559. Exercices. — 1° *Calculer l'aire du cercle dont le rayon est 12 mètres.*

En prenant pour π la valeur approchée 3,14159, on trouvera 452,39 à moins d'un décimètre carré.

2° *Trouver le rayon du cercle dont la surface est de 40 mètres carrés.*

On a :
$$\pi R^2 = 40,$$
et
$$R = \sqrt{40 \times \frac{1}{\pi}} = \sqrt{40 \times 0,318} = 3,5,$$

à moins d'un décimètre.

3° *Trouver l'aire du secteur circulaire dont l'arc est de 40 degrés et le rayon de 20 mètres.*

$$S = \pi R^2 \times \frac{40}{360} = \pi R^2 \times \frac{1}{9} = 139,6263,$$

à moins d'un centimètre carré.

4° *Quel est le rayon du cercle dans lequel la surface du secteur de 30° est $0^{mq},4265$?*

$$\pi R^2 = 5,1180$$
d'où
$$R = \sqrt{5,1180 \times \frac{1}{\pi}} = 1^m,27,$$

à moins d'un centimètre.

5° Quel est le nombre de degrés de l'arc du secteur dont l'aire est égale à celle du triangle équilatéral inscrit ?

$$\frac{\pi R^2 n}{360} = \frac{3R^2 \sqrt{3}}{4},$$

et

$$n = 90 \times 3\sqrt{3} \times \frac{1}{\pi} = 148° \, 42,$$

à moins d'une minute.

THÉORÈME.

560. *L'aire d'un segment circulaire moindre que le demi-cercle est égale au produit de la moitié du rayon multipliée par l'excès de l'arc sur la moitié de la corde de l'arc double* (fig. 317).

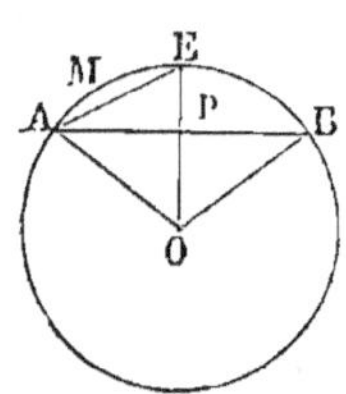

Fig. 317.

Le segment AME est égal au secteur OAME diminué du triangle OAE. L'aire du secteur est égale au produit de l'arc AE par la moitié du rayon OA. L'aire du triangle est égale au produit de la moitié du rayon OE par la hauteur correspondante AP, laquelle est la moitié de la corde de l'arc BA, double de l'arc AE; par conséquent

$$\text{aire du segment AME} = \frac{1}{2}\,OA \times \left(\text{arc AE} - \frac{1}{2}\,\text{corde AB}\right).$$

561. Corollaire. — On déduira facilement de cette expression celle de l'aire d'un segment plus grand que le demi-cercle.

562. Exercices. — *Trouver l'aire du segment dont l'arc est de 30° et le rayon de 10 mètres.*

L'arc de 30 degrés est le douzième de la circonférence, et la corde de 60 degrés est égale au rayon ; on a donc :

$$\text{aire du segment} = \left(10\,\frac{\pi}{6} - 5\right) \times 5 = 1^{\text{mq}},1799,$$

à moins d'un centimètre carré.

§ 4. — Rapport des aires de deux figures semblables.

THÉORÈME.

563. *Les aires de deux triangles semblables sont proportionnelles aux carrés de deux côtés homologues* (fig. 318).

Soient ABC, A′B′C′ deux triangles semblables ; des sommets
homologues A et A′ abaissons les perpendiculaires AD, A′D′
sur les côtés opposés. Les triangles ABC, A′B′C′ sont proportionnels aux produits de leurs bases par les hauteurs correspondantes (526) ; on a donc :

$$(1 \qquad \frac{ABC}{A'B'C'} = \frac{BC \times AD}{B'C' \times A'D'} = \frac{BC}{B'C'} \times \frac{AD}{A'D'},$$

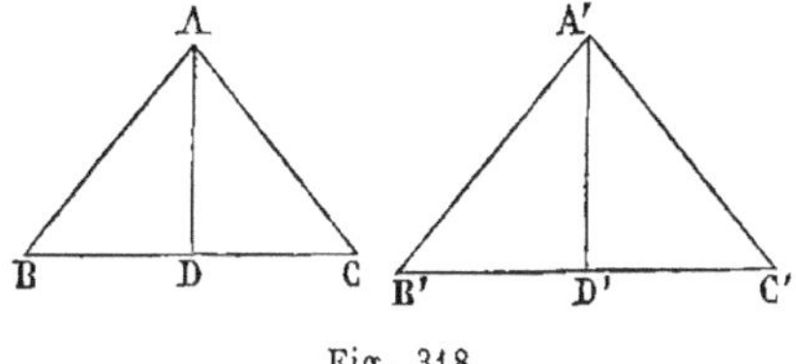

Fig. 318.

et, comme les triangles rectangles ABC, A′B′C′ sont semblables, on a :

$$\frac{AD}{A'D'} = \frac{BC}{B'C'}$$

En remplaçant dans l'égalité (1) le rapport $\dfrac{AD}{A'D'}$ par $\dfrac{BC}{B'C'}$, on
trouve :

$$\frac{ABC}{A'B'C'} = \frac{\overline{BC}^2}{\overline{B'C'}^2}.$$

564. SCOLIE. — On peut encore démontrer ce théorème
en s'appuyant sur le théorème (523). En effet, les triangles
ABC, A′B′C′, étant semblables, sont proportionnels aux pro-

duits des côtés qui comprennent les deux angles égaux A et A'. On a donc :

$$\frac{ABC}{A'B'C'} = \frac{AB \times AC}{A'B' \times A'C'} = \frac{AB}{A'B'} \times \frac{AC}{A'C'};$$

remplaçant le rapport $\frac{AC}{A'C'}$ par le rapport égal $\frac{AB}{A'B'}$, on trouve :

$$\frac{ABC}{A'B'C'} = \frac{\overline{AB}^2}{\overline{A'B'}^2}.$$

THÉORÈME.

565. *Les aires de deux polygones semblables sont proportionnelles aux carrés de deux côtés homologues* (fig. 319).

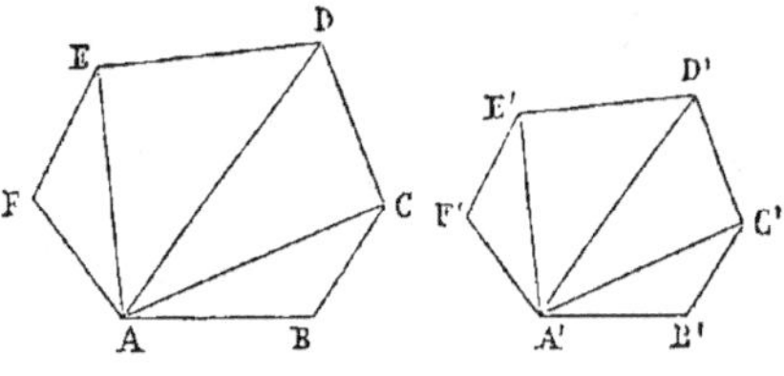

Fig. 319.

Soient les polygones semblables ABCDEF, A'B'C'D'E'F' ; décomposons-les en triangles par les diagonales menées des sommets homologues A et A'.

On a (573) :

$$\frac{ABC}{A'B'C'} = \frac{\overline{AB}^2}{\overline{A'B'}^2}, \quad \frac{ACD}{A'C'D'} = \frac{\overline{CD}^2}{\overline{C'D'}^2}, \quad \frac{ADE}{A'D'E'} = \frac{\overline{DE}^2}{\overline{D'E'}^2},$$

$$\frac{AEF}{A'E'F'} = \frac{\overline{EF}^2}{\overline{E'F'}^2};$$

or,

$$\frac{AB}{A'B'} = \frac{BC}{B'C'} = \frac{CD}{C'D'} = \frac{DE}{D'E'} = \frac{EF}{E'F'} = \frac{FA}{F'A'};$$

et, par suite,

$$\frac{\overline{AB}^2}{\overline{A'B'}^2} = \frac{\overline{BC}^2}{\overline{B'C'}^2} = \frac{\overline{CD}^2}{\overline{C'D'}^2} = \frac{\overline{DE}^2}{\overline{D'E'}^2} = \frac{\overline{EF}^2}{\overline{E'F'}^2} = \frac{\overline{FA}^2}{\overline{F'A'}^2};$$

par conséquent :

$$\frac{ABC}{A'B'C'} = \frac{ACD}{A'C'D} = \frac{ADE}{A'D'E} = \frac{AEF}{A'E'F};$$

d'où l'on déduit :

$$\frac{ABC + ACD + ADE + AEF}{A'B'C' + A'C'D' + A'D'E' + A'E'F'}, \quad \text{ou} \quad \frac{ABCDEF}{A'B'C'D'E'F'} = \frac{\overline{AB}^2}{\overline{A'B'}^2}.$$

566. Scolie. — *Le rapport des aires de deux polygones semblables est égal au carré du rapport de similitude de ces polygones.*

567. Corollaire. — *Si l'on prend les trois côtés d'un triangle rectangle pour les côtés homologues de trois polygones semblables, le polygone qui a pour côté l'hypoténuse est égal à la somme des deux autres polygones.*

Soient a, b, c, l'hypoténuse et les deux côtés de l'angle droit d'un triangle rectangle; P, Q, R, les polygones semblables auxquels appartiennent ces côtés, supposés homologues, on a (575) :

$$\frac{P}{a^2} = \frac{Q}{b^2} = \frac{R}{c^2};$$

et, par suite,

$$\frac{P}{a^2} = \frac{Q + R}{b^2 + c^2};$$

or,

$$a^2 = b^2 + c^2 ;$$

donc

$$P = Q + R.$$

THÉORÈME.

568. *Les aires de deux polygones réguliers d'un même nombre de côtés sont proportionnelles aux carrés de leurs rayons et aux carrés de leurs apothèmes.*

En effet, les aires de deux polygones réguliers semblables

sont proportionnelles aux carrés de leurs côtés (575) ; or les côtés de deux polygones réguliers semblables sont proportionnels aux rayons et aux apothèmes de ces polygones ; par suite, les carrés de ces côtés sont proportionnels aux carrés des rayons et aux carrés des apothèmes ; donc les aires de deux polygones réguliers semblables sont proportionnelles aux carrés de leurs rayons et aux carrés de leurs apothèmes.

PROBLÈME.

569. *Construire un polygone semblable à deux polygones semblables donnés et qui soit égal à leur somme ou à leur différence.*

Soient AB, A'B' les côtés homologues des polygones semblables donnés P et P'. On construira un carré égal à la somme, ou égal à la différence des carrés construits sur AB et A'B'; et, sur le côté de ce carré, comme côté homologue de AB, on construira un polygone semblable à l'un des deux polygones.

570. SCOLIE. — Les mêmes constructions serviront à trouver un cercle égal à la somme, ou égal à la différence de deux cercles donnés.

PROBLÈME.

571. *Construire un polygone semblable à un polygone donné et dont le rapport à celui-ci soit égal à un nombre donné $\frac{m}{n}$.*

On construira un carré dont le rapport au carré d'un côté AB du polygone donné P soit égal à $\frac{m}{n}$; et sur le côté de ce carré, comme côté homologue de AB, on construira un polygone semblable à P.

572. SCOLIE. — La même construction servira à trouver un cercle dont le rapport à un cercle donné soit égal à un nombre donné.

PROBLÈME.

573. *Construire un polygone semblable à un polygone donné P et équivalent à un autre polygone donné Q.*

Soient m et n les côtés des deux carrés respectivement équivalents aux polygones P et Q ; a un côté du polygone P, x le côté homologue du polygone demandé X.

On doit avoir :

$$\frac{X}{P} = \frac{x^2}{a^2},$$

et comme $X = Q = n^2$, et $P = m^2$:

$$\frac{n^2}{m^2} = \frac{x^2}{a^2} \; ; \; \text{d'où } \frac{n}{m} = \frac{x}{a} \text{ et } x = \frac{an}{m}.$$

On construira sur x, comme côté homologue de a, un polygone semblable à P.

PROBLÈME.

574. *Réduire un dessin, une carte, etc... au tiers, au quart, etc... Application au tracé des rosaces, des panneaux dormants, des amphithéâtres, des croisées gothiques, des arcades en arcs rampants, en anse de panier, etc.*

Pour réduire une figure donnée à une fraction déterminée $\frac{m}{n}$ de son étendue, il suffit de construire une figure semblable à la première et telle que le rapport de similitude de la seconde à la première soit égal à $\sqrt{\frac{m}{n}}$; car on a vu que le rappport des aires de deux figures semblables est égal au carré de leur rapport de similitude.

§ 5. — Nivellement d'un terrain. — Arpentage.

575. La surface libre d'une eau tranquille est plane ; et on donne à ce plan le nom de *plan horizontal*. Tous ces plans ont la même direction en quelque lieu qu'on les considère ; c'est-à-dire, que les différents plans qui chacun représentent la surface libre d'une eau tranquille sont parallèles. On dit que deux plans sont parallèles lorsque, prolongés, ils ne peuvent pas se rencontrer.

576. La *verticale*, qui est la direction du mouvement imprimé à un corps par l'action de la pesanteur, peut être représentée exac-

tement par le fil à plomb en équilibre. Les verticales, menées par les points dont les distances sont celles que l'on considère dans les applications géométriques ordinaires, sont parallèles.

On nomme *horizontale*, toute droite tracée dans un plan horizontal. Une verticale est perpendiculaire à toutes les horizontales qu'elle rencontre. D'où vient que l'on dit que la verticale est *perpendiculaire* au plan horizontal.

577. L'intersection d'un plan quelconque par un plan horizontal est dite une *horizontale* du premier plan. Si l'on coupe un plan par deux plans horizontaux, les intersections sont des droites parallèles, car elles sont dans un même plan, et, en outre, elles ne peuvent pas se rencontrer, puisque, s'il en était autrement, les deux plans horizontaux se rencontreraient. On nomme *ligne de plus grande pente* d'un plan la perpendiculaire menée dans le plan à l'horizontale de ce plan.

578. Les portions de deux verticales comprises entre deux plans horizontaux étant égales, il suffit, pour déterminer la différence de hauteur de deux points au-dessus d'un même plan horizontal, de déterminer les positions des plans horizontaux passant par ces points.

579. *Niveau d'eau.* — Pour déterminer la position d'un plan horizontal, ou mener une horizontale, on se sert d'un instrument auquel on donne le nom de *niveau d'eau* (fig. 320). Il est formé d'un tube cylindrique de fer-blanc ou de cuivre qui se relève à angle droit à ses deux extrémités. Deux fioles de verre d'égal diamètre,

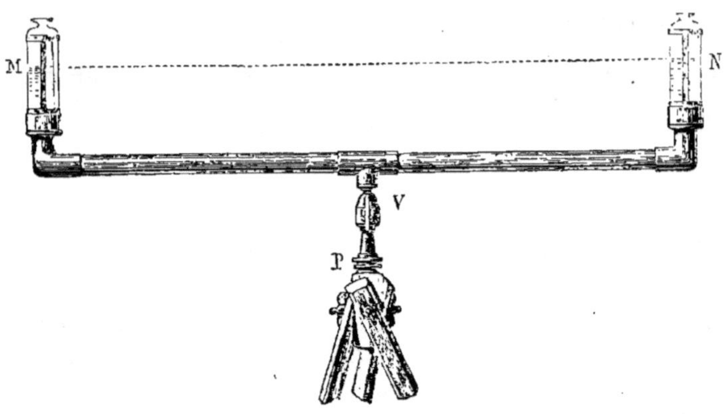

Fig. 320.

bien jointes au tube, s'engagent dans ces deux portions extrêmes. Une douille faisant corps avec l'instrument et soudée au milieu de la partie moyenne sert à le fixer sur un pied à trois branches, en lui laissant le jeu nécessaire pour faire un tour d'horizon. On verse de l'eau dans l'une des fioles, jusqu'à ce que l'eau monte dans toutes deux aux trois quarts environ de leur hauteur. Lorsque le liquide, après sa chute dans le tube, s'est mis en repos, les surfaces libres dans l'une et l'autre fiole appartiennent à un même plan horizontal ou *surface de niveau*, en vertu d'une propriété connue des liquides.

580. *Mire.* — L'eau étant en équilibre dans les deux fioles, un rayon visuel dirigé sur les deux surfaces libres du liquide ne pourra rencontrer que des points de l'espace situés dans le plan horizontal de ces surfaces, et, par suite, sera une horizontale, représentée par ce rayon visuel et qu'on appelle *ligne de visée*. L'objet que l'on vise ordinairement, lorsqu'on fait usage du niveau d'eau, est une plaque de forme rectangulaire, divisée en quatre rectangles égaux par deux droites rectangulaires ; deux rectangles opposés sont peints en blanc, et les deux autres en bleu ou en rouge. Cette plaque se nomme *voyant ;* elle est attachée à un collier de cuivre qui peut glisser le long d'une règle divisée sur laquelle on peut la fixer à volonté. La règle et le voyant constituent la *mire*, et, comme on tient ordinairement dans les opérations la règle verticalement, la ligne horizontale du voyant se nomme *ligne de foi*. La règle a ordinairement 2 mètres de longueur.

581. *Mesure de la distance verticale, ou différence de niveau, de deux points peu éloignés.*

Soient A et B les deux points (fig. 321) ; on place le niveau entre les deux points. On place la mire à l'un d'eux, A, par exemple, et

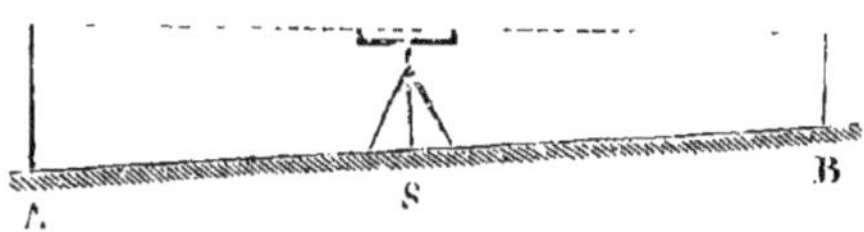

Fig. 321.

l'aide abaisse le voyant jusqu'à ce que la ligne de foi se trouve sur la ligne de visée ; c'est ce qu'on entend par donner un coup de niveau. Soit 1^m,25 le nombre accusé par la mire qui est graduée de bas en haut. On répète la même opération au point B. Soit 0^m,98 le nombre accusé. Le point A est placé plus bas que le point B, et la différence de niveau est 0^m,27.

582. *Mesurer la différence de niveau de deux points éloignés.*

Soient M et N (fig. 322), deux points dont on veut déterminer la différence de niveau. On marquera entre M et N plusieurs points A, B, C, D. Si l'on part du point M pour aller en N, on placera d'abord le niveau entre M et A (la distance des deux points entre lesquels on place le niveau d'eau ne doit pas dépasser 25 à 30 mètres).

On place la mire en A, et l'aide abaisse le voyant jusqu'à ce que la ligne de foi se trouve sur la ligne de visée ; ce coup de niveau est dit un *coup avant*. L'aide lit sur la mire le nombre de divisions. Nous le désignerons par a. L'aide place ensuite la mire en M et amène la ligne de foi sur la ligne de visée ; ce coup de niveau est dit un *coup arrière*. L'aide lit sur la mire le nombre de divisions ; nous le désignerons par m. On suppose dans la figure $m > a$, alors la différence de niveau de M et A est $m - a$.

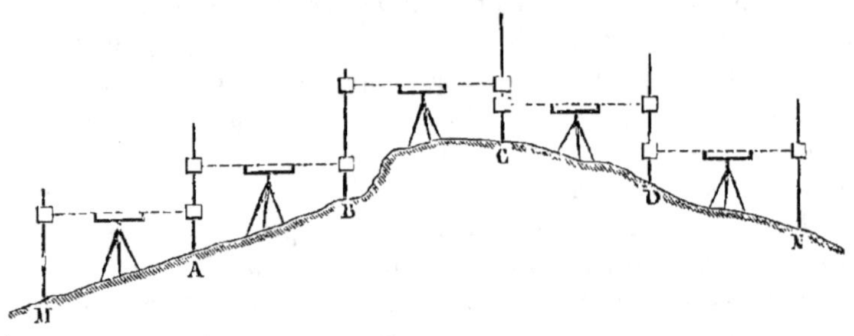

Fig. 322.

On place le niveau entre A et B ; l'aide donne le coup avant sur B ; soit b le nombre de divisions indiqué. L'aide donne ensuite le coup arrière sur A, et soit a le nombre de divisions indiqué ; $a' - b$ est la différence de niveau de A et B, et celle de M et B est $m - a + a' - b$.

On place le niveau entre B et C ; en donnant le coup avant sur C on trouve c pour le nombre des divisions, puis b' pour le nombre de divisions accusé par le coup arrière sur B. La différence de niveau de B et C est $b' - c$ et celle de M et C est $m - a + a' - b + b' - c$.

On place le niveau entre C et D ; soient d le nombre de divisions accusé par le coup avant sur D, et c' le nombre de divisions accusé par le coup arrière sur C ; $c' - d$ est la différence de D et C ; cette différence est négative, ce qui montre que le point D est placé plus bas que le point C, et la différence de niveau entre M et D est $m - a + a' - b + b' + c' - d$.

On place le niveau entre D et N ; soient n le nombre de divisions du coup avant, d' le nombre de divisions du coup arrière, $d' - n$ est la différence de niveau de D et N, et comme d' est moindre que n, cette différence est négative, ce qui montre que le point N est situé plus bas que le point D ; et la différence de niveau entre M et N est :

$$m - a + a' - b + b' - c + c' - d + d' - n.$$

D'où résulte cette règle : *On obtient la différence de niveau de deux points en faisant la somme des coups avant, puis la somme des coups arrière ; la différence des deux sommes est la différence de niveau des deux points extrêmes.* Si la somme des coups arrière est la plus forte, c'est le point de départ qui est le moins élevé. Dans le cas contraire, c'est le point vers lequel on se dirige.

On forme ordinairement le tableau des résultats, auquel on donne le nom de *registre*, de la manière suivante :

POINTS.	COUPS DE NIVEAU		DISTANCES.
	AVANT.	ARRIÈRE.	
M...	.....	1$^\mathrm{m}$,25	MA $= 52^\mathrm{m}$
A	0$^\mathrm{m}$,60	1 ,22	AC $= 49$
B..	0 ,56	1 ,45	BC $= 57$
C....	0 ,81	0 ,58	CD $= 59$
D............ ..	0 ,97	0 ,61	DN $= 60$
N...	1 ,15	....	
Sommes..:...... ..	4,09	5,11	
Différence....	1,02		

583. *Nivellement d'un polygone.* — Niveler un polygone, c'est déterminer la distance verticale de chacun de ses sommets à un plan horizontal déterminé par sa distance à l'un des points du polygone ; ce plan se nomme *plan de comparaison*. On prend dans les services publics le niveau de la mer pour plan de comparaison. Soient A, B, C, D les différents sommets. Supposons le plan horizontal de comparaison placé au-dessous et à une distance déterminée de l'un d'eux, A, par exemple. Soient A, B, C, D les sommets du polygone, et supposons qu'on ait trouvé pour les distances du point A et du point B, 0$^\mathrm{m}$,85 et 1$^\mathrm{m}$,75. On calculera la différence de niveau entre A et B, qui est 0$^\mathrm{m}$,90. On placera le niveau entre B et C, et on calculera la différence de niveau entre B et C, puis entre C et D, et on obtiendra la différence de niveau de chacun de ces points avec le point A. Si l'on représente généralement ces différences par b pour B, c pour C, d pour D, et que l soit la distance du point A au plan de comparaison, les distances des points A, B, C, D au plan de comparaison seront l, $l \pm b$,.....

584. *Courbe de niveau.* — Si l'on détermine un certain nombre de points situés dans le même plan horizontal (ces points étant placés à de faibles distances), et qu'on reporte ces distances sur la feuille de dessin en choisissant une échelle convenable, on tracera une courbe continue en unissant deux à deux les points consécutifs. Cette courbe prend le nom de *courbe de niveau.* On peut donner une idée exacte de la configuration du terrain, en construisant plusieurs de ces courbes pourvu qu'elles soient suffisamment rapprochées.

MESURE DES LIGNES SUR LE TERRAIN.

585. *Mesurer la distance horizontale de deux points situés sur une pente non uniforme, mais que l'on peut parcourir.*

Après avoir jalonné la distance, il suffira de porter le mètre ou la chaîne horizontalement, ce qu'on peut pratiquer soit à l'aide du niveau de maçon, ou d'un fil à plomb et d'une équerre.

586. *Mesurer une distance horizontale dont une extrémité n'est pas accessible.* — Soient A l'extrémité accessible (fig. 323), et C l'autre

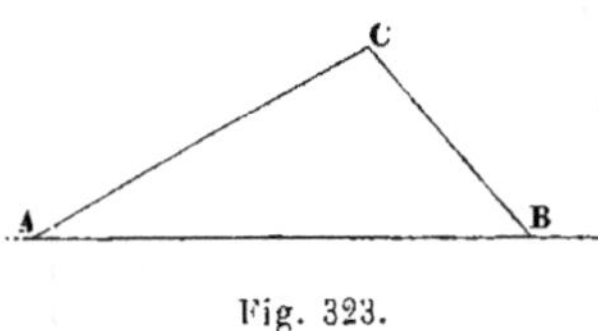

Fig. 323.

extrémité. On mesure une horizontale AB à partir du point A. On détermine ensuite, à l'aide du cercle ou du graphomètre, les angles formés avec AB par les rayons visuels dirigés de A et B vers C. On connaît donc un côté AB et les angles A et B du triangle ABC. On tracera sur la feuille de dessin un triangle semblable au triangle ABC, à l'échelle de 0,001 par exemple, et on multipliera par 1000 la longueur AC relevée sur la feuille.

587. *Mesurer la largeur d'une rivière entre deux points.* — On emploiera la solution précédente.

588. *Mesurer une distance horizontale inaccessible.* — Soient A et B

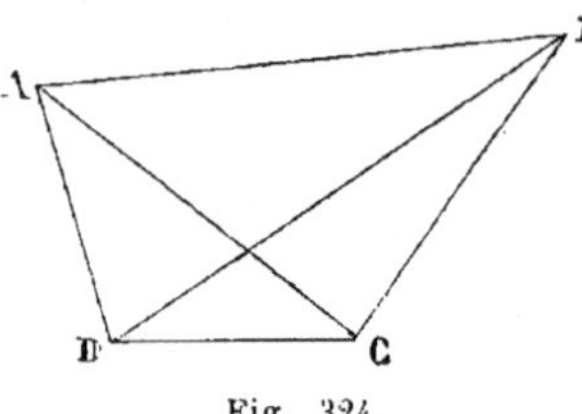

Fig. 324.

(fig. 324) les extrémités de cette distance. On mesure une base horizontale DC, et, plaçant le graphomètre ou le cercle en D, on relève les angles CDA, CDB. Plaçant ensuite l'instrument en C, on relève les angles ACD, DCB. On connaît alors dans le triangle ADC le côté DC, l'angle CDA et l'angle ACD. On construit donc sur la feuille de dessin, à l'échelle de 0,001 par exemple, un triangle semblable au triangle ADC.

On construira de la même manière un triangle semblable au triangle DCB. L'angle ADB étant égal à la différence des angles

ADC, BDC, on construira sur la feuille de dessin le triangle ADB dont on connaît deux côtés AD, DB et l'angle compris ADB. Ensuite on relèvera sur la feuille la longueur AB et on la multipliera par 1000.

589. Scolie. — On déduit de cette construction le moyen de *mesurer l'aire d'un cercle dans l'intérieur duquel on ne peut opérer, mais dont les extrémités d'un diamètre sont visibles, puisqu'on pourra calculer la longueur du diamètre.*

590. *Mesurer une distance verticale dont le pied est accessible.*

Soit AC (fig. 325) la distance verticale à mesurer. On place l'instrument en D, on vise le point C, et on relève l'angle CEF avec le graphomètre. On construit sur la feuille de dessin un triangle semblable au triangle CFE dont on connaît le côté EF ou AD et l'angle CEF. On multiplie ensuite par le nombre correspondant à l'échelle, la longueur CF relevée sur la feuille, et on lui ajoute la hauteur ED du pied de l'instrument.

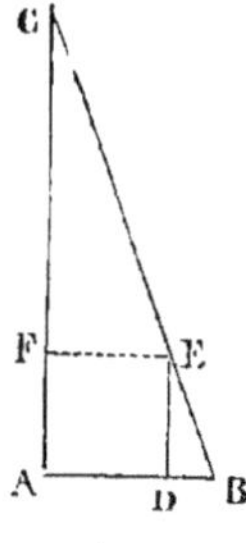

Fig. 325.

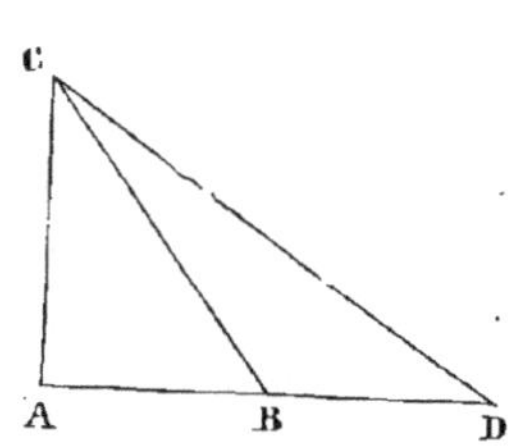

Fig. 326.

591. *Mesurer une distance verticale dont le pied n'est pas accessible* (fig. 326), *soit* AC *la distance verticale à mesurer.* — On mesurera à partir du point B, choisi arbitrairement, une distance horizontale BD. On déterminera avec le graphomètre les angles CBD, CDB, et on construira sur la feuille de dessin un triangle semblable au triangle CBD. On construira ensuite un triangle semblable au triangle rectangle CAB dont on connaît l'hypoténuse et l'angle aigu ABC. On calculera ensuite la longueur AC à l'aide de l'échelle.

592. *Mesurer la hauteur d'une tour, d'un clocher, d'un arbre,* etc. — Cela revient à résoudre l'un des deux problèmes précédents.

593. *Mesurer la longueur d'un terrain que l'on ne peut parcourir.* — Cela revient à calculer la longueur de la ligne de plus grande pente du terrain. On trace une horizontale sur le terrain, une perpendiculaire à cette horizontale et on relève l'angle que celle-ci fait avec la verticale. On conçoit alors un triangle rectangle ayant pour hypoténuse la ligne de plus grande pente, pour l'un des côtés de l'angle droit la hauteur du point le plus élevé de cette ligne et un angle aigu connu. On pourra donc construire ce triangle.

ARPENTAGE.

594. *Équerre d'arpenteur* (fig. 327). — L'équerre est ordinairement un cylindre en cuivre dans lequel sont pratiquées quatre fentes verticales ou *pinnules* déterminées par deux diamètres rectangulaires. Il se place sur un pied à trois branches ou sur un bâton ferré. On voit facilement que si l'on dirige l'une des alidades suivant un certain alignement, l'autre en déterminera un second perpendiculaire au premier.

La seule vérification à faire de l'instrument est de s'assurer que les deux directions se coupent à angle droit ; il suffit pour cela de faire exécuter un quart de révolution à l'instrument.

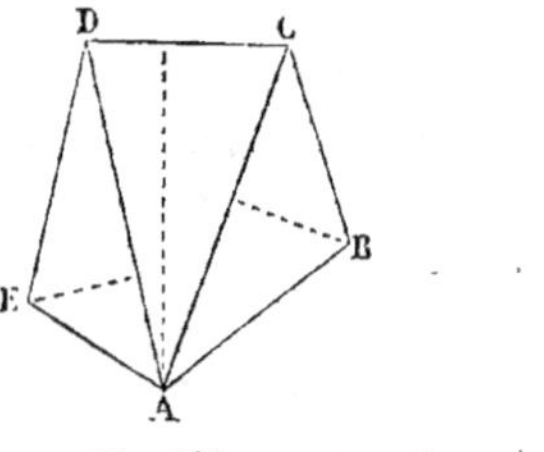

Pour abaisser une perpendiculaire sur un alignement d'un point extérieur, on dirige l'une des alidades suivant l'alignement, et on chemine sur l'alignement jusqu'à ce que l'autre alidade se trouve dirigée sur le point extérieur. On trace alors un alignement de ce point à la position occupée par l'équerre ; c'est la perpendiculaire demandée.

Pour élever une perpendiculaire à un alignement par un point de cet alignement, on place l'équerre en ce point, et on dirige l'une des alidades suivant l'alignement ; l'autre alidade se trouve alors dirigée suivant la perpendiculaire demandée, dont on peut tracer immédiatement l'alignement.

595. *Arpenter un polygone dans l'intérieur duquel on peut pénétrer.* — *Arpenter* un polygone, c'est déterminer l'aire de ce polygone.

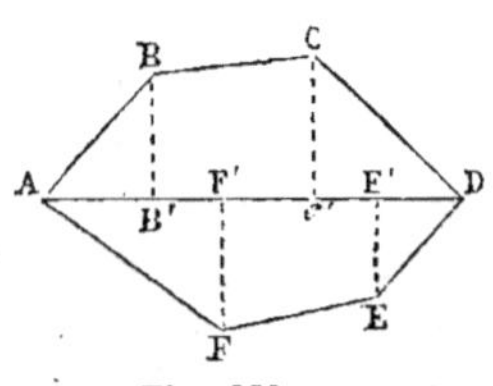

Fig. 328.　　　　　Fig. 329.

1° On peut décomposer le polygone ABCDE (fig. 328) en triangles par les diagonales AD, AC ; déterminer ensuite avec l'équerre les

perpendiculaires abaissées des sommets E, A, B sur les côtés opposés AD, DC, CB des triangles correspondants. Calculer les aires
de ces triangles et en faire la somme, qui sera l'aire du polygone.

2° On peut aussi (fig. 329), après avoir tiré la diagonale AD du
polygone ABCDEF, abaisser à l'aide de l'équerre les perpendiculaires BB′, CC′, EE′, FF′, évaluer les aires des triangles et des trapèzes rectangles dans lesquels on décompose ainsi la figure, et faire
la somme de ces aires, qui est l'aire
demandée du polygone.

596. *Arpenter un terrain dans l'intérieur duquel on ne peut pas pénétrer.*

On trace un rectangle dont le périmètre entoure le polygone sans couper
ses côtés (fig. 330). On abaisse des
sommets du polygone des perpendiculaires sur les côtés du rectangle. On

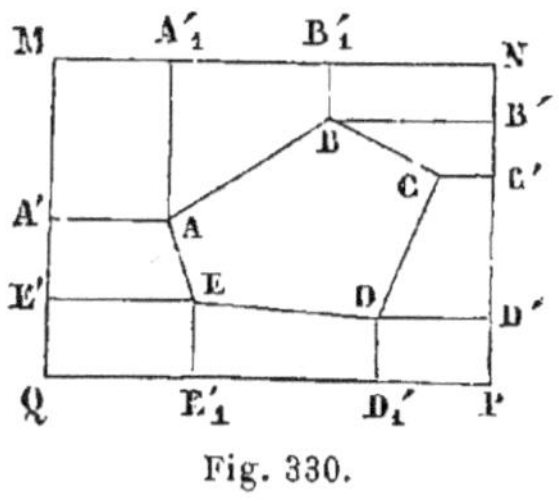
Fig. 330.

construit ainsi des rectangles et des trapèzes rectangles dont on
évalue les aires et on fait la somme de celles-ci. On la retranche
de l'aire du rectangle, et on obtient pour reste l'aire du polygone
donné.

597. *Arpenter un terrain limité par une ligne courbe.*

On divise la ligne courbe en parties assez petites pour qu'on
puisse sans erreur sensible les regarder comme rectilignes, et alors
la question est ramenée à l'une des deux précédentes.

598. OBSERVATION. — Lorsque le polygone à mesurer n'est pas situé
tout entier dans un plan horizontal, ce n'est pas ce polygone qu'on
arpente. Mais on conçoit alors qu'on ait mené une verticale par
chacun des sommets du polygone, et ensuite un plan horizontal
qui coupe toutes ces verticales. Les points de rencontre de ce plan
avec chacune des verticales sont regardés comme étant les sommets d'un second polygone ; et c'est ce dernier polygone que l'on
arpente d'après la méthode indiquée plus haut.

Dans les transactions (vente ou échange de portions de terrain),
c'est d'après l'étendue de ce second polygone que sont formulées
les conditions de la transaction.

TABLE DES MATIÈRES

CORBEIL. — Typ. et stér. de CRÉTÉ.